高等学校电子通信类特色专业系列教材

雷达射频微波器件及电路

张旭春　梁建刚　张晨新　编著

西安电子科技大学出版社

内 容 简 介

本书主要介绍雷达系统中所使用的射频微波器件(包括固态器件和电真空器件两大类)及电路。全书共9章,内容包括绪论、传输线理论及技术、无源元件及器件、频率变换器件、固态振荡器及频率合成器、微波固态放大器、微波控制器件、微波电真空器件和微波集成电路等,每章均配有小结和习题。

本书侧重于雷达射频微波器件的电路结构及工程应用,具有内容全面、工程性强的特点,可作为高等学校雷达、通信、电子工程等专业的教材,也可供相关专业的科研、工程技术人员参考。

图书在版编目(CIP)数据

雷达射频微波器件及电路/张旭春,梁建刚,张晨新编著. --西安:西安电子科技大学出版社,2024.1
ISBN 978 - 7 - 5606 - 7070 - 6

Ⅰ. ①雷…　Ⅱ. ①张…　②梁…　③张…　Ⅲ. ①雷达—射频—微波元件—高等学校—教材 ②雷达—射频电路—微波电路—高等学校—教材　Ⅳ. ①TN61 ②TN710

中国国家版本馆 CIP 数据核字(2023)第 223077 号

策　　划　刘玉芳
责任编辑　刘玉芳
出版发行　西安电子科技大学出版社(西安市太白南路 2 号)
电　　话　(029)88202421　88201467　　邮　　编　710071
网　　址　www.xduph.com　　　　电子邮箱　xdupfxb001@163.com
经　　销　新华书店
印刷单位　陕西日报印务有限公司
版　　次　2024 年 1 月第 1 版　2024 年 1 月第 1 次印刷
开　　本　787 毫米×1092 毫米　1/16　印张　16
字　　数　377 千字
定　　价　45.00 元
ISBN 978 - 7 - 5606 - 7070 - 6/TN
XDUP 7372001 - 1

* * * 如有印装问题可调换 * * *

前　言

　　雷达射频器件及电路方面的知识是雷达相关专业人员必备的专业基础知识，本书就是为"雷达射频器件及电路"课程编写的教材。本书立足岗位任职需要，瞄准技术发展方向，突出实用性、工程性、先进性，既避免了复杂的数学推导，又简化了文字和语言表达。为了体现雷达应用背景特色，每章开始都会说明本章内容在雷达系统中的地位和作用。为了突出重点，每章最后都对重点内容进行了总结，并列出了本章的关键词（包括器件名称及重点指标等），便于学生熟悉、理解并掌握相关工程术语。

　　本书共9章：绪论介绍电磁波的特性参数及分贝等基本概念；第1章为传输线理论及技术，在讨论传输线理论的基础上，介绍雷达工程中常用的波导、同轴线及微带线等；第2章为无源元件及器件，介绍雷达工程中常用的无源元件及器件的结构、工作原理和特性；第3章至第5章为雷达射频有源器件，分别介绍频率变换器件（混频器、上变频器及倍频器）、固态振荡器及频率合成器、微波固态放大器（低噪声放大器、功率放大器）的结构及工作原理等；第6章为微波控制器件，介绍PIN管开关、PIN管移相器、PIN管电调衰减器和PIN管限幅器等微波控制器件的主要技术指标及电路；第7章为微波电真空器件，主要介绍速调管、行波管和磁控管的结构及工作原理；第8章为微波集成电路，在阐述微波电路发展历程的基础上，介绍微波集成电路在固态有源相控阵雷达收/发组件（T/R组件）中的应用。本书的参考学时为40学时，教师可根据实际教学时数选讲本书内容。

　　张旭春负责本书的内容安排及统稿工作，并编写了绪论、第6章至第8章；梁建刚编写了第1章和第2章；张晨新编写了第3章至第5章。

　　童宁宁教授和田波副教授对本书进行了细致的审阅并提出了宝贵的意见，杨亚飞老师对全书进行了仔细的校对，教研室的领导和同事们在本书的编写过程中给予了很大的鼓励与支持，研究生杨潇、张晶在本书插图的绘制过程中付出了辛勤的劳动，在此一并表示感谢。

　　由于编者水平有限，书中不妥之处在所难免，恳请广大读者批评指正。

编　者
2023 年 8 月

目 录

绪　论

　　雷达有"国防千里眼"之称，其具有作用距离远、测量速度快、受自然因素影响小等优点，在军事上得到了广泛的应用。例如，雷达可以用来探测地面、空中、海上、太空甚至地下目标，是现代战争中不可缺少的武器装备。多数雷达是利用目标对电磁波的反射(或二次散射)原理来发现目标并测量其参数的。雷达的工作频率范围从数兆赫兹到数百吉赫兹，属于无线电波的射频与微波频段。本章主要介绍与雷达工作频率相关的基础知识。

0.1　电磁波的特性参数

　　变化的电场和变化的磁场互相转化、交替产生，由近及远以有限的速度在空间传播，形成电磁波。电磁波包括的范围十分广泛，从无线电波到光波，从 X 射线到 γ 射线，都属于电磁波的范畴。无线电波占电磁波的一个频段，是电磁波中的主要部分之一。

　　电磁波由电场和磁场组成，因此，电磁波的能量部分以电场的形式存在，部分以磁场的形式存在。电场和磁场相互垂直，它们的强度值迅速变化，上升到最大值(峰值)，再回到零值，周而复始地重复这一过程。

　　电磁波总是沿着与电场和磁场垂直的方向传播。电场电力线指向、磁场磁力线指向及电磁波的传播方向三者符合右手螺旋关系，如图 0 - 1 所示。

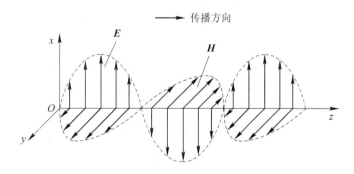

图 0 - 1　电磁波的传播

雷达发射的电磁波又称为雷达波，是电磁辐射的一种形式。

描述电磁波特性的参数有传播速度、频率、周期、波长和相位等。

1. 传播速度

电磁波在真空中以恒定的速度传播，传播速度为光速，用字母 c 表示，$c=3\times10^8$ m/s。

电磁波在空气、水等媒质中传播时，其传播速度 v 与媒质的特性有关，计算公式如下：

$$v=\frac{c}{\sqrt{\varepsilon_r\mu_r}} \tag{0-1}$$

式中：c 为电磁波在真空中的传播速度；ε_r 是表征媒质绝缘性能的物理量，称为相对介电常数；μ_r 是表征媒质磁导性能的物理量，称为相对磁导率。

空气的相对介电常数和相对磁导率都略大于 1，因此电磁波在空气中的传播速度略小于真空中的传播速度。实际上，空气中电磁波的传播速度 v 可近似等于光速 c。

2. 频率

电磁波的频率是指交变电磁场单位时间(1 s)内完成变化的次数或周数，即电磁波每秒钟上下波动的次数或每秒钟出现波峰的次数，常用字母 f 表示。如图 0-2 所示，电磁波每秒钟出现 5 次波峰，所以频率为 5 Hz。

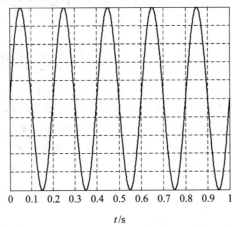

图 0-2　频率的定义

例如，市电频率为 50 Hz，表示单位时间(即 1 s)内电磁波振动的次数为 50 次。比较图 0-3(a)和图 0-3(b)所示的两个波形(横轴为时间轴)，相同时间内，图 0-3(b)所示波形振动次数高于图 0-3(a)所示波形振动次数，由频率的定义可知，图 0-3(b)所示波形的频率高于图 0-3(a)对应的波形频率。由此可知，时间轴上波形越密集，对应频率越高；波形越稀疏，对应频率越低。

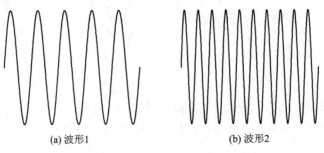

(a) 波形1　　　　　　　　　　(b) 波形2

图 0-3　不同频率波形对比

常用频率的单位有赫兹（Hz）、千赫兹（kHz）、兆赫兹（MHz）及吉赫兹（GHz）等。频率的国际单位制（SI）单位为赫兹（Hz），其命名是为了纪念德国物理学家海因里希·赫兹，他首次用实验证实了电磁波的存在。各种频率单位之间的关系为

$$1 \text{ kHz} = 1000 \text{ Hz}$$

$$1 \text{ MHz} = 1000 \text{ kHz} = 10^6 \text{ Hz}$$

$$1 \text{ GHz} = 1000 \text{ MHz} = 10^9 \text{ Hz}$$

3. 周期

电磁波的周期是指交变电磁场完成一次变化所需的时间，常用字母 T 表示。周期与频率成倒数关系，即

$$T = \frac{1}{f} \tag{0-2}$$

4. 波长

电磁波的波长是指电磁波在一个周期内所传播的距离，常用字母 λ 表示。如图 0-4 所示，电磁波的波长是顺着电磁波传播方向，两个相邻的同相位点（如波峰或波谷）之间的距离。

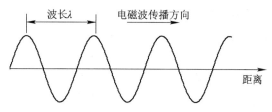

图 0-4　电磁波的波长

显然，电磁波的波长等于电磁波的传播速度与周期的乘积，也等于电磁波的传播速度与频率的比值，即

$$\lambda = vT = \frac{v}{f} \tag{0-3}$$

由于空气中电磁波的传播速度 v 可视为常数 c，因此只要知道电磁波的频率，便可由式 (0-3) 计算出它的波长。反之，知道了电磁波的波长，也能计算出它的频率。由此可知，空气中电磁波的波长与频率间的关系为

$$\lambda = \frac{c}{f} \tag{0-4}$$

$$f = \frac{c}{\lambda} \tag{0-5}$$

由式 (0-4) 和式 (0-5) 可看出，电磁波的频率和波长两者成反比关系：频率越高，波长越短；频率越低，波长越长。电磁波随时间和空间而变化，图 0-5 所示为某一时刻两个不同频率的电磁波传播的情况。可以看出，波长越短（即波峰与波峰间隔越近），在给定时间内通过指定点的电磁波周期数就越多，即频率越高。

由于波长表示的是一种距离，因此它的单位为长度单位。常用的波长单位有米（m）、分米（dm）、厘米（cm）或毫米（mm）等，SI 单位为米（m）。

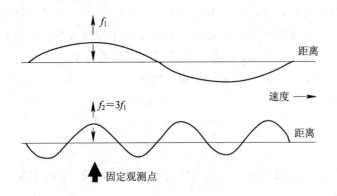

图 0-5   电磁波的频率和波长的关系

5. 相位

电磁波的相位是描述电磁波瞬时状态的一个重要参数，一般用角度表示，因此又称为相角，常用字母 φ 表示。通常把正弦电磁波变化一周分为 360°，图 0-6(a) 所示为电场的变化曲线。

(1) 在 $t=0$ 时刻，电磁波的振幅为零，$\varphi=0°$；

(2) 在 $t=t_1$ 时刻，电磁波的振幅达到最大值，$\varphi=90°$；

(3) 在 $t=t_2$ 时刻，电磁波的振幅又变为零，$\varphi=180°$；

(4) 在 $t=t_3$ 时刻，电磁波的振幅达到最大值（反向），$\varphi=270°$；

(5) 在 $t=t_4$ 时刻，电磁波的振幅又回到零，$\varphi=360°$。

虽然 $t=0$（或 $t=t_4$）与 $t=t_2$ 时刻，电磁波的振幅都为零，但是它们的变化趋势不同，即所表示的状态不同；同样，t_1 与 t_3 时刻电磁波的振幅都为最大值，但两者的方向不同，所表示的状态也不同。

图 0-6(b) 中，按正弦规律变化的电磁波 I 和电磁波 II，它们的频率和振幅相同，但在任一时刻，两个电磁波的状态都不同。在 $t=0$ 时刻，电磁波 I 的振幅达到最大值，而电磁波 II 的振幅为零；在 t_1 时刻，电磁波 II 的振幅达到最大值，而电磁波 I 的振幅为零。这是因为这两个电磁波的相位不同，即存在相位差，由图 0-6(b) 可以看出，两个电磁波的相位差为 90°。若两个电磁波的相位差为 180°，则称为反相；若相位差为 0° 或 360°，则称为同相。

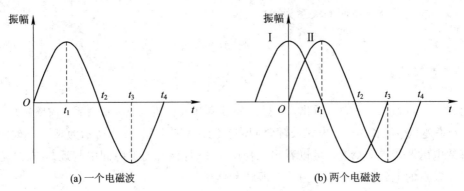

(a) 一个电磁波   (b) 两个电磁波

图 0-6   电磁波的相位和相位差

电磁波的波长和频率之间的关系式(即式(0-4)和式(0-5))是非常重要的,工程中经常要用到。

例 0.1　已知电磁波在空气中传播的频率为 10 GHz,求波长。

解　由题意知,电磁波的频率 $f = 10$ GHz $= 10 \times 10^9$ Hz $= 10^{10}$ Hz,空气中电磁波的传播速度近似为光速 c,则由式(0-4)可得

$$\lambda = \frac{c}{f} = \frac{3 \times 10^8 \text{ m/s}}{10^{10} \text{ Hz}} = 0.03 \text{ m} = 3 \text{ cm}$$

即频率为 10 GHz 的电磁波对应的波长为 3 cm。

例 0.2　已知电磁波在空气中传播的波长为 10 cm,求频率。

解　由题意知,电磁波的波长 $\lambda = 10$ cm $= 0.1$ m,空气中电磁波的传播速度近似为光速 c,则由式(0-5)可得

$$f = \frac{c}{\lambda} = \frac{3 \times 10^8 \text{ m/s}}{0.1 \text{ m}} = 3 \times 10^9 \text{ Hz} = 3 \text{ GHz}$$

即波长为 10 cm 的电磁波对应的频率为 3 GHz。

0.2　雷达的工作频率及射频器件和电路

1. 雷达的工作频率

雷达的基本工作原理示意图如图 0-7 所示,雷达发射一定频率的电磁波,并接收距离雷达 R 处目标反射回来的回波,根据回波判定目标的某些状态。

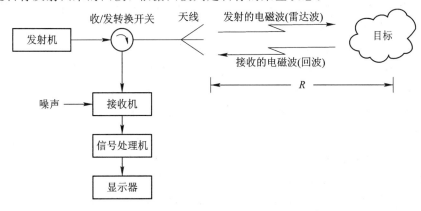

图 0-7　雷达的基本工作原理示意图

雷达探测目标的过程,实际上是通过物理学上"导体中的电流可以产生电磁波,电磁波也可在导体中产生电流"的原理来实现的。雷达发射机在相应频率范围内产生的信号,通过馈线传送至天线,由天线辐射出去,形成雷达波。当雷达波照射到某个目标时,就在这个目标上感应出与雷达波频率相同的电流。这些电流由目标向空间各个方向辐射,其中一部分朝向雷达辐射的电磁波被看作是雷达发射波的回波。雷达发射波的回波被天线所接收,接收天线感应出微弱的电流,这个电流通过接收机被放大、滤波,经混频、检波成为视频信号,根据视频信号可判断目标的状态。

1) 雷达工作频率的选择

雷达发射的电磁波的频率就是雷达的工作频率。工作频率对雷达起着至关重要的作用。选择雷达的工作频率时，要对几项因素进行权衡，主要的因素有：雷达的尺寸、角分辨率、大气衰减、多普勒频移和雷达环境噪声等。

频率越低，电磁波的波长越长，产生发射电磁波的发射管的尺寸就越大，同时发射管的重量也就越重；反之，频率越高，发射管的尺寸就越小，重量也就越轻，这样发射管即可用于一些空间受限的场合（如机载雷达）。

由于雷达天线的波束宽度与波长成正比，而与天线尺寸成反比，因此，若要达到相同的角分辨率，则频率越高，波长越短，所需天线尺寸也越小。

电磁波在大气中传播时，由于大气的吸收和散射的影响会发生衰减。电磁波的频率越高，衰减越多。当电磁波的频率低于 100 MHz 时，这种衰减可以忽略，电磁波能够传播得很远，例如，工作频率很低的超视距雷达可以探测到几千公里外的目标；而当电磁波的频率高于 10 GHz 时，衰减就很严重了，例如，毫米波雷达难以探测很远的目标。

多普勒频移不仅与目标和雷达的接近速度成正比，而且与电磁波的频率成正比，频率越高，多普勒频移越显著。但是，过大的多普勒频移有时也会造成麻烦，所以在某些场合需要限制雷达的工作频率。而在另一些场合，需要选择相当高的工作频率，以提高多普勒测速的灵敏度。

雷达的回波信号受到噪声的干扰，这些噪声一方面来自雷达接收机内部，另一方面来自背景噪声。背景噪声主要包括宇宙电磁辐射和大气噪声。宇宙噪声在低频段较高，而大气噪声在高频段较高。很多雷达的噪声主要来自雷达接收机内部，但当需要探测范围很大的雷达而使用低噪声的接收机时，背景噪声就占据主导地位。

从以上分析可以知道，不同场合、不同用途的雷达，工作频率差别很大。地面雷达的工作频率几乎涵盖了所有的频率范围，如功率达到几兆瓦的大探测范围的警戒雷达，由于没有雷达尺寸的限制，在工作频率很低的同时，可以将雷达尺寸做得很大以得到相当高的角分辨率。空中警戒雷达和预警雷达工作在 UHF 和 VHF 频段，背景噪声较小，大气衰减可以忽略，但由于大量的通信信号使用上述频段，因此雷达只能在特定的情况和地理区域中使用。舰载雷达受到有限的使用空间的限制，其工作频率不能很低，同时，复杂多变的天气环境又限定了雷达工作频率的上限。对机载雷达的尺寸要求更加苛刻，为了在有限的空间和负载能力下达到较高的角分辨率，机载雷达的工作频率一般都较高。

目前，各种雷达的工作频率低至几兆赫，高至 300 THz。但是，大部分雷达的工作频率都处于几百兆赫至 100 GHz 范围内，即处于微波频段内。微波频率范围为 300 MHz～3000 GHz，波长范围为 0.1 mm～1 m。

微波的波长相比长波、短波和中波来说，要"微小"得多，因此，称为"微波"。比如，某广播电台发射的是频率为 400 kHz、波长为 750 m 的中波信号，则振子天线长度为四分之一波长，应该是 187.5 m，而如果发射的是频率为 4 GHz、波长为 0.075 m 的微波信号，则振子天线长度只需 18.75 mm 即可，是中波信号振子天线长度的 1/10 000，可见微波是多么"微小"。

2）雷达工作频率的划分

在第二次世界大战期间，美国军方开始在雷达等方面使用微波频段。出于安全考虑，微波区的每个频段用一个拉丁字母命名。常用微波频段的划分如表 0-1 所示。

表 0-1　常用微波频段的划分

频段	L	S	C	X	Ku	K	Ka	U	V	W
频率范围 /GHz	1～2	2～4	4～8	8～12	12～18	18～27	27～40	40～60	60～80	80～100
波长范围 /cm	30～15	15～7.5	7.5～3.75	3.75～2.5	2.5～1.67	1.67～1.11	1.11～0.75	0.75～0.5	0.5～0.375	0.375～0.3

常用的 5 个雷达的工作频段通常用中心频率的波长表示，如表 0-2 所示。雷达馈线和前端器件及天线尺寸等与雷达波长息息相关，有必要对常用 5 个雷达工作频段对应波长有确切的认识。如图 0-8 所示为常用雷达频段波长对比图。

表 0-2　常用雷达工作频段

频段	中心频率/GHz	波长/cm
Ka	38	0.8
Ku	15	2
X	10	3
C	6	5
S	3	10

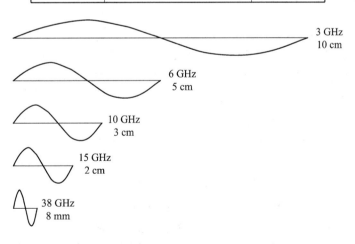

图 0-8　常用雷达频段波长对比图

2. 射频器件和电路

大多数的雷达工作于微波频段，因此在雷达发射机及接收机中使用了大量的微波器件。为区别于雷达中的中频及视频信号，将工作于雷达工作频率的各种器件和电路称为射频器件和电路。本书主要介绍的是工作于微波频段的各种射频器件和电路。

各种微波器件和电路构成了微波系统，如图 0-9 所示。从图 0-9 中可以清楚地看出微波电路在系统中的核心作用以及微波电路的种类。

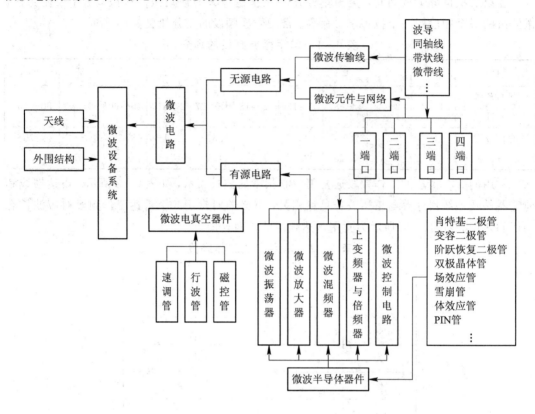

图 0-9　微波系统组成框图

微波振荡器、微波放大器、微波混频器、上变频器与倍频器、微波控制电路（开关、衰减、移相、调制等）都属于有源电路，也称为微波电子线路。有源电路的共同特点是必须有需要供电的核心电真空或半导体器件，也称为微波电子器件。半导体器件有肖特基二极管、变容二极管、阶跃恢复二极管、雪崩管、体效应管、PIN 管、双极晶体管、场效应管等。微波电真空器件在大功率、高频率方面至今仍占独特优势，如磁控管、行波管、速调管等。它们是集器件、电路、供电系统于一身的自成独立的复杂系统。

微波无源元件简称为微波元件，如匹配负载、短路活塞、波导电抗元件（膜片、窗孔、销钉、螺钉等）、衰减器、移相器、阻抗匹配器、转换器、滤波器、谐振器、功率分配器、环行器、隔离器、定向耦合器等。它们起低频电路中电阻、电感、电容、电位器、继电器等基本元件的作用，但其功能及发生在元件内的物理过程比低频元件复杂得多。

微波元件的主要特点是具有分布参数，虽然有些微波元件在一定条件下可用集总参数元件等效，但其基本理论体系是建立在微波传输线理论基础上的另一套全新体系。微波电路的最大魅力在于：同一网络功能的电路可以用不同种类的传输线和各种不同的元器件组合实现，因而其成本、性能、结构差异非常大。

0.3　分贝的概念

分贝(dB)是一个对数单位，表示一个物理量(如电压、功率或天线增益)与一个同类型的参考量之比。分贝在雷达系统和射频器件中有广泛应用。为了便于测量和运算，雷达工程中常用分贝来表示增益和损耗。

如图 0-10 所示的二端口网络，假定两个端口的电压分别是 U_1 和 U_2，则该电路的电压增益(或损耗)G_U 用分贝(dB)表示为

$$G_U = 20 \lg \frac{U_2}{U_1} \mathrm{dB} \tag{0-6}$$

图 0-10　二端口网络及端口电压

如图 0-11 所示，假定两个端口的功率电平分别是 P_1 和 P_2，则该电路的功率增益(或损耗、隔离)G 用分贝(dB)表示为

$$G = 10 \lg \frac{P_2}{P_1} \mathrm{dB} \tag{0-7}$$

图 0-11　二端口网络及端口功率

比较式(0-6)和式(0-7)，增益(dB)用电压计算时，前面系数为 20，用功率计算时，前面系数为 10。

功率(单位 W)用对数单位表示时，单位为分贝瓦(dBW)，具体如下：

$$P(\mathrm{dBW}) = 10 \lg \frac{P(\mathrm{W})}{1 \mathrm{W}} \tag{0-8}$$

如 $P = 100$ W，则可等效为

$$P(\mathrm{dBW}) = 10 \lg \frac{P(\mathrm{W})}{1 \mathrm{W}} = 10 \lg 100 = 20 \ \mathrm{dBW}$$

即功率为 20 dBW 与功率为 100 W 是等效的。

功率(单位 mW)用对数单位表示时，单位为分贝毫瓦(dBmW)，具体如下：

$$P(\mathrm{dBmW}) = 10 \lg \frac{P(\mathrm{mW})}{1 \mathrm{mW}} \tag{0-9}$$

如 $P = 100$ W $= 100\ 000$ mW $= 10^5$ mW，则可等效为

$$P(\mathrm{dBmW}) = 10 \lg \frac{P(\mathrm{mW})}{1 \mathrm{mW}} = 10 \lg 10^5 \ \mathrm{dBmW} = 50 \ \mathrm{dBmW}$$

即当描述功率分别为 20 dBW、100 W、50 dBmW 时，实际功率大小是相等的。

由以上定义可以看出，分贝实际上是对数值，因此可以用比较小的数值来表示非常大的比值，从而可以清楚地表示非常大的数量变化。在后续计算多部件系统的整体增益（如级联的放大器）时，可以直接用各部件的增益（分贝）相加而求得，计算极其简单。

例 0.3 假设图 0-11 所示二端口器件为一个放大器，其输入功率为 10 mW，输出功率为 20 mW，则该放大器输出功率为输入功率的多少倍？对应增益(dB)是多少？

解 由题设可知 $P_1 = 10$ mW，$P_2 = 20$ mW，则有

$$\frac{P_2}{P_1} = \frac{20 \text{ mW}}{10 \text{ mW}} = 2$$

即 $P_2 = 2P_1$，输出功率是输入功率的两倍。

对应增益由式(0-7)计算，得

$$G = 10 \lg \frac{P_2}{P_1} = 10 \lg 2 \text{ dB} \approx 3 \text{ dB}$$

由例 0.3 可知，若放大器的输出功率为输入功率的 2 倍，则对应增益是 3 dB。

分贝除用来表示功率的放大倍数（增益）外，在工程上，也常用来表示损耗和隔离的大小。

例 0.4 假设图 0-11 所示二端口器件为一段传输微波信号的传输线，若其输入功率为 10 mW，输出功率为 8 mW，则该传输线的损耗是多少？

解 由题设可知 $P_1 = 10$ mW，$P_2 = 8$ mW，则有

$$\frac{P_2}{P_1} = \frac{8 \text{ mW}}{10 \text{ mW}} = 0.8$$

对应损耗由式(0-7)计算，得

$$G = 10 \lg \frac{P_2}{P_1} = 10 \lg 0.8 \text{ dB} = -0.9691 \text{ dB} \approx -1 \text{ dB}$$

结果为负，说明功率减小，称为损耗，即该传输线的损耗为 1 dB（这种损耗也称为插入损耗）。

小　结

(1) 变化的电场和变化的磁场不断地交替产生，由近及远以有限的速度在空间传播，形成电磁波。

(2) 描述电磁波特性的参数有传播速度、频率、周期、波长和相位。

(3) 雷达发射的电磁波的频率就是雷达的工作频率。

(4) 电磁波在真空中的传播速度为光速 c，$c = 3 \times 10^8$ m/s。

(5) 电磁波的波长与频率的关系为 $\lambda = \dfrac{c}{f}$ 及 $f = \dfrac{c}{\lambda}$。

(6) 5 个常用雷达频段名称（对应频率及波长）分别为 Ka（频率 38 GHz，波长 8 mm），Ku（频率 15 GHz，波长 2 cm），X（频率 10 GHz，波长 3 cm），C（频率 6 GHz，波长 5 cm），

S(频率 3 GHz，波长 10 cm)。

关键词： 电磁波　光速　频率　周期　波长　相位　频段　分贝

习　　题

1. 空气中波长为 10 cm 的电磁波的频率是多少？属于哪个频段？

2. 空气中频率为 10 GHz 的电磁波的波长是多少？属于哪个频段？

3. 补充表 0-3 中不同雷达工作频段的内容。

表 0-3　常用雷达频段频率及波长

频段	S	C	X	Ku	Ka
频率/GHz					
波长/cm					

4. 微波的频率范围为 300 MHz～3000 GHz，波长为 0.1 mm～1 m。微波又可细分为分米波、厘米波、毫米波和亚毫米波，补充表 0-4 的内容。

表 0-4　微波的划分

名称	分米波	厘米波	毫米波	亚毫米波
频率/GHz	0.3～3		30～300	300～3000
波长/m		0.1～0.01		

5. 完成表 0-5 中增益的计算。

表 0-5　增益的计算

P_2/P_1	2	10	100	1000	10000
G/dB					

6. 完成表 0-6 中功率的计算。

表 0-6　功率的计算

P/mW					
P/dBmW	10	20	30	40	50

第1章　传输线理论及技术

雷达工作的物理基础有两点：一是电磁波在空间以光速沿直线传播，并且遇到目标会产生反射；二是天线的定向辐射（接收）特性。雷达发射机产生的高频电磁波，需要通过天线向空间辐射出去，而连接发射机和天线的就是馈线。雷达通过天线接收目标反射回来的部分电磁波，而天线接收的反射回波同样要经馈线再传给接收机进行处理，如图1-1所示。因此，馈线在雷达系统中是非常重要的。在微波技术中，馈线称为微波传输线，简称传输线。

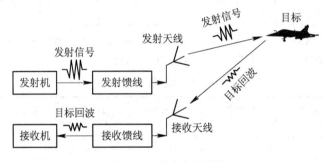

图1-1　雷达中的馈线

所谓传输线，就是传输微波能量和信息的各种形式的传输系统的总称。它主要用来将电磁能量以最小的损耗从一处传输到另一处。此外，传输线还可以用来构成各种各样的微波元件和器件，如谐振腔、阻抗变换器、滤波器、定向耦合器等。

本章在讨论传输线理论的基础上，主要介绍雷达工程中常用的波导（矩形波导、圆波导）、同轴线、带状线及微带线等传输线。

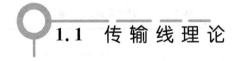

1.1　传输线理论

1.1.1　传输线分类

一般来讲，微波传输线从结构上大体可分为三类，如图1-2所示。

第一类是双导体传输线，如平行双线、同轴线、带状线、微带线等。由于这类传输线传输的主要是横电磁波（TEM波），因此又称为TEM波传输线。

第二类是均匀填充介质的波导管，如矩形波导、圆波导、双脊波导、椭圆波导等。这类传输线不能传输TEM波，只能传输色散的横电波（TE波）或横磁波（TM波），因此又称为色散波传输线，色散指的是传输特性随频率而变化。

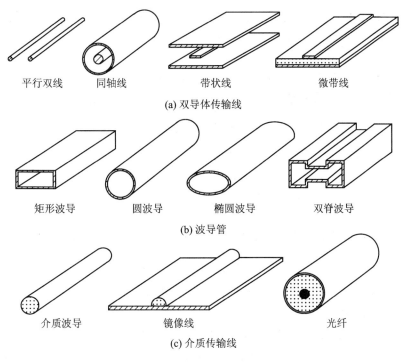

（a) 双导体传输线

平行双线　　同轴线　　带状线　　微带线

矩形波导　　圆波导　　椭圆波导　　双脊波导

（b) 波导管

介质波导　　镜像线　　光纤

（c) 介质传输线

图 1-2　常用微波传输线的分类

第三类是介质传输线，如镜像线、介质波导和光纤等。这类传输线传输的是色散的横电波(TE 波)和横磁波(TM 波)的混合波，并且电磁波主要是沿传输线的表面传输，因此又称为表面波传输线。当然，它也是色散波传输线。

按传输电磁波的类型，微波传输线可分为 TEM 波(非色散波)传输线和非 TEM 波(色散波)传输线两种。

现代微波工程中，常用的传输线有平行双线、波导、同轴线、带状线和微带线。波导、同轴线、带状线和微带线将分别在 1.2 至 1.5 节具体介绍。

平行双线结构虽然与其他传输线结构不同，但其结构简单，且传输电磁波的基本原理是一样的，因此，本书传输线理论部分及后续各章原理都以平行双线来进行分析，且采用便于理解的微波等效电路法，所得到的一些基本概念和公式不仅适用于其他 TEM 波传输线，也可应用于波导中。

1.1.2　传输线的长线和分布参数

要了解传输线传输微波能量和信号的过程，必须了解传输线上电磁波的分布。本小节主要介绍长线及分布参数的概念。

1. 长线和短线

学习传输线理论时，首先要建立的概念就是"长线"。

传输线的几何长度 l 与工作波长 λ 的比值 l/λ 称为传输线的电长度。

一般当传输线的电长度满足式(1-1)时，称为长线；反之，称为短线。

$$\frac{l}{\lambda} \geqslant 0.1 \tag{1-1}$$

长线与短线是相对于线上传输的电磁波的波长而言的。长线并不意味着其几何长度一定很长，短线也并不意味着其几何长度一定很短。

例 1.1 判断以下两种情况的传输线是长线还是短线。

情况 1：在传输市电的电力工程中，长 1000 m 的输电线。

情况 2：传输 X 频段微波信号的一段长度仅为 10 cm 的同轴线。

解 情况 1：市电频率 $f_1 = 50$ Hz，对应波长 $\lambda_1 = \dfrac{c}{f_1} = \dfrac{3 \times 10^8 \text{ m/s}}{50 \text{ Hz}} = 6000$ km，输电线长度 $l_1 = 1000$ m $= 1$ km，则输电线的电长度为

$$\frac{l_1}{\lambda_1} = \frac{1 \text{ km}}{6000 \text{ km}} = \frac{1}{6} \times 10^{-3} \ll 0.1$$

因此，1000 m 的输电线是短线。

情况 2：取标称波长 $\lambda_2 = 3$ cm，长度 $l_2 = 10$ cm，则同轴线的电长度为

$$\frac{l_2}{\lambda_2} = \frac{10 \text{ cm}}{3 \text{ cm}} \approx 3.333 \gg 0.1$$

因此，传输 X 频段微波信号的 10 cm 长的同轴线是长线。

长线和短线的物理含义如下：

(1) 短线上电压（或电流）仅随时间而变化，与位置无关。

对短线来说，线长远小于波长，因此，可以认为某一时刻线上各点的电压（或电流）是处处相同的，它的电压（或电流）仅是时间 t 的函数，而与位置无关。

(2) 长线上电压（或电流）随时间和位置而变化。

对长线而言，线长和波长可比拟，某一时刻线上各点的电压（或电流）互不相同，它的电压（或电流）不仅是时间 t 的函数，也是位置 z 的函数。

雷达系统中用来传输射频微波信号的传输线都是长线，因此其上电压（或电流）随时间和位置发生改变。

2. 分布参数

传输线上电现象发生变化的根本原因是传输线本身具有分布参数。

传输线的分布参数是指分布在整段传输线上的电阻、电感、电容和电导。因为一般电路中的电阻、电感、电容和电导是指集中在电阻器、线圈、电容器上的参数，所以称为集总参数。而传输线的这些参数是分布在整段传输线上的，所以称为分布参数。传输线也可以称为分布参数电路。分布参数的大小通常以单位长度（即 1 m）传输线具有的参数来表示。

1) 分布电阻 R_1

任何一段导线，它本身总是具有一定的电阻。传输线上沿线分布的电阻称为分布电阻。通常以 R_1 表示单位长度传输线上的分布电阻量，单位为欧姆/米（Ω/m）。

分布电阻的大小与导线的直径、材料和线上传输的电磁波的频率有关。导线愈粗或导电系数愈大，分布电阻就愈小；线上传输的电磁波的频率愈高，电流的趋肤效应愈显著，分布电阻就愈大。对于理想导体，$R_1 = 0$，表示无电阻损耗。

2) 分布漏电导 G_1

导线之间电阻为无穷大的绝缘介质是不存在的。当导线间有电位差时，就会产生漏电流，也就是说，导线间处处有漏电阻。漏电阻的倒数就是漏电导，传输线上沿线分布的漏电导称为

分布漏电导。通常以 G_1 表示单位长度传输线上的分布漏电导量，单位为西门子/米（S/m）。

分布漏电导的大小与导线之间的介质及传输的电磁波的频率有关。频率升高时，介质内的极化损耗增加，相当于漏电阻减小，即分布漏电导增大。对于理想介质，$G_1=0$，表示无介质损耗。

3）分布电感 L_1

当电流流过导线时，导线周围会产生磁场，因此传输线上有电感存在。传输线上沿线分布的电感称为分布电感。通常以 L_1 表示单位长度传输线上的分布电感量，单位为亨利/米（H/m）。

分布电感的大小同两根导线之间的距离、导线的直径以及介质的磁导率有关。

4）分布电容 C_1

导线都有一定的表面，两根导线之间又有一定的距离，且其间充满介质，所以两根导线之间有一定的电容量。传输线上沿线分布的电容称为分布电容。通常以 C_1 表示单位长度传输线上的分布电容量，单位为法拉/米（F/m）。

分布电容的大小同导线的直径、线间距离以及介质的介电常数有关。导线愈粗，线间距离愈小，分布电容就愈大；或者介质的介电常数愈大，分布电容就愈大。

概括来说，分布参数的大小主要决定于传输线的结构。导线愈粗，分布电容愈大，而分布电阻和分布电感愈小；线间距离愈小，分布电容愈大，而分布电感愈小；介质的介电常数和磁导率愈小，分布电容和分布电感愈小。

分布参数可以根据电磁场理论求出。表 1-1 列出了平行双线和同轴线的分布参数的计算公式。由表 1-1 可见，分布参数的值仅由传输线的类型、尺寸、导体材料和周围介质的电参数决定，而与传输线的工作状态无关。

表 1-1　平行双线和同轴线的分布参数计算公式

参　数	公式（平行双线）	公式（同轴线）
L_1	$\dfrac{\mu}{\pi}\ln\dfrac{2D}{d}$	$\dfrac{\mu}{2\pi}\ln\dfrac{b}{a}$
C_1	$\dfrac{\pi\varepsilon_1}{\ln\dfrac{2D}{d}}$	$\dfrac{2\pi\varepsilon_1}{\ln\dfrac{b}{a}}$
R_1	$\dfrac{2}{\pi d}\sqrt{\dfrac{\omega\mu}{2\sigma_2}}$	$\sqrt{\dfrac{f\mu}{4\pi\sigma_2}}\left(\dfrac{1}{a}+\dfrac{1}{b}\right)$
G_1	$\dfrac{\pi\sigma_1}{\ln\dfrac{D+\sqrt{D^2-d^2}}{d}}$	$\dfrac{2\pi\sigma_1}{\ln\dfrac{b}{a}}$

注：μ 为介质的磁导率，ε_1 为介质的介电常数，σ_1 为导体间介质的电导率，σ_2 为导体的电导率。

1.1.3 均匀传输线

若导线的材料、直径、线间距离以及介质的性质均保持不变，则整段传输线上的分布参数的值是均匀分布的，这种线称为均匀传输线。本书后面研究传输线时，一般都指的是均匀传输线，工程中常见的传输线基本上也都是均匀传输线。

1. 均匀传输线的等效电路

下面以平行双线为例来讨论均匀传输线的等效电路。

在图 1-3(a)所示的平行双线上任取一小段 dz，且 dz≪λ。dz 段分布有一定数量的电阻 $R_1 dz$ 和电感 $L_1 dz$，任一小段 dz 的线间分布有一定数量的电容 $C_1 dz$ 和电导 $G_1 dz$，故 dz 段可视为集总参数电路，如图 1-3(b)所示。将整个平行双线都用分布参数代替得到图 1-3(c)所示分布参数等效电路。对于均匀无耗传输线来说，$R_1 = 0$，$G_1 = 0$，因此，进一步可得如图1-3(d)所示的均匀无耗传输线的等效电路。

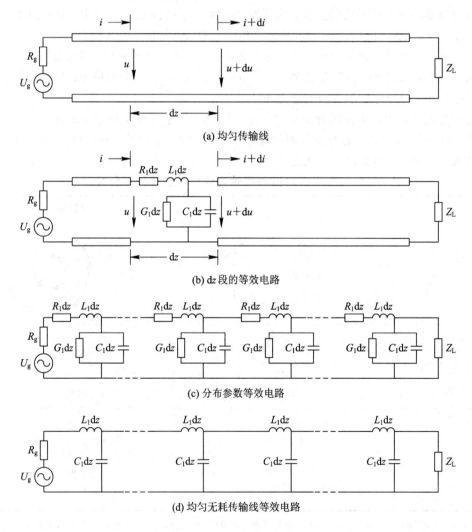

(a) 均匀传输线

(b) dz 段的等效电路

(c) 分布参数等效电路

(d) 均匀无耗传输线等效电路

图 1-3　传输线的等效电路图

传输线的等效电路清楚地表明长线上电压(或电流)是随时间和位置变化的,电压和电流沿传输线从左向右传输时,受到串联阻抗(由 $R_1\mathrm{d}z$ 和 $L_1\mathrm{d}z$ 形成)的分压和并联阻抗(由 $G_1\mathrm{d}z$ 和 $C_1\mathrm{d}z$ 形成)的分流,导致传输线沿线的电压(或电流)不同。另外,由于电容和电感充电需要时间,也就是说,电容上的电压不能突变,电感上的电流不能突变,从而可以断言,电磁波在传输线上的传输速度是有限的。

2. 均匀传输线方程

根据基尔霍夫定律分析图 1-3(c)所示等效电路,可推导出表征均匀传输线上电压、电流变化规律及其相互关系的方程,即传输线方程,也称"电报方程"。求解该方程,即可得出传输线沿线的电压、电流的表达式。

均匀传输线如图 1-4 所示,传输线终端接负载 Z_L,以终端为坐标原点,沿线向电源方向为坐标轴 z 的正向。

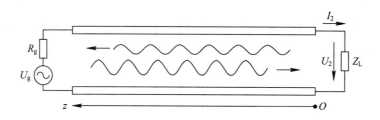

图 1-4　均匀传输线上的入射波和反射波示意图

1) 复振幅表示简化分析

随时间呈正弦或余弦变化的稳态电压和电流(时谐电压和电流,用小写字母 u 和 i 表示)与复振幅(用大写字母 U 和 I 表示)之间的关系为

$$\begin{cases} u(z,\,t)=\mathrm{Re}(U(z)\mathrm{e}^{\mathrm{j}\omega t}) \\ i(z,\,t)=\mathrm{Re}(I(z)\mathrm{e}^{\mathrm{j}\omega t}) \end{cases} \tag{1-2}$$

可以看出,虽然复振幅仅与位置有关,但有了复振幅后,通过式(1-2)即可得到电压和电流的表达式,因此可以大大简化分析过程。

2) 均匀传输线方程的解

经过分析,均匀传输线上复振幅电压、电流的表达式可写为

$$\begin{cases} U(z)=U_\mathrm{i}(z)+U_\mathrm{r}(z) \\ I(z)=I_\mathrm{i}(z)+I_\mathrm{r}(z) \end{cases} \tag{1-3}$$

式中:$U_\mathrm{i}(z)$ 和 $I_\mathrm{i}(z)$ 分别表示入射电压波和入射电流波(下标 i 取英文单词 input 的第一个字母);$U_\mathrm{r}(z)$ 和 $I_\mathrm{r}(z)$ 分别表示反射电压波和反射电流波(下标 r 取英文单词 reflect 的第一个字母)。

对于均匀无耗传输线,有如下重要的结论:

(1) 传输线上的电磁波可分解为入射波和反射波。

(2) 入射波和反射波都是随传输方向振幅不变而相位滞后的行波。

(3) 传输线上任意位置的电压和电流均是入射波和反射波的叠加。

该结论对工程应用有重要的作用。例如雷达发射信号时，希望通过馈线将发射机传来的微波信号全部传给天线（这时天线作为馈线的负载阻抗），即馈线上只有入射波，没有反射波。实际上，完全没有反射是不可能的，我们希望反射越小越好。

合成波是入射波和反射波的叠加，两者同相时，合成波幅度最大，成为波峰点；两者反相时，合成波幅度最小，成为波谷。传输线上在波峰点的合成波幅度比入射波幅度大，为防止击穿，一定要限定其小于额定击穿电压。

3. 均匀无耗传输线的特性参数

由传输线等效电路可知，传输线的分布参数是传输线上电磁波随位置及时间变化的根源。由表 1-1 可知，传输线的分布参数由传输线的结构、尺寸及材料等决定。为了便于统一分析，这里引入 4 个特性参数，分别是特性阻抗、相移常数、相速度（也称相速）及相波长。

1）特性阻抗

特性阻抗 Z_0 是指传输线上入射波电压和入射波电流之比，或反射波电压和反射波电流之比的负值，即

$$Z_0 = \frac{U_i(z)}{I_i(z)} = -\frac{U_r(z)}{I_r(z)} = \sqrt{\frac{R_1 + j\omega L_1}{G_1 + j\omega C_1}}$$

对于均匀无耗传输线（$R_1 = 0$，$G_1 = 0$），有

$$Z_0 = \sqrt{\frac{L_1}{C_1}} \tag{1-4}$$

由此可见，均匀无耗传输线的特性阻抗与信号源的频率无关，仅和传输线的单位长度上的分布电感 L_1 和分布电容 C_1 有关，且特性阻抗是个实数。

由表 1-1 查得平行双线的分布电感和分布电容的计算公式，然后将其代入式（1-4），便得到双导线的特性阻抗计算公式：

$$Z_0 = \frac{120}{\sqrt{\varepsilon_r}} \ln \frac{2D}{d} = \frac{276}{\sqrt{\varepsilon_r}} \lg \frac{2D}{d} \quad (\Omega) \tag{1-5}$$

式中：ε_r 为双导线周围介质的相对介电常数。双导线的特性阻抗一般为 250～700 Ω。

同理，同轴线的特性阻抗计算公式为

$$Z_0 = \frac{60}{\sqrt{\varepsilon_r}} \ln \frac{b}{a} = \frac{138}{\sqrt{\varepsilon_r}} \lg \frac{b}{a} \quad (\Omega) \tag{1-6}$$

同轴线的特性阻抗一般为 50 Ω 和 75 Ω 两种。

式（1-5）、式（1-6）表明特性阻抗是传输线固有的参数，仅与传输线的结构及参数有关。

2）相移常数 β

对于无耗传输线，相移常数表示电压行波或电流行波每经过单位长度后相位滞后的弧度数（单位为 rad/m），其计算公式为

$$\beta = \omega \sqrt{L_1 C_1} \tag{1-7}$$

3）相速度 v_p

传输线上的入射波和反射波以相同的速度向相反方向沿传输线传输。相速度是指电磁

波的等相位面移动的速度。相速度的计算公式为

$$v_p = \frac{\omega}{\beta} = \frac{1}{\sqrt{L_1 C_1}} \tag{1-8}$$

将表 1-1 中的平行双线或同轴线的 L_1 和 C_1 代入式(1-8)，可得平行双线和同轴线上行波的相速度：

$$v_p = \frac{1}{\sqrt{\mu\varepsilon}} = \frac{c}{\sqrt{\varepsilon_r}} \tag{1-9}$$

式中，c 为光速。由此可见，平行双线和同轴线上行波电压和行波电流的相速度等于传输线周围介质中的光速，它和频率无关，只取决于周围介质特性参量 ε_r，这种电磁波称为非色散波。

4）相波长 λ_p

相波长 λ_p 是指同一时刻传输线上电磁波的空间相位相差 2π 的距离，即有

$$\lambda_p = \frac{2\pi}{\beta} = \frac{v_p}{f} = \frac{\lambda_0}{\sqrt{\varepsilon_r}} \tag{1-10}$$

式中，f 为电磁波的频率，λ_0 为真空中电磁波的工作波长。可见传输线上行波的波长也和周围介质有关。由式(1-10)可得用相波长表示的相移常数公式

$$\beta = \frac{2\pi}{\lambda_p} \tag{1-11}$$

4. 均匀无耗传输线的传输特性参数

描述传输线上的传输特性有输入阻抗、反射系数、电压驻波比及行波系数 4 种参数。其中，输入阻抗与反射系数均为复数，两者一一对应。电压驻波比及行波系数为大于 1 的实数，两者互为倒数。在雷达工程中，最常见的参数是电压驻波比，用来描述传输线上入射功率被反射的程度。

1）输入阻抗 $Z_{in}(z)$

传输线终端接阻抗为 Z_L 的负载时，在距终端为 z 处向负载看去的输入阻抗定义为该点的电压 $U(z)$ 与电流 $I(z)$ 之比，并用 $Z_{in}(z)$ 表示，如图 1-5 所示。

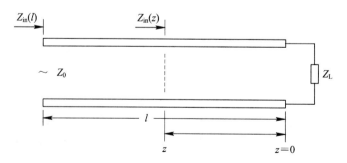

图 1-5　传输线的输入阻抗

图 1-5 中，有

$$Z_{in}(z) = \frac{U(z)}{I(z)} = Z_0 \frac{Z_L + jZ_0 \tan\beta z}{Z_0 + jZ_L \tan\beta z} \tag{1-12}$$

式(1-12)表明，一段长为 z、终端接阻抗为 Z_L 的负载的传输线可以等效为一个阻抗，其阻抗值即为 $Z_{in}(z)$。

例 1.2 传输线的负载阻抗为 Z_L，特性阻抗为 Z_0，传输线长为四分之一波长，即 $l = \lambda_p/4$，计算传输线的输入阻抗。

解 由题设知，$l = \lambda_p/4$，则由式(1-11)可得

$$\beta l = \frac{2\pi}{\lambda_p}\frac{\lambda_p}{4} = \frac{\pi}{2}$$

代入式(1-12)得

$$Z_{in}\left(\frac{\lambda_p}{4}\right) = Z_0 \frac{Z_L + jZ_0\tan\frac{\pi}{2}}{Z_0 + jZ_L\tan\frac{\pi}{2}} = Z_0 \frac{Z_L/\tan\frac{\pi}{2} + jZ_0}{Z_0/\tan\frac{\pi}{2} + jZ_L} = \frac{Z_0^2}{Z_L}$$

即有

$$Z_{in}\left(\frac{\lambda_p}{4}\right) = \frac{Z_0^2}{Z_L} \tag{1-13}$$

根据这个式子，分析如下 4 种比较特殊的情况：

(1) 如果 Z_L 为很大的实阻抗，则经过四分之一波长后，变为很小的实阻抗。若 $Z_L = \infty$，则 $Z_{in} = 0$，即开路变为短路。

(2) 如果 Z_L 为很小的实阻抗，则经过四分之一波长后，变为很大的实阻抗。若 $Z_L = 0$，则 $Z_{in} = \infty$，即短路变为开路。

(3) 如果 Z_L 为一个电感($Z_L = j\omega L$)，则输入阻抗 $Z_{in} = -jZ_0^2/\omega L$，等效为一个电容。

(4) 如果 Z_L 为一个电容$\left(Z_L = \dfrac{1}{j\omega C}\right)$，则输入阻抗 $Z_{in} = j\omega C Z_0^2$，等效为一个电感。

上述性质称为四分之一波长传输线的阻抗变换特性。

例 1.3 传输线的负载阻抗为 Z_L，特性阻抗为 Z_0，传输线长为半波长，即 $l = \lambda_p/2$，计算传输线的输入阻抗。

解 由题设知，$l = \lambda_p/2$，则由式(1-11)可得

$$\beta l = \frac{2\pi}{\lambda_p}\frac{\lambda_p}{2} = \pi$$

代入式(1-12)得

$$Z_{in}\left(\frac{\lambda_p}{2}\right) = Z_0 \frac{Z_L + jZ_0\tan\pi}{Z_0 + jZ_L\tan\pi} = Z_0 \frac{Z_L}{Z_0} = Z_L$$

即

$$Z_{in}\left(\frac{\lambda_p}{2}\right) = Z_L \tag{1-14}$$

可见，半波长线的输入阻抗与终端负载阻抗相等，这个性质称为半波长线的重复性。因此，实际上，无论多长的传输线，只要分析出半个波长内的分布情况，整段传输线的情况就清楚了。

2) 反射系数

传输线上任意点的电压和电流均为入射波和反射波电压和电流的叠加。反射波的大小和相位可用反射系数 $\Gamma(z)$ 来描述。常采用电压反射系数来描述反射波的大小和相位，即距终端为 z 处的电压反射系数 $\Gamma(z)$ 的定义为该点的反射波电压与该点的入射波电压之比。反

射系数为复数，可以表示成模值和幅角的形式，即

$$\Gamma(z) = \frac{U_r(z)}{U_i(z)} = \Gamma_L e^{-j2\beta z} = |\Gamma_L| e^{j(\varphi_L - 2\beta z)} = |\Gamma(z)| e^{j\varphi} \qquad (1-15)$$

式中，$\Gamma_L = |\Gamma_L| e^{j\varphi_L}$ 为终端反射系数，φ 为幅角。

传输线上任意一点反射系数的模值为

$$|\Gamma(z)| = |\Gamma_L| \qquad (1-16)$$

其幅角为

$$\varphi = \varphi_L - 2\beta z \qquad (1-17)$$

由式(1-16)可知，传输线上反射系数的模值处处相等，其大小由终端反射系数的模值确定。

对于无源系统来说，反射波不可能大于入射波，因此反射系数的模值有如下取值范围：

$$0 \leqslant |\Gamma| \leqslant 1 \qquad (1-18)$$

且反射系数的模值越大，对应反射程度越强。如全反射时，$|\Gamma| = 1$；无反射时，$|\Gamma| = 0$。

反射系数和输入阻抗两个参数一一对应，可以互相换算，公式如下：

$$Z_{in}(z) = Z_0 \frac{1 + \Gamma(z)}{1 - \Gamma(z)} \qquad (1-19)$$

$$\Gamma(z) = \frac{Z_{in}(z) - Z_0}{Z_{in}(z) + Z_0} \qquad (1-20)$$

$$\Gamma_L = \frac{Z_L - Z_0}{Z_L + Z_0} \qquad (1-21)$$

3) 电压驻波比

除用反射系数来描述反射波外，雷达工程中还常用电压驻波比(VSWR)来描述反射波。VSWR 也称为驻波比或驻波系数，用 ρ 表示。驻波比 ρ 的定义为传输线沿线合成电压(或电流)幅度的最大值和最小值之比，即

$$\rho = \frac{|U_{max}|}{|U_{min}|} = \frac{|I_{max}|}{|I_{min}|} \qquad (1-22)$$

合成电压最大值出现在入射波与反射波同相的地方，合成电压最小值出现在入射波与反射波反相的地方，故有

$$\begin{cases} |U_{max}| = |U_i| + |U_r| = |U_i|(1 + |\Gamma|) \\ |U_{min}| = |U_i| - |U_r| = |U_i|(1 - |\Gamma|) \end{cases} \qquad (1-23)$$

由此得到驻波比和反射系数的关系式为

$$\rho = \frac{|U_{max}|}{|U_{min}|} = \frac{1 + |\Gamma|}{1 - |\Gamma|} \qquad (1-24)$$

或

$$|\Gamma| = \frac{\rho - 1}{\rho + 1} \qquad (1-25)$$

为了理解驻波比的含义，表 1-2 列出了驻波比大小与反射功率百分比之间的关系。

表 1-2　驻波比大小与反射功率百分比之间的关系

驻波比	1.0	1.1	1.2	1.3	1.5	1.8	2.0	2.5	3.0	4.0	5.0
$P_r/P_i \times 100\%$	0	0.2	0.8	1.7	4.0	8.2	11.1	18.4	25.0	36.0	44.4

由表 1-2 可以看出，当 $\rho=2$ 时，反射功率为 11.1%，有近 90% 的功率得到传输。因此，工程上一般要求 $\rho<2$，某些大功率场合，要求 $\rho<1.2$。

4) 行波系数

驻波比的倒数即为行波系数，用 K 表示，即

$$K=\frac{1}{\rho}=\frac{|U_{\min}|}{|U_{\max}|}=\frac{1-|\Gamma|}{1+|\Gamma|} \tag{1-26}$$

传输线上反射波的大小可用反射系数的模值、驻波系数和行波系数来表示。反射系数的模值范围为 $0\leqslant|\Gamma|\leqslant1$；驻波系数的范围为 $1\leqslant\rho\leqslant\infty$；行波系数的范围为 $0\leqslant K\leqslant1$。当 $|\Gamma|$ 越小，ρ 越小且 K 越大时，传输线上的反射程度越弱。当 $|\Gamma|=0$、$\rho=1$ 且 $K=1$ 时，表示传输线上没有反射波，即为匹配状态。驻波系数最大为 ∞，表示传输线上波被全部反射，即为驻波状态。

5. 传输功率

微波传输线主要用来向负载传输微波能量和信息，传输线的传输功率是必须要考虑的参数。

均匀无耗传输线上任意点处的电压、电流为

$$\begin{cases} U(z)=U_{\mathrm{i}}(1+\Gamma(z)) \\ I(z)=I_{\mathrm{i}}(z)(1-\Gamma(z)) \end{cases} \tag{1-27}$$

因此传输功率为

$$P(z)=\frac{1}{2}\mathrm{Re}\{U(z)I^*(z)\}=\frac{1}{2}\mathrm{Re}\{U_{\mathrm{i}}(z)(1+\Gamma(z))I_{\mathrm{i}}^*(z)(1-\Gamma^*(z))\}$$

$$=\frac{1}{2}\mathrm{Re}\left\{\frac{|U_{\mathrm{i}}(z)|^2}{Z_0}[1-|\Gamma(z)|^2+\Gamma(z)-\Gamma^*(z)]\right\} \tag{1-28}$$

对于无耗传输线，Z_0 为实数，而式(1-28)中 $\Gamma(z)-\Gamma^*(z)$ 为虚数，则式(1-28)可变为

$$P(z)=\frac{|U_{\mathrm{i}}(z)|^2}{2Z_0}(1-|\Gamma(z)|^2)=P_{\mathrm{i}}(z)-P_{\mathrm{r}}(z) \tag{1-29}$$

式中，$P_{\mathrm{r}}(z)$ 和 $P_{\mathrm{i}}(z)$ 分别表示通过 z 点处的反射波功率和入射波功率，$|\Gamma(z)|^2$ 为功率反射系数。

式(1-29)表明，无耗传输线上通过任意点的传输功率等于该点的入射波功率与反射波功率之差。由于是无耗传输线，因此通过线上任意点的传输功率都是相同的，即传输线始端的输入功率等于终端负载的吸收功率，也等于电压波腹点或电压波节点处的传输功率。

为了简便起见，一般在电压波腹点或电压波节点处计算传输功率，即

$$P(z)=\frac{1}{2}|U_{\max}||I_{\min}|=\frac{1}{2}\frac{|U_{\max}|^2}{Z_0}K \tag{1-30}$$

式中，$|U_{\max}|$ 决定传输线线间击穿电压 U_{br}。在不发生击穿的情况下，传输线允许传输的最大功率称为传输线的功率容量，其值应为

$$P_{\mathrm{br}}=\frac{1}{2}\frac{|U_{\mathrm{br}}|^2}{Z_0} \tag{1-31}$$

可见，传输线的功率容量与行波系数 K 有关。K 愈大（ρ 愈小），功率容量愈大。

1.1.4　传输线的三种工作状态

从前面的讨论中可知，传输线上负载阻抗不同，电磁波的反射也不同，而反射波不同，传输线上的合成波也不同。合成波不同，意味着传输线有不同的工作状态。根据有无反射波、反射波大小等情形，传输线的工作状态可分为以下三种。

1．行波状态

1）行波状态的概念

传输线上的行波状态是指无反射的传输状态。此时，负载吸收全部入射功率，传输线上只存在一个由信号源传向负载的入射波（或单向行波），如图 1-6 所示。因为没有反射波，所以行波状态下电压波和电流波的振幅沿线不变，如图 1-7 所示。

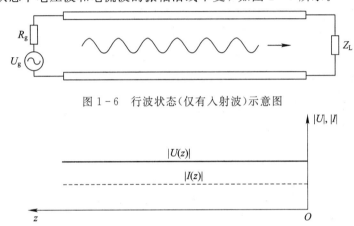

图 1-6　行波状态（仅有入射波）示意图

图 1-7　行波状态下的电压波和电流波振幅

2）行波状态的条件

由式（1-21）可以得到传输线上无反射波的条件为

$$Z_L = Z_0 \tag{1-32}$$

阻抗为特性阻抗的负载称为匹配负载。

当负载阻抗等于传输线特性阻抗时，均匀无耗传输线上传输的电磁波为行波，沿线各点电压和电流的振幅不变；相位随 z 增加而不断滞后；沿线各点的输入阻抗均等于传输线的特性阻抗。

在雷达工程中，为保证将发射机的能量有效地传输到天线，天线接收的能量有效地传输到接收机，应该使传输线工作在行波状态。

2．驻波状态

1）驻波状态的概念

传输线的驻波状态是指全反射的传输状态。此时，传输线上既存在由信号源传向负载的入射波，又存在由负载全反射回信号源的反射波。负载不吸收入射功率，反射波与入射波幅度相等，如图 1-8 所示。因入射波全部被反射，反射波与入射波叠加后，在某些位置形成稳定的波腹和波节点,如图 1-9 所示为传输线终端短路时,沿线电压和电流的振幅的分布。

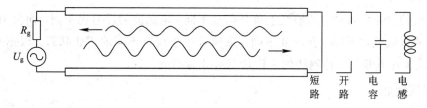

图 1-8 驻波状态(入射波全部被反射)示意图

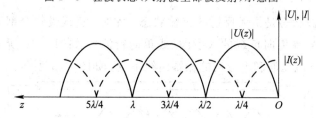

图 1-9 终端短路驻波状态电压、电流振幅分布

2) 驻波状态的条件

传输线驻波状态的条件是:终端必须是短路、开路或端接纯电抗负载,即

$$\begin{cases} Z_L = 0 \\ Z_L = \infty \\ Z_L = \pm jX_L \end{cases} \tag{1-33}$$

这一点从物理概念上是可理解的,因为只有终端短路、开路或端接纯电抗负载,才不消耗功率,才可能产生全反射。

3) 驻波状态参量

在全反射状态下,驻波状态参量分别为

$$\begin{cases} |\Gamma(z)| = 1 \\ \rho = \infty \\ K = 0 \end{cases} \tag{1-34}$$

无论传输线终端是短路、开路还是端接纯电抗负载,终端均产生全反射。其不同点在于:短路线的终端是电压节点、电流腹点;开路线的终端是电压腹点、电流节点;端接纯电抗负载时,终端既非腹点,亦非节点。

从图 1-9 可见:

(1) 每隔半个波长,电压、电流振幅分布重复一次,这与前面半波长的阻抗重复性一致。

(2) 传输线沿线有电压(电流)波腹和波节点。电压、电流振幅位置沿线"定居",所以称为驻波。

(3) 沿线同一时刻,电压和电流随空间变化的相位相差 $\frac{\pi}{2}$。从物理概念上说,电压和电流的功率是不能通过波节平面的,因而驻波状态不能传输功率只有能量的储存。

传输线呈驻波状态时,虽然不能传输电磁能量,但是可以作为微波元件使用。下面举几个在雷达中应用的实例。

（1）作为绝缘支架。利用 $\lambda/4$ 短路线作为绝缘支架的应用如图 1-10 所示。其中图 1-10（a）是平行双线型的支架，图 1-10（b）是同轴线型的支架。由于 $Z_{AA'}=\infty$，因此支架对主线上的信号传输没有影响。

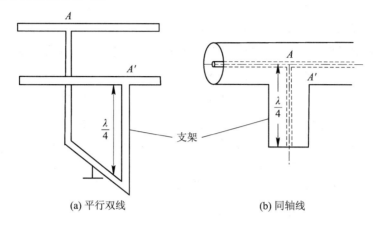

(a) 平行双线　　　　　　　　(b) 同轴线

图 1-10　将短路线作为绝缘支架

（2）作为滤波器。图 1-10 所示的结构还具有滤波作用。如对二次谐波，短路线的电长度为半个波长，$Z_{AA'}=0$，信号在 AA' 处被全反射，二次谐波被滤掉。同理，对所有偶次谐波，该结构都能起到滤波作用。

（3）作为收发开关。图 1-11 所示为短路线用于雷达的收/发开关原理图。收/发开关的作用是实现收发转换，即使发射机产生的高频大功率信号被传送到天线而不进入接收机，使天线接收的回波信号被传送到接收机而不进入发射机，使一副天线起到发射和接收的双重作用。

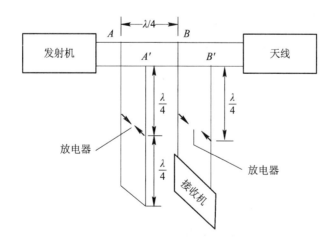

图 1-11　短路线用于雷达的收/发开关原理图

由 1-11 可知，发射时，来自发射机的大功率信号使两个放电器放电，形成短路，分别使从 AA' 点、BB' 点向下看的输入阻抗为 ∞，信号不能被传送到接收机，而被传送至天线。

接收时，回波信号十分微弱，放电器不放电（不起作用）。这时从 AA' 点向下看的输入阻抗为零，信号被全反射而不能传送到发射机，从 BB' 点向 AA' 点看去的输入阻抗为∞，故回波信号只能进入接收机。

3. 混合波状态

1) 混合波状态的概念

当传输线终端接任意复阻抗负载时，来自信号源的电磁波功率一部分被终端负载吸收，另一部分则被反射。传输线上既有行波又有驻波的状态，称为混合波状态，亦称行驻波状态，如图 1-12 所示。因部分入射波被反射，所以反射波与入射波叠加后，在波节点不能完全抵消，形成如图 1-13 所示的混合波状态电压、电流振幅分布图。

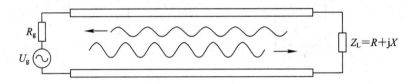

图 1-12　混合波状态(部分入射波被反射)示意图

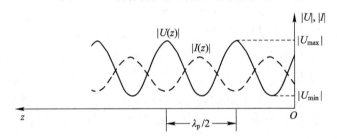

图 1-13　混合波状态电压、电流振幅分布

2) 混合波状态的条件

混合波状态下传输线终端负载阻抗既不为零、无穷大、纯电抗，也不为特性阻抗，而为任意复阻抗，即

$$\begin{cases} Z_L = R_L + jX_L \\ Z_L \neq 0 \\ Z_L = \infty \\ Z_L \neq \pm jX_L \\ Z_L \neq Z_0 \end{cases} \qquad (1-35)$$

3) 混合波状态下输入阻抗的分布特点

(1) 传输线沿线阻抗分布有半波长的重复性。

(2) 传输线沿线阻抗分布有四分之一波长的变换性。

(3) 传输线沿线最大纯电阻出现在电压波腹处，最小纯电阻出现在电压波节处。

4) 混合波状态参数取值范围

混合波状态参数取值范围如下：

$$\begin{cases} 0 < |\Gamma(z)| < 1 \\ 1 < \rho < \infty \\ 0 < K < 1 \end{cases} \qquad (1-36)$$

5) 电压驻波比的测量

如图 1-13 所示，只要测得传输线沿线合成波振幅的最大值与最小值，通过式(1-22)便可计算出电压驻波比。这种方法是测量线测量电压驻波比的理论基础。

6) 相波长的测量

如图 1-13 所示，只要测得传输线沿线相邻合成波振幅最大值(或最小值)之间的间隔，此间隔即为相波长 λ_p 的一半，且已知相对介电常数，就可由式(1-10)得到信号的工作波长 λ_0。

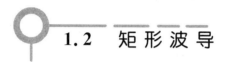

1.2 矩形波导

波导是由金属材料制成的封闭的金属管，常用的有矩形波导和圆波导两种。波导常用铜或铝制成，为了减小电阻损耗，常在其内表面镀银。为了防止腐蚀，还可在其内表面上涂一层高频漆。波导是微波技术中应用最广泛的传输系统之一，在高功率系统、毫米波系统和一些精密测试设备中主要采用矩形波导。在实际应用中，矩形波导的损耗很小，因此一般将其近似认为是理想导体。

1.2.1 矩形波导的形成

横截面为矩形的金属波导称为矩形波导。矩形波导的几何结构如图 1-14 所示，设其截面宽边尺寸为 a，窄边尺寸为 b，采用直角坐标系，x、y、z 轴与其宽边、窄边及波导轴向重合。

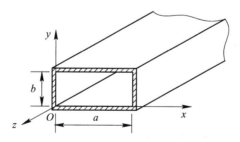

图 1-14 矩形波导的几何结构示意图

矩形波导既然是金属管，为什么不但不会将电源短路，反而能很好地传输电磁波呢？矩形波导能够传输电磁波可用长线理论定性说明。

图 1-15(a)所示是两条扁平状的平行双线。图 1-15(b)所示为线上任意位置并联四分之一波长的短路线，因其输入阻抗为无穷大，相当于开路，它在平行双线上并接与不并接是等效的。若并联的短路线数目无限增多，以至连成一个整体，则构成一个矩形波导，如图1-15(c)所示。

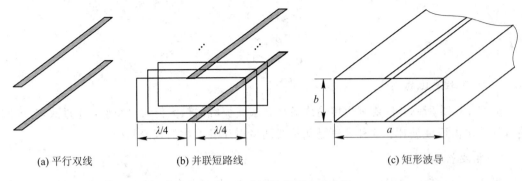

(a) 平行双线   (b) 并联短路线   (c) 矩形波导

图 1-15 矩形波导的形成示意图

1.2.2 电磁波在金属表面的边界条件

要理解电磁波在波导中的传输，必须掌握交变电磁场和金属表面之间相互关系的准则，并根据这一准则选择尺寸合适的波导或波长合适的电磁波。用电力线和磁力线来描述电磁波的分布，由电力线和磁力线箭头指向确定电场或磁场方向，用电力线和磁力线的疏密来表示电场和磁场的强弱程度。

根据电磁场的基本规律和边界条件，可得如下结论：

（1）电力线有两种：一种是有始有终的线，它始于正电荷，止于负电荷；另一种是围绕交变磁场的闭合线。

（2）磁力线永远是无头无尾的闭合线，或者围绕载流导线，或者围绕交变的电场，又或两者兼有之。

（3）电力线和磁力线总是互相正交的，且依从坡印亭矢量关系：

$$E \times H = S \tag{1-37}$$

式中，矢量 E、H 和 S 的方向分别对应电场、磁场和电磁波传输方向。

（4）在理想导体的表面上，磁力线总是与导体表面平行，而电力线则与导体表面垂直。

依据上述原则，可知矩形波导中传输的波如下：

如图 1-16(a)所示，假设磁力线位于矩形波导的横截面上，根据上述原则(2)，磁力线围绕纵向的只能是交变电场，再根据上述原则(4)，电力线应如图 1-16(a)所示。这种场分布特点是：磁场无纵向分量，即磁场完全位于横截面上，电场则有纵向分量。此型波称为横磁波——TM 波，或称为电波——E 波。

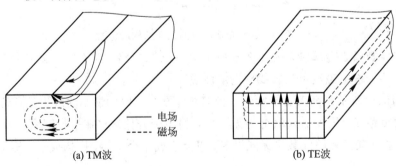

(a) TM波   (b) TE波

图 1-16 矩形波导中传输的波示意图

上面讨论的只是电磁波在矩形波导中传输的一类情况，另一类情况如图 1 - 16(b)所示。假设电场位于横截面上，则据上述原则(2)，磁力线为如图 1 - 16(b)所示的封闭曲线。这种场分布的特点是：电场无纵向分量，即电场完全位于横截面上，磁场则有纵向分量。此型波称为横电波——TE 波，或称为磁波——H 波。

综上所述，矩形波导中的电场或磁场总会有纵向分量，即矩形波导中是不可能存在横电磁波——TEM 波的。矩形波导中的场分布无非是横电波(TE 波)或横磁波(TM 波)。至于矩形波导中场的具体分布，后面将作具体分析。横电波的各模式用 TE_{mn}(m，n 不能同时为 0)表示，横磁波的各模式用 TM_{mn}(m，n 均不能为 0)表示，m，n 对应电场或磁场沿矩形波导宽边及窄边分布的半波数的个数。

1.2.3 矩形波导中的主模——TE_{10} 模

TE_{10} 模，也称 TE_{10} 波，是在矩形波导中传输的场分布最简单的一种波型。它在传输时损耗最低，所要求的矩形波导尺寸最小，易于实现单模传输，因而是矩形波导中电磁波最常见的传输模式，被称为基模或主模。对 TE_{10} 波的学习将为理解各种波导波型和波导元件打下基础。

可将电磁波在矩形波导中的传输视为若干个均匀平面波向矩形波导侧壁斜入射叠加的结果。下面讨论一种最简单的情况，设有一均匀平面波，其电场方向垂直于波导宽壁，以入射角 θ 向矩形波导侧壁入射，若矩形波导侧壁理想导电，则对入射波产生全反射，反射角等于入射角，由于受到矩形波导两侧壁的限制，平面波就在两侧壁之间来回反射，以"之"字形沿纵向前进，如图 1 - 17 所示。入射波和反射波的叠加，便形成了所谓 TE_{10} 波。

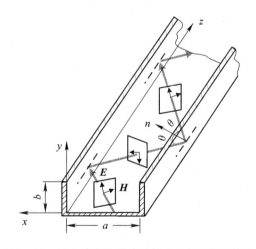

图 1 - 17 平面波在矩形波导侧壁上的反射示意图

1. TE_{10} 波的场分布

TE_{10} 模，即 TE_{mn} 模中下标 $m=1$、$n=0$ 对应的模式，是在矩形波导中电磁波传输的主模式，应用广泛。

磁场与电场有着固定的关系，磁力线一定要包围电力线，而且与电力线正交，矩形波导中 TE_{10} 模的完整场分布图如图 1 - 18 所示，建立 TE_{10} 模场分布的立体概念，随着时间的推移，整个场分布以相速 v_p 沿传输方向移动。图 1-19 为矩形波导中 TE_{10} 场分布的变化规律（前视图及俯视图）。

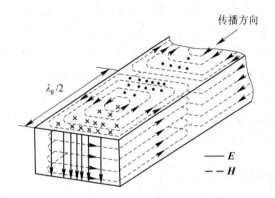

图 1-18 矩形波导中 TE_{10} 模的场分布图（$t=0$ 瞬间）

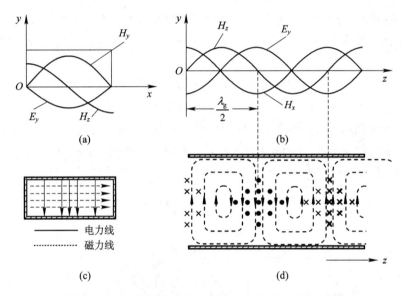

图 1-19 矩形波导中 TE_{10} 模场分布的变化规律示意图

由图 1-18 和图 1-19 可以总结出 TE_{10} 波场分布特点：

（1）TE_{10} 波的电场分量只有横截面内的横向分量；但其磁场不仅有横截面内的分量，还有沿纵向的分量。由于电场只有与矩形波导纵向垂直的横向分量，所以称为横电波。

（2）TE_{10} 波的电场及磁场沿窄边均匀分布，即没有最大值，所以 $n=0$。

（3）TE_{10} 波的电场在矩形波导宽边的中间最强，两边由于边界条件的限制，电场为零，即沿宽边有一个电场最大值，故 $m=1$。

2. TE_{10} 波在矩形波导管壁上的电流分布

当矩形波导管壁上存在平行于管壁的磁场时，管壁上就会产生感应电流。电流和磁场是相互依存的，根据磁场的方向和强度，利用安培右手定则，就可以确定管壁电流的方向和大小。管壁电流的方向与磁场相互垂直；管壁电流密度与磁场强度成正比，有 $\boldsymbol{J}=\boldsymbol{n}\times\boldsymbol{H}$，

J 是电流密度，n 是矩形波导内表面的法线方向上的单位矢量。矩形波导中 TE_{10} 波的管壁电流分布如图 1-20 所示。

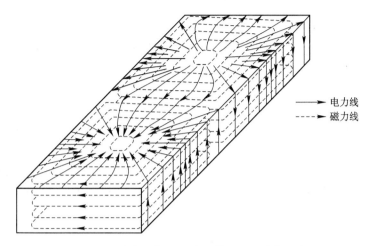

图 1-20　矩形波导中 TE_{10} 波的管壁电流分布示意图

由图 1-20 可以总结出矩形波导中 TE_{10} 波的管壁电流分布特点如下：

（1）矩形波导窄壁上只有横向电流。

（2）矩形波导宽壁表面既有横向电流又有纵向电流，合成电流的分布呈辐射状。

　　了解了矩形波导中波的传输模式的壁电流分布，就可讨论在矩形波导管壁上开设隙缝的问题，这对处理许多技术问题有重要的指导意义。

　　在矩形波导管壁上开隙缝主要有两种目的：一种是为了测量矩形波导内的电磁波或给矩形波导填充干燥的空气，基于这种目的在矩形波导上所开设的隙缝应该是不影响矩形波导内的电磁场分布，也不改变管壁上电流的流向，所以这类隙缝应该顺着管壁电流的方向开设，如图 1-21 中 1 和 2 所示；另一种是为了使矩形波导内的电磁能量向外耦合或辐射，这类隙缝势必改变矩形波导内电磁场的结构，

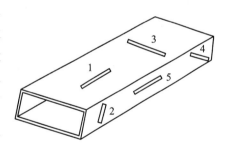

图 1-21　矩形波导上开槽

同时也必将改变矩形波导管壁上的电流流向，这类隙缝的开设如图 1-21 中 3、4 和 5 所示。

3. TE_{10} 波的传输特性

　　TEM（横电磁波）波中的电场、磁场均无纵向分量，但在矩形波导中传输的 TE_{10} 波，其场量出现了纵向分量，从而使得 TE_{10} 波的传播特性在很多方面与 TEM 波有着显著的区别，因此有必要来讨论 TE_{10} 波的传输特性。

　　1）波长

　　在自由空间或长线中，所谓波长是指电磁波在介质中的传播速度与电磁波频率的比值。在波导中，有三个有关波长的概念，即工作波长、波导波长和截止波长。

　　（1）工作波长 λ。

　　工作波长是指微波振荡源所产生的电磁波的波长。如果矩形波导中所填充介质的介电

常数为 ε、磁导率为 μ，那么工作波长 λ 的定义为

$$\lambda = \frac{v}{f} = \frac{1}{f\sqrt{\mu\varepsilon}} \qquad (1-38)$$

显然，这个工作波长的定义与平面波的波长相同，即为平面波两个相差 2π 的等相位面之间的距离，或者说平面波等相位面在一个周期内所传播的距离。若矩形波导内填充空气，且 $\varepsilon = \varepsilon_0$，$\mu = \mu_0$，则 λ 为

$$\lambda = \frac{1}{f\sqrt{\mu_0\varepsilon_0}} = \frac{c}{f} \qquad (1-39)$$

其中，c 为真空中的光速。

（2）波导波长 λ_g。

如图 1-17 所示，矩形波导中的电磁波可以看作是两个平面波在矩形波导壁上的来回反射合成的，将沿矩形波导纵向合成波的等相位面在一个周期内所经过的距离定义为矩形波导波长，记为 λ_g，其计算公式如下：

$$\lambda_g = \frac{\lambda}{\sqrt{1 - \left(\dfrac{\lambda}{2a}\right)^2}} \qquad (1-40)$$

一般条件下，直接测出工作波长是比较困难的，但在波导测量线上容易测出矩形波导的波长 λ_g，于是由式（1-40）就可算出工作波长。

（3）截止波长 λ_c。

由图 1-15 可以定性看出，用矩形波导传输电磁波，必须满足 $a > \lambda/2$，即 $\lambda < 2a$。实际上，矩形波导中存在决定电磁波能否被传输的分界线，该分界线被称为截止波长，用 λ_c 表示。由此可以得出一个很重要的结论：只有当工作波长小于某型波的截止波长时，该型波才能在矩形波导中传输。这种现象在 TEM 波传输线中是没有的。

矩形波导传输电磁波的传输条件为

$$\lambda < \lambda_c \qquad (1-41)$$

即对于 TE_{10} 波来说，截止波长及传输条件分别为

$$\begin{cases} (\lambda_c)_{TE_{10}} = 2a \\ \lambda < 2a \end{cases} \qquad (1-42)$$

由于截止波长的存在，使得矩形波导的应用范围受到了自身尺寸的限制。如果用矩形波导传输波长为 30 m 的电磁波，那么矩形波导宽边尺寸至少应大于 15 m，故矩形波导适用于传输厘米波或毫米波。

2）传播速度

（1）相速 v_p。

相速是指矩形波导中合成波的等相位面移动的速度，用 v_p 表示，TE_{10} 波的相速为

$$v_p = \frac{c}{\sqrt{1 - \left(\dfrac{\lambda}{2a}\right)^2}} \qquad (1-43)$$

从式（1-43）可以得出，相速大于光速。但任何物体的运动是不能大于光速的，那么上述结论是不是有问题呢？没有问题，因为相速不是电磁能量的传播速度，而是等相位面沿 z 轴移动的速度，或者说是一种相位相干现象移动的视在速度。

（2）群速 v_g。

群速（或称能速）就是电磁波所携带的能量沿矩形波导纵轴方向的传播速度，用 v_g 表示，TE_{10} 波的群速为

$$v_g = c\sqrt{1-\left(\frac{\lambda}{2a}\right)^2} \tag{1-44}$$

可见，电磁波的群速要比其在自由空间中的传播速度小，这是因为电磁波在矩形波导中前进的路线是"之"字形。

综上所述，在矩形波导中不论是相速还是群速，传播速度都与工作波长 λ 有关。这种传播速度与波长有关的现象，称为色散现象。由于这种现象的存在，使得矩形波导传输频带内不同频率的信号传输时间不等，造成信号失真，这种失真称为时延失真。平行双线传输的是 TEM 波，其速度与波长 λ 无关，称为无色散的传输系统，而矩形波导则称为有色散的传输系统。

3）波阻抗 Z

矩形波导中某型波的阻抗简称波阻抗，定义为矩形波导横截面上该型波的电场强度与磁场强度的比值，用 Z 表示。对于 TE_{10} 波，有

$$Z_{TE_{10}} = \frac{\sqrt{\dfrac{\mu}{\varepsilon}}}{\sqrt{1-\left(\dfrac{\lambda}{2a}\right)^2}} = \frac{\eta}{\sqrt{1-\left(\dfrac{\lambda}{2a}\right)^2}} \quad (\Omega) \tag{1-45}$$

其中，$\eta = \sqrt{\mu/\varepsilon}$。如果矩形波导中填充的是空气，则有

$$Z_{TE_{10}} = \frac{\sqrt{\dfrac{\mu_0}{\varepsilon_0}}}{\sqrt{1-\left(\dfrac{\lambda}{2a}\right)^2}} = \frac{\eta_0}{\sqrt{1-\left(\dfrac{\lambda}{2a}\right)^2}} \quad (\Omega) \tag{1-46}$$

其中，$\eta_0 = \sqrt{\dfrac{\mu_0}{\varepsilon_0}} = 120\Omega$，是空气的波阻抗。

可见波阻抗仅与波型和工作波长有关，只要给定波型和工作波长，则该型波的波阻抗就可确定。

例 1.4　截面尺寸为 72 mm×34 mm 的矩形波导管，传输 TE_{10} 波，当信号频率为 3000 MHz时，求它的截止波长 λ_c、波导波长 λ_g、相速 v_p 和群速 v_g。

解　传输 TE_{10} 波，则

$$\lambda_c = 2a = 2\times72 \text{ mm} = 144 \text{ mm}$$

已知 $f=3000$ MHz，可得

$$\lambda = \frac{c}{f} = \frac{3\times10^8 \text{ m/s}}{3000 \text{ MHz}} = 0.1 \text{ m} = 100 \text{ mm}$$

波导波长：

$$\lambda_g = \frac{\lambda}{\sqrt{1-\left(\dfrac{\lambda}{2a}\right)^2}} = \frac{100}{\sqrt{1-\left(\dfrac{100}{144}\right)^2}} \text{ mm} \approx 139 \text{ mm}$$

相速：

$$v_p = \frac{c}{\sqrt{1-\left(\frac{\lambda}{2a}\right)^2}} = \frac{3\times10^8}{\sqrt{1-\left(\frac{100}{144}\right)^2}} \ \text{m/s} \approx 4.17\times10^8 \ \text{m/s}$$

群速：

$$v_g = c\sqrt{1-\left(\frac{\lambda}{2a}\right)^2} = 3\times10^8\times\sqrt{1-\left(\frac{100}{144}\right)^2} \ \text{m/s} \approx 2.16\times10^8 \ \text{m/s}$$

1.2.4 TE_{mn} 模、TM_{mn} 模的场分布图

前面主要讨论了 TE_{10} 波的建立、场方程、场分布及其传输特性等。这主要是因为在平常的应用中，多以 TE_{10} 波作为工作波型来传输能量，较少采用其他波型。但在某些特定的条件下需要使用其他型波，或者为了保证工作于单一 TE_{10} 波，就要设法抑制其他传输模式的电磁波，这样就有必要了解其他波型的一些特性。

矩形波导可以传输 TE_{mn}、TM_{mn} 两类模式的电磁波，而 m，n 又可以取不同值进行任意组合，这样，从理论上讲，在矩形波导中传输的电磁波模式就有无穷多个。下标"m"的含义是电磁波沿矩形波导宽边变化的半波数的个数，下标"n"的含义是电磁波沿矩形波导窄边变化的半波数的个数。例如 TE_{01} 波的电磁场沿矩形波导窄边有一个"半波数"分布，沿宽边 a 无变化。对 TE_{mn} 模式来说，下标 mn 不能同时为零。而对 TM_{mn} 模式来说，下标 mn 不能为零，因此，其最小为 TM_{11}。图 1-22 所示为各高次 TE_{mn} 模、TM_{mn} 模的场分布图。

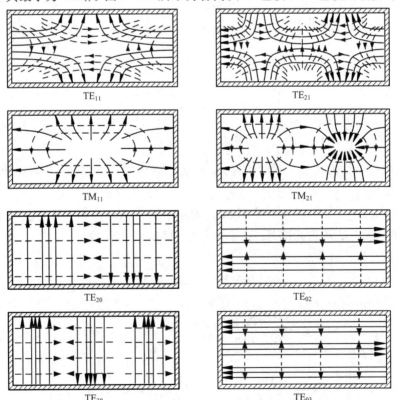

图 1-22 矩形波导横截面上 TE_{mn} 和 TM_{mn} 模的场分布图

了解矩形波导中其他型波的场分布，有一定的实际意义。

1. 在矩形波导截面内加入理想金属薄板而不改变传输的波型

在矩形波导中存在这样一些平面，面上所有的点都与电力线正交而与磁力线相切，在这样的平面上放置理想金属薄板可以满足电磁力线边界条件，而不会扰乱原来的电磁场分布，即不改变所传输的波型。例如，传输 TE_{10} 波时，可在矩形波导中加入横向导电平面；传输 TE_{11} 波时，可以加入对角导电平面，如图 1-23 所示。

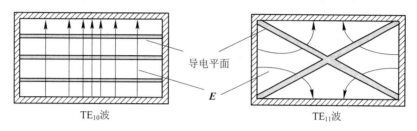

图 1-23　加入导电平面而不改变传输的波型

2. 制作波型滤波器

如果要将矩形波导管中某型不需要的波除掉，那么在不影响传输需要的电磁波的前提下，可以在矩形波导中放置金属格板，这个格板的形状与所要滤除的波的电力线相重合。这样，在矩形波导中就不存在这型不符合边界条件的电磁波。如果希望矩形波导中没有 TE_{01} 波传输，则放置格板的方式如图 1-24 所示。因为这种格板起着阻碍某型波通过的作用，所以称它为波型滤波器，也称体滤波器。

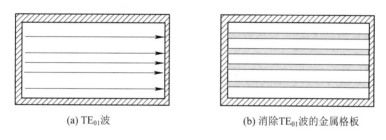

(a) TE_{01} 波　　　　　　(b) 消除 TE_{01} 波的金属格板

图 1-24　TE_{01} 波滤波器示意图

3. 考虑波导击穿问题

矩形波导内的电场强度超过了波导中所填充介质的击穿强度时，介质就会被击穿。击穿时的电场强度大小与矩形波导内填充的介质种类、大气压力、工作波长、起始电离的程度等因素有关。而击穿点的位置和矩形波导传输的波型密切相关。要避免波导的击穿，应尽量避免在矩形波导中传输的电磁波电场最强处的结构不连续性。

4. 采用多模式

在单脉冲雷达天线馈电中，为了解决和差矛盾，采用多模馈源。多模的意思就是采用矩形波导的多种模式，比较常见的有三模馈源、四模馈源、五模馈源和七模馈源等几种主要形式。

前面讨论了 TE_{10} 模的截止波长，而对 TE_{mn} 模和 TM_{mn} 模来说，只要下标 mn 相同，截止波长 λ_c 就相同，如式(1-47)所示。

$$\lambda_c = \frac{2\pi}{k_c} = \frac{2}{\sqrt{\left(\frac{m}{a}\right)^2 + \left(\frac{n}{b}\right)^2}} \tag{1-47}$$

由式(1-47)可以看出，不同的 TE_{mn} 和 TM_{mn} 模具有相同的截止波长，但它们的场分布明显不同。这种具有不同场分布而截止波长相同的现象，称为模式简并现象。具有相同截止波长的模式称为简并模，例如 TE_{11} 和 TM_{11} 为简并模。

对于给定尺寸的矩形波导，截止波长最长的传输模式称为最低模式或最低波型，也称为主模式或主波型，而其他的模式则称为高次模或高次波型。在矩形波导中，TE_{10} 波具有最长的截止波长，因此称其为矩形波导的主模式或最低模式。

矩形波导中不同传输模式的截止波长分布如图 1-25 所示。

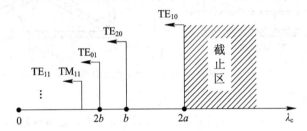

图 1-25 矩形波导中不同传输模式截止波长分布 $\left(b < \frac{a}{2}\right)$

1.2.5 TE_{10} 波的单一传输及波导尺寸的选择

波导中同时存在许多型波，这对能量的传输是不利的。因为能量分散在各型波中，而通过一定的耦合装置只能获得某型波的能量，为其他能量则消耗了。因此，为了有效地利用能量，简化电磁波的结构以便于激励和耦合，要求传输的电磁波为单一型波。在矩形波导中，这个单一型波通常选用最低的 TE_{10} 波，这是因为它有如下优点。

1. 单一型波的传输

当矩形波导尺寸一定时，TE_{10} 波的截止波长最长，因此当选择恰当的工作波长时，就可保证只有 TE_{10} 波在矩形导中传输。而如果传输其他型波，则不论如何选择工作波长，TE_{10} 波总是存在。这样，就必须采取抑制 TE_{10} 波的措施才能保证所选电磁波的单一传输，而这是相当麻烦且不易实现的。要保证单一 TE_{10} 波的传输，其波长需满足 $\max(a, 2b) < \lambda < 2a$。

例如，当矩形波导尺寸为 $a \times b = 72 \times 34 \text{ mm}^2$，由图 1-25 可知，欲保证电磁波的传输，应使工作波长 $\lambda < 14.4 \text{ cm}$，而欲保证单一 TE_{10} 波的传输，则需要使工作波长在 $7.2 \text{ cm} < \lambda < 14.4 \text{ cm}$ 范围内。

2. 尺寸小

当工作波长一定时，传输 TE_{10} 波所要求的矩形波导尺寸最小，因此重量轻，省材料。当给定工作波长时，若在矩形波导中只传输 TE_{10} 波，则对波导尺寸的要求为

$$\lambda/2 < a < \lambda \tag{1-48}$$

但是，若在矩形波导中传输其他型波，例如 TE_{20} 波，则对波导尺寸的要求为

$$\lambda < (\lambda_c)_{TE_{20}} = a \tag{1-49}$$

3．截止波长与窄边 b 无关

TE$_{10}$ 波的截止波长与矩形波导窄边尺寸 b 无关，因此可以利用对矩形波导窄边尺寸 b 的控制来抑制其他型波，从而改变体积和功率容量。

4．频带宽

由图 1 - 25 可以看出，在矩形波导中传输 TE$_{10}$ 波时频带最宽。

5．场分布简单

TE$_{10}$ 波的场分布简单，电场只有一个方向的分量，便于激励与耦合。后面的分析还将指出，TE$_{10}$ 波的衰减较小，单一型波工作时，波型稳定，即不会转换成其他型波。

因此，在使用矩形波导时，都是在保证单一 TE$_{10}$ 波传输的前提下，根据已知工作波长来设计矩形波导横截面的尺寸。在工程上，往往是选择标准的波导尺寸，国产标准矩形波导的参数见表 1 - 3。

表 1 - 3　国产标准矩形波导的参数

型号	内截面尺寸 /mm	波导壁厚 /mm	工作频率范围 /MHz	最大传输功率 P_{max}/kW	衰减 α /(dB/m)	计算 α 和 P_{max} 时的频率/MHz
BJ - 32	72.14×33.04	2	2600～3950	10 600	0.020	3000
BJ - 48	47.55×22.15	1.5	3940～5990	4600	0.037	4600
BJ - 70	34.85×15.80	1.5	5380～8170	2300	0.063	6000
BJ - 84	28.50×12.60	1.5	6570～9990	1780	0.072	9400
BJ - 100	22.86×10.16	1	8200～1250	998	0.116	9400
BJ - 220	10.67×4.32	1	17 600～26 700	224	0.342	24 000

注：型号中 B 表示波导，J 表示矩形，阿拉伯数字表示中心工作频率（百兆赫兹）。

1.2.6　波导的衰减

波导的衰减也是波导的重要传输特性之一。所谓衰减就是指电磁波在波导内传输时，电磁能量或功率沿着传输方向递减。波导的衰减分损耗衰减和截止衰减两种。损耗衰减是因为电磁波在波导内传输时，在波导内表面有切向磁场存在，伴随着表面电流的出现，由于波导内表面具有一定的电导率，因此必然会带来热损耗，这种热损耗随着频率的增高和波导内表面面积的增加而增加，从而使得电磁波场强的幅度按指数规律衰减。还有一种衰减是当某型波的传输不满足 $\lambda < \lambda_c$ 的条件时，即 $\lambda > \lambda_c$，则该型波的电磁能就不能传输，此时电磁能量将沿线按指数律分布，这种衰减称为截止衰减，或称为过极限衰减。它与损耗衰减有本质的不同。前者损耗衰减的大小取决于工作波长以及波导的结构（包括材料的电导率、波导内表面的光洁度等），而截止衰减取决于工作波长与某型波截止波长的比值，其衰减快慢由衰减常数 α 来决定，即

$$\alpha = \frac{2\pi}{\lambda_c}\sqrt{1-\left(\frac{\lambda_c}{\lambda}\right)^2} \tag{1-50}$$

如果 $\lambda < \lambda_c$ 时，则

$$\alpha \approx \frac{2\pi}{\lambda_c} \tag{1-51}$$

1.2.7 矩形波导的功率传输

矩形波导是用来传输超高频能量的，并且往往用来传输单一的 TE_{10} 波。矩形波导用来传输 TE_{10} 波时，传输功率的计算公式为

$$P = \frac{E_0^2 ab}{480\pi}\sqrt{1-\left(\frac{\lambda}{2a}\right)^2} \quad (W) \tag{1-52}$$

式中，E_0 为电场强度的振幅。

由式(1-52)可以计算矩形波导极限传输功率。由式(1-52)可以看出，在其他条件不变的情况下，传输功率越大，矩形波导内的电场强度 E_0 也就越大，当电场强度超过了波导中所填充介质的击穿强度时，介质就会被击穿。击穿时的电场强度，用 E_{br} 表示，它的大小与矩形波导内填充的介质种类、大气压力、工作波长、起始电离的程度等因素有关。如在厘米波频段、正常大气压下，空气的击穿电场强度 $E_{br} = 30\ kV/cm$ 左右；如果在 1.5 个大气压下，E_{br} 可提高到 $40\ kV/cm$ 以上。由此可见，矩形波导的传输功率是有一定限度的，一旦超过了这个限度，介质就被击穿，波导产生打火现象，从而破坏整个传输系统。所以规定矩形波导在不发生击穿的情况下允许传输的最大功率称为矩形波导的功率容量，或称为极限传输功率，用 P_{br} 表示。

由式(1-52)还可以计算矩形波导的允许传输功率 P_t。需要注意的是，极限传输功率是在假设矩形波导传输行波的情况下导出的。在实际工作中，矩形波导终端所接的负载很难达到完全匹配状态，即波导内会有驻波成分(通常行波系数 $K = 0.7$ 左右)，这样使得矩形波导内某部分的电场特别强；另外，空气潮湿也会降低其击穿强度；还有矩形波导连接处的不均匀及波导管内部不洁净等也将导致局部电场特别强。因此，在设计使用矩形波导时，为确保安全及免于被击穿的危险，实际允许的矩形波导的传输功率 P_t 与极限传输功率 P_{br} 相比，常留有较大的余量，一般传输功率约为行波状态下功率容量理论计算值的 20% 至 30%，即

$$P_t = \left(\frac{1}{5} \sim \frac{1}{3}\right)P_{br} \tag{1-53}$$

同时，在使用矩形波导时，一定要确保波导内干燥、清洁，接头处要保证电气接触良好。

例 1.5 用 BJ-32 型波导传输 TE_{10} 波，求 $\lambda = 9.4\ cm$ 时的极限传输功率 P_{br} 和允许传输功率 P_t。

解 由表 1-3 查得 BJ-32 型波导尺寸为 $a = 72.14\ mm$、$b = 34.04\ mm$，波导内以空气为介质，其击穿场强 $E_{br} = 30\ kV/cm$，$(\lambda_c)_{TE_{10}} = 2a = 14.428\ cm$，把这些数据代入式(1-52)得到极限传输功率：

$$P_{br} = \frac{E_{br}^2 ab}{480\pi}\sqrt{1-\left(\frac{\lambda}{2a}\right)^2} = \frac{(3\times10^3)^2\times7.214\times3.404}{480\pi}\sqrt{1-\left(\frac{9.4}{14.428}\right)^2}\ W$$

$$\approx 11.1\times10^6\ W$$

若取极限传输功率的 1/4 为允许传输功率,则

$$P_t = \frac{1}{4}P_{br} = \frac{1}{4} \times 11.1 \times 10^6 \text{ W} \approx 2.78 \times 10^6 \text{ W}$$

一般地,同轴线的极限传输功率只有 4×10^5 W 左右。可见,矩形波导的极限传输功率要比同轴线大二十多倍,所以在传输大功率时常采用矩形波导。

工程上通常综合考虑抑制高次模传输、损耗小和传输功率大等条件,则选择矩形波导横截面尺寸为

$$a = 0.7\lambda, \quad b = (0.4 \sim 0.5)a \tag{1-54}$$

因此,当波导尺寸确定后,其工作频率范围便可确定,其工作波长范围为

$$1.05a \leqslant \lambda \leqslant 1.6a \tag{1-55}$$

例如,BJ-100 型波导的工作波长范围为 24.003 mm≤λ≤36.576 mm,相应的频率范围为 8.20 GHz≤f≤12.5 GHz,可见矩形波导的通频带并不宽,这是矩形波导的缺点之一。

为了能实现宽频带工作,可采用如图 1-26 所示加脊波导的形式。加脊波导简称为脊波导。脊波导中,由于其脊棱边缘电容的作用,使其主模 TE_{10} 模的截止频率比矩形波导 TE_{10} 模的低,而其 TE_{20} 模的截止频率却比矩形波导 TE_{20} 模的高,因此使脊波导单模工作的频带变宽,可达数倍频程。同时脊波导的等效阻抗低,脊的高度 d 愈小,TE_{10} 模的截止频率愈低,等效阻抗也愈低。因此脊波导适用于作为宽频带馈线和元件以及高阻抗的矩形波导到低阻抗的同轴线或微带线之间的过渡。但是脊波导存在损耗较大、功率容量较低、加工不方便等缺点,因此,其使用受到一定限制。

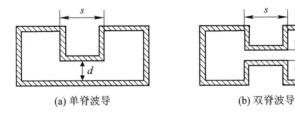

(a) 单脊波导　　　　　　　　　　(b) 双脊波导

图 1-26　加脊波导剖面图

1.2.8　波导的激励与耦合

前面的讨论中,总是假定波导中已经有了能量,并在波导中已经建立了稳定的某型波。但能量是如何被传送至波导的?如何从波导中获得能量?怎样将能量从一种传输线传送到另一种传输线中?本节来讨论这几个问题。

波导中的能量是通过激励(或耦合)的方法产生的。用来激励某型波的装置,称为激励装置或激励元件。相应地从波导中获得某型波电磁能量的方法称为耦合。根据互易原理,激励与耦合是可逆的,即激励装置也可作耦合装置用,它们的原理是一样的。所以,在这里只讨论激励问题。

从本质上看,激励是个辐射问题,但它不是向无限空间而是向波导内壁所限制的空间辐射,并且要求在波导中建立起一定的某型波。从问题的性质看,它是一个由辐射源和波导边界所决定的边值问题。但边界条件很复杂,用数学严格求解是十分困难的,因此,下面

对这个问题仅作定性说明。

从物理概念上讲，为了激励已知的某型波，原则上有电场激励法、磁场激励法和电流激励法等方法。激励装置的能量来源于超高频振荡器，超高频振荡器产生的能量通常是用同轴线输出的，故常利用同轴线的内导体做成激励波导的装置，将能量引入波导。实际应用中，矩形波导大多工作于 TE_{10} 波激励模式，下面介绍 TE_{10} 波激励模式下矩形波导的激励装置。

1. 电场激励法

所谓电场激励法就是应用一种激励装置在矩形波导内产生电场，使此电场在激励器附近的分布与所需型波的电场分布大致相同。由于电场和磁场的相互关系，有了所需激励型波的电场，必然产生与它对应的磁场，这样便激励出所需型波。

电场激励法的具体实现：将同轴线的内导体延长，放在矩形波导宽边 a 边中心，并与 a 边垂直伸入波导腔中，如图 1-27 所示。

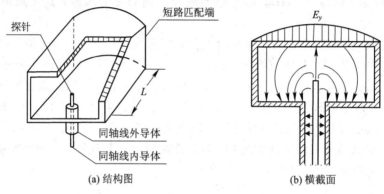

图 1-27　TE_{10} 波电场激励

同轴线内导体的延长部分称为激励棒或探针，它的作用相当于一个天线，放置探针处有强度最高的电场，这与 TE_{10} 波的电场分布是一致的。然而 TE_{30}、TE_{50} 等高次型波在 $x=a/2$ 处也有强度最高的电场。也就是说这种探针装置也可以激励起 TE_{10}，TE_{50} 等高次型波，如图 1-28 所示，其中 I 表示电流。至于哪些型波可以在矩形波导中传输，取决于选择的波导尺寸。如果选择的波导尺寸适当，那么其他型波就会被抑制，从而在矩形波导中只传输 TE_{10} 波，但在探针附近还是有高次型波存在。

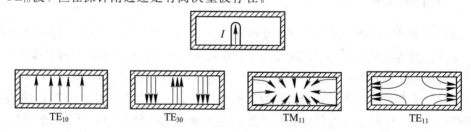

图 1-28　探针可能激励的型波举例

除激励所需的型波之外，我们还希望探针输出最大功率，就是说要求探针与矩形波导匹配。为了使所激励的电磁能量在矩形波导中向一个方向传输，可在矩形波导的另一个方向安放可调整的短路活塞，如图 1-29 所示。调整活塞与探针的距离 l_1 和探针伸入的长度

l_2，可以达到匹配的目的，l_1、l_2 的长度可通过计算获得(例如当 $l_1 = \lambda_g/4$ 时最好，因为这时由短路活塞反射回来的电磁能量的相位与传输方向的电磁能量的相位一致)。实际上 l_1、l_2 的值都是由实验来确定的。

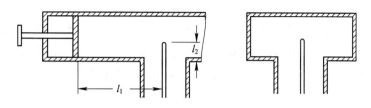

图 1-29　TE_{10} 探针与矩形波导的匹配示意图

为了获得大功率和宽频带的激励，可采用一些变形的探针，例如梨形激励器(或称门扭式激励装置)就是其中的一种，见图 1-30。采用这种形式，即使不用任何调谐元件，在偏移中心频率 ±10% 的频带内，也可实现驻波比不大于 1.1～1.5，即在较宽频带内能获得较满意的匹配。其缘由是梨形体采用渐变式，使产生的反射波很小之。

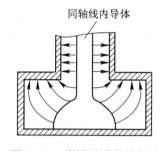

图 1-30　梨形激励器示意图

2. 磁场激励法

所谓磁场激励法就是应用一种激励装置在矩形波导内产生磁场，使表示此磁场的磁力线分布与所需激励型波的磁力线分布大致相同，就可激励出所需型波。

实现磁场激励的具体办法是将同轴线的外导体同矩形波导壁连接，并将伸入矩形波导中的内导体弯成环状，然后再接到外导体上，这个变成环状的内导体称为线环，这样的装置称为磁场激励装置(或称线环激励装置)，如图 1-31 所示。

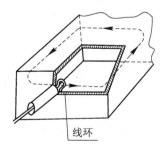

图 1-31　线环激励装置

当同轴线接高频电源时，有高频电流流过线环，会在线环周围产生交变的磁场。

如果线环激励的磁场与 TE_{10} 波的磁场相近，就能激励起 TE_{10} 波。同理，会有 TE_{30}、TE_{50}、TE_{11} 等高次型波出现。然而，当矩形波导的尺寸满足 $b < \lambda/2$，$a < \lambda < 2a$ 时，波导内

只能传输 TE_{10} 波。

由于线环激励的功率较小，因此线环激励很少用于激励矩形波导，大多用于从矩形波导中耦合出能量。而且它在矩形波导中垂直于磁力线的环面积可以调整，从而可以方便地控制耦合出来的电磁能量。

从图 1-31 可以看出，当线环平面与矩形波导宽壁垂直时，耦合出的能量最强；当线环平面与矩形波导宽壁平行时，耦合出的能量几乎为零。在磁控管振荡器中，为了把磁控管腔体中的高频能量输入波导中，采用了线环激励装置来实现耦合。

3. 窗口激励

矩形波导的激励还可以通过开设在矩形波导壁上的窗口来实现。这个窗口可以开在矩形波导的窄边，也可以开在矩形波导的宽边上，如图 1-32 所示。这是因为主波导中的电磁波可以通过窗口辐射，使能量从主波导进入副波导中。

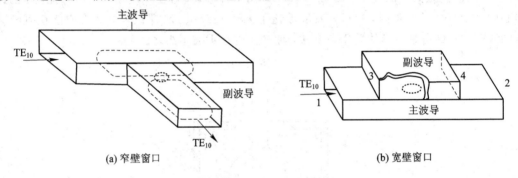

(a) 窄壁窗口　　　　　　　　　　(b) 宽壁窗口

图 1-32　窗口激励示意图

这种激励形式在矩形波导中用得很多，如双孔定向耦合器、十字缝定向耦合器等（在后面微波元件内容中将学到）。

前面还提到电流激励法，所谓电流激励法就是采用一种激励装置，在波导内壁上产生面电流，使此面电流与所需激励型波在波导内壁上的面电流分布大致相同，从而激励出所需型波。

总之，不论采用哪种激励方法，一定要使所激励的电场（或磁场）与所需传输的电磁波的电场（或磁场）相一致，这样，才能有效地激励所需型波。由此可见，掌握各型波的场分布是非常必要的。

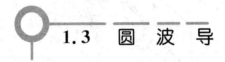

1.3　圆　波　导

圆波导可用来传输电磁能量，它是金属波导的又一种基本结构形式。下面主要介绍圆波导中几种常用型波的场分布及其特点。

1.3.1　圆波导传输的波及 m、n 的含义

圆波导的结构如图 1-33 所示。同矩形波导一样，圆波导也能传输 TE_{mn} 波和 TM_{mn} 波。

其中：TE 波表示电场没有纵向分量 E_z；TM 波表示磁场没有纵向分量 H_z；下标 m、n 表示 TE 波、TM 波沿圆周和径向的变化规律，即 m 表示电磁场沿半圆周上变化的"半波数"的 个数，或沿圆周上变化的"全波数"的个数，n 表示电磁场沿半径变化的"半波数"的个数，如 个数不到 1，则 n 仍取 1。圆波导中不存在 TE_{m0} 和 TM_{m0} 波。

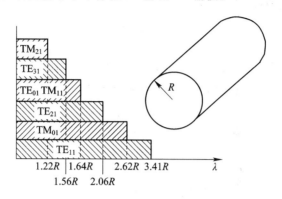

图 1-33　圆波导结构及截止波长分布

1.3.2　圆波导的截止波长与主模

同矩形波导一样，一定尺寸的圆波导只能传输一定工作波长的电磁波，并不是所有的 电磁波都能传输。所以，圆波导也存在截止波长的概念。经数学分析，圆波导的截止波长只 与圆波导的半径 R 有关。圆波导截止波长见表 1-4，截止波长分布如图 1-33 所示。

表 1-4　圆波导中各型波的截止波长

型波	λ_c	型波	λ_c
TE_{01}	$1.64R$	TM_{01}	$2.62R$
TE_{02}	$0.90R$	TM_{02}	$1.14R$
TE_{11}	$3.41R$	TM_{11}	$1.64R$
TE_{12}	$1.18R$	TM_{12}	$0.90R$
TE_{21}	$2.06R$	TM_{21}	$1.22R$
TE_{22}	$0.94R$	TM_{22}	$0.75R$

由图 1-33 可以看出：

(1) 圆波导中最低次型波是 TE_{11} 波，称为圆波导的主模，其截止波长最长，$(\lambda_c)_{TE_{11}}=3.41R$；次低次型波为 TM_{01} 波，其截止波长 $(\lambda_c)_{TM_{01}}=2.62R$。

(2) 欲保证单一传输主模 TE_{11} 模，则工作波长必须满足：

$$2.62R<\lambda<3.41R \tag{1-56}$$

当工作波长 $\lambda<1.64R$ 时，圆波导中可出现 TE_{11}、TM_{01}、TE_{21}、TE_{01}、TM_{11} 等 5 种波。

和矩形波导一样，由于截止波长的存在，圆波导具有截止衰减的特性。当工作波长大 于某型波的截止波长 λ_c 时，该型波能量按指数规律衰减，不能传输，其衰减的快慢取决于

衰减常数 α 的大小。α 由下式确定：

$$\alpha = \frac{2\pi}{\lambda_c} \sqrt{1 - \left(\frac{\lambda_c}{\lambda}\right)^2} \qquad\qquad (1-57)$$

1.3.3 圆波导中几种常见的波

1. TE$_{11}$波

圆波导中 TE$_{11}$ 波的场分布如图 1-34 所示，TE$_{11}$ 波的场分布有如下特点：

(1) 它是圆波导中的最低次型波，只要满足关系式：

$$2.62R < \lambda < 3.41R \qquad\qquad (1-58)$$

就能实现单一的 TE$_{11}$ 波的传输。

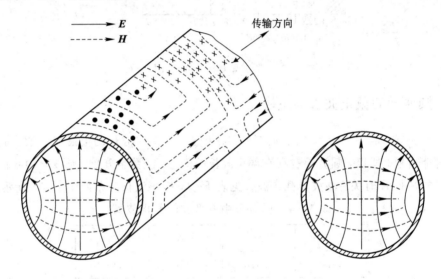

图 1-34　圆波导中 TE$_{11}$ 波的场分布图

(2) 由图 1-34 不难看出，在圆波导的横截面上，电场与磁场方向垂直，该场分布与矩形波导中 TE$_{10}$ 波的场分布近似。因此激励圆波导中 TE$_{11}$ 波比较简单，只需将矩形波导的截面渐变成圆波导，即可建立 TE$_{11}$ 波。

(3) 电磁场的方向沿圆周偏转时，仍能满足边界条件，故不影响传输，这是它的最大特点，但这既是优点也是缺点。如果不考虑场的极化稳定，那么它就是一个很大的优点，不论电场的极化方向怎么改变，TE$_{11}$ 波仍能在圆波导内传输。这是因为圆波导是轴对称的，这个特点可应用于铁氧体器件。

如果考虑场的极化稳定，那么它就是很大的缺点。因为当圆波导出现不均匀性时，极化方向极可能发生偏转，如图 1-35 所示。这就相当于出现了新型波。因此，尽管 TE$_{11}$ 波是圆波导的主模，也不用来作为能量传输的模式。在图 1-35 中，图 1-35(a)、(b) 所示分别为具有不同极化方向的简并波；图 1-35(c) 所示为传输 TE$_{11}$ 波时，极化方向可能的偏转。

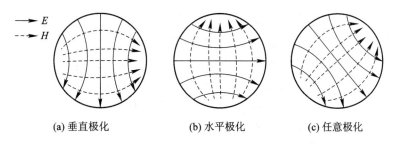

(a) 垂直极化　　　　(b) 水平极化　　　　(c) 任意极化

图 1-35　圆波导中的主模 TE_{11} 波的场分布

2. TE_{01} 波

圆波导内 TE_{01} 波的场分布如图 1-36 所示。由图 1-36 所示不难看出，电磁场沿圆周无变化，处处相等，所以 $m=0$；电磁场沿半径方向的变化正好是一个"半波数"，故取 $n=1$。

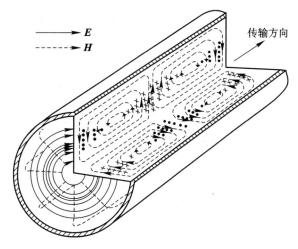

图 1-36　圆波导内 TE_{01} 波的场分布

TE_{01} 波的场分布有如下特点：

(1) 电磁场只有 E_φ、H_r、H_z 三个分量，且 **E**、**H** 沿圆周方向无变化，场分布呈轴对称状。

(2) 电场只有 E_φ 分量，电力线在横截面上是一闭合圆圈；沿半径方向为一驻波分布。由数学分析可知，当 $r=0.48R$ 时，E_φ 最大。

(3) 与圆波导内表面相切的只有 H_z 分量，且在 $r=0$ 和 $r=R$ 处最大，但方向相反。由数学分析可知，当 $r=0.627R$ 时，$H_z=0$。

(4) 由于在圆波导内表面磁场只有 H_z 分量，故表面电流只沿圆周方向流动而无轴方向分量。

(5) 当圆波导中传输的能量一定时（即 E_φ、H_r 一定），随着频率的升高，圆波导壁上的热耗反而下降，这是 TE_{01} 波的一个最突出的特点。这个特点可以从物理概念上来解释，从图 1-36 所示的场分布可以看出，TE 波的电力线不是由波导壁上出发再终止到波导壁上的，而是自行闭合的，它与磁场交链，即电场完全是由随时间变化的磁场所激发的，磁场的变化率越大，其所激发的电场也就越强。频率升高，加大了磁场对时间的变化率，要使所激发的电场强度不变（因为传输功率不变），只有减小磁场本身的振幅值。圆波导壁上的 H_z 幅值减小，壁上的电流必然减小，因而损耗也就减小。这就是传输功率保持不变、提高频率时圆波导壁热耗反而下降的原因。这个特性是其他型波所没有的。如果要求传输电磁场的频率高、衰减小，TE_{01}波就非常有用了。例如高 Q 值的谐振腔，就采用了 TE_{01} 波。由于损耗小，在毫米波频段的远距离多路通信中也都采用 TE_{01} 波。

（6）由于 TE_{01} 波不是最低次型波，其$(\lambda_c)_{TE_{01}} = 1.64R$，而 TE_{01}、TM_{01}、TE_{21} 等型波的截止波长都比它大，如果能传输 TE_{01} 波，那么也可以传输上述各型波，因此要单一传输 TE_{01} 波，就需要采取相应的措施。

3. TM_{01} 波

圆波导中 TM_{01} 波的场分布如图 1-37 所示。由图 1-37 可见，电磁场沿圆周无变化，故取 $m=0$；电磁场沿半径方向正好是一个"半波数"，故取 $n=1$。

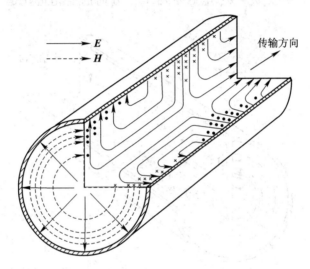

图 1-37　圆波导中 TM_{01} 波的场分布图

TM_{01} 波的电磁场分布有如下特点：

（1）磁场只有 H_φ 分量，所以磁力线在圆波导横截面上为一闭合圆圈，相应的表面电流只有纵向电流 J_z，H_φ 沿圆周是均匀分布的，故 J_z 沿圆周也是均匀分布的。

（2）电力线在横截面上呈辐射状，E_r 沿圆周方向也是均匀分布的。

（3）各场分量 E_r、H_φ、E_z 沿圆周无变化，具有轴对称的性质。

1.3.4　圆波导中 TE_{11}、TE_{01} 波的激励

在圆波导中激励所需的电磁波，一般都采用波型转换的方法即将矩形波导中的 TE_{10} 波经过波导的渐变，变成圆波导中所需型波。这种波型变换器的截面变化是逐步的、缓慢的，且应该尽可能地平滑，以减小反射和产生其他型波。

图 1-38 所示为由矩形波导中的 TE_{10} 波转换成圆波导中的 TE_{11}、TE_{01} 波时，波导截面的变化情况。之所以采用矩形波导中的 TE_{01} 波来变换，是由于矩形波导中 TE_{01} 波的激励较简单。

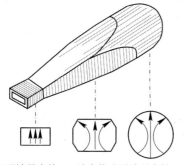
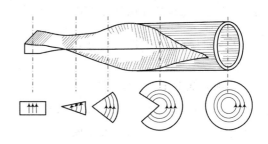

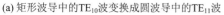

(a) 矩形波导中的TE_{10}波变换成圆波导中的TE_{11}波   (b) 矩形波导中的TE_{10}波变换成圆波导中的TE_{01}波

图 1 - 38   圆波导中 TE_{11}、TE_{01} 波的建立示意图

1.4 同 轴 线

1.4.1 同轴线结构及应用

同轴线是一种双导体传输线，内导体的半径为 a，外导体的内半径为 b，其结构如图 1 - 39 所示。同轴线在结构上又可分为硬同轴线和软同轴线。硬同轴线内外导体之间的媒质通常为空气，内导体用高频介质垫圈等支撑。软同轴线又称为同轴电缆，电缆的内、外导体之间填充高频介质，内导体由单根或多根导线组成，外导体由铜线编织而成，外面再包一层软塑料介质。

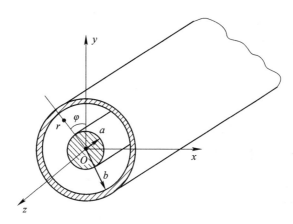

图 1 - 39   同轴线及其坐标系

同轴线属于双导体类传输线，其线上电压、电流有确切的定义。由同轴线的边界条件分析可知，同轴线既能传输 TEM 波，也能传输 TE 波或 TM 波。究竟哪些型波能在同轴线中传输取决于同轴线的尺寸和电磁波的频率。

同轴线是一种宽频带微波传输线。当工作波长大于 10 cm 时，对于矩形波导和圆波导，都因尺寸过大而不便使用，而相应的同轴线尺寸却不大。同轴线的频率范围可以从直流一直到毫米波频段，一般常用于宽频带传输线或制作宽频带微波元器件。因此，在微波整机系统、微波测量系统或微波元件中，同轴线都得到了广泛的应用。

1.4.2　同轴线的主模 TEM 模

1. 同轴线的主模 TEM 模

在同轴线中，可以传输 TEM、TE 或 TM 模，但由于同轴线是双导体系统，与平行双线的双导体传输系统一样，其主模为 TEM 模，TE、TM 模则为同轴线的高次模。

2. 同轴线中 TEM 模的场分布

同轴线中 TEM 模的场分布如图 1-40 所示。由图可见，愈靠近内导体表面，电磁场愈强。同轴线内导体的表面电流密度较外导体表面的面电流密度大得多，所以同轴线的热耗主要发生在截面尺寸较小的内导体上。

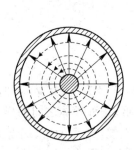
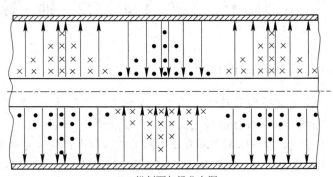

(a) 横截面上的场分布图　　　　　　　(b) 纵剖面与场分布图

图 1-40　同轴线中的 TEM 模

3. 同轴线的主要参量

(1) 特性阻抗 Z_0：

$$Z_0 = \frac{60}{\sqrt{\varepsilon_r}} \ln \frac{b}{a} \quad (\Omega) \tag{1-59}$$

式中，ε_r 为内外导体间介质的相对介电常数。

(2) 传输 TEM 模时的相移常数 β：

$$\beta = \omega \sqrt{\mu\varepsilon} \quad (\text{rad/m}) \tag{1-60}$$

(3) 传输 TEM 模时的相速 v_p：

$$v_p = \frac{1}{\sqrt{\mu\varepsilon}} = \frac{c}{\sqrt{\varepsilon_r}} \tag{1-61}$$

(4) 传输 TEM 模时的波导波长 λ_g：

$$\lambda_g = \frac{2\pi}{\beta} = \frac{v_p}{f} = \frac{\lambda}{\sqrt{\varepsilon_r}} \tag{1-62}$$

(5) 传输 TEM 模时，空气同轴线的导体衰减：

$$\alpha_c = \frac{R_s}{2\pi b} \frac{1 + \frac{b}{a}}{120\ln\frac{b}{a}} \tag{1-63}$$

其中，$R_s = \frac{1}{\sigma\delta}$ 为金属导体的面电阻；σ 为导体的电导率，δ 为导体的集肤深度。

（6）同轴线传输 TEM 模的功率容量：

$$P_{br} = \frac{|U_{br}|^2}{2Z_0} = \sqrt{\varepsilon_r}\frac{a^2 E_{br}^2}{120}\ln\frac{b}{a} \tag{1-64}$$

式中，E_{br} 为介质的击穿场强。

1.4.3 同轴线尺寸的确定

确定同轴线的尺寸，主要考虑以下几个方面的因素：

（1）保证 TEM 单模传输时，要求工作波长与同轴线尺寸满足关系式：

$$\lambda > \pi(a+b) \tag{1-65}$$

（2）获得最小的导体损耗衰减。

由衰减最小的条件 $\frac{d\alpha_c}{d\alpha} = 0$ 得

$$\frac{b}{a} = 3.591 \tag{1-66}$$

根据式（1-66）的值计算同轴线的特性阻抗约为 76.71 Ω。

（3）获得最大的功率容量。

限定 b，改变 a，则传输功率也将改变。功率容量最大的条件是 $\frac{dP_{br}}{d\alpha} = 0$，可得

$$\frac{b}{a} = 1.649 \tag{1-67}$$

根据此值计算同轴线的特性阻抗约为 30 Ω。

如果二者兼顾，即要求衰减较小而功率容量较大时，则一般取

$$\frac{b}{a} = 2.303 \tag{1-68}$$

根据此值计算空气同轴线的特性阻抗约为 50 Ω。

同轴线已有标准化尺寸，设计同轴元件时可参考有关资料。在使用同轴线时，要经常对其校准，以免内外导体不同心及内导体不圆而产生高次模，增大损耗，同时还要确保同轴线处于良好的工作状态。

例 1.6 试计算 SYV-5-5 型聚苯乙烯同轴电缆的特性阻抗和同轴线内电磁波的传播速度。已知其内导体外径 $2a = 1.37$ mm，外导体内径 $2b = 4.6$ mm，聚苯乙烯的相对介电常数 $\varepsilon_r = 2.1$。

解
$$Z_0 = \frac{60}{\sqrt{\varepsilon_r}}\ln\frac{b}{a} = \frac{60}{\sqrt{2.1}}\ln\frac{4.6}{1.37} \ \Omega = 50.1503 \ \Omega \approx 50 \ \Omega$$

$$v_p = \frac{1}{\sqrt{\mu\varepsilon}} = \frac{c}{\sqrt{\varepsilon_r}} = \frac{3\times10^8 \ \text{m/s}}{\sqrt{2.1}} \approx 2.07\times10^8 \ \text{m/s}$$

例 1.7 设铜制硬同轴线外径 $D=2b=16$ mm，内径 $d=2a=7$ mm，求其极限功率 P_{max}（已知空气介质的最大电场强度 E_{br} 为 30 kV/cm）。

解

$$P_{br}=\sqrt{\varepsilon_r}\frac{a^2 E_{br}^2}{120}\ln\frac{b}{a}=\sqrt{1}\times\frac{0.35^2\times(30\times10^3)^2}{120}\ln\frac{1.6}{0.7}\ \text{W}$$

$$\approx760\times10^3\ \text{W}=760\ \text{kW}$$

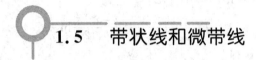

1.5 带状线和微带线

带状线和微带线属于微波平面传输线，在微波集成电路中发挥着重要作用。

1.5.1 带状线

带状线的结构和场分布如图 1-41 所示，由一个宽度为 W、厚度为 t 的中心导带和相距为 b 的上、下两块接地板构成，接地板之间填充相对介电常数为 ε_r 的均匀介质。带状线是双导体系统，且介质均匀，故可以支持 TEM 波的传输，这也是带状线的主模式。

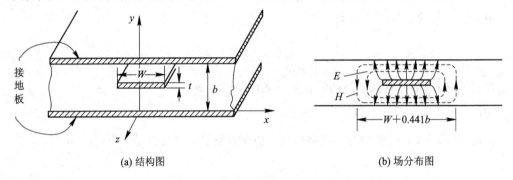

(a) 结构图   (b) 场分布图

图 1-41 带状线

我们可认为带状线由同轴线演变而来，如图 1-42 所示，因此带状线和同轴线一样可存在高次型波 TE 或 TM 模。一般可通过选择带状线的横向尺寸来抑制高次模的出现。分析表明，取合适尺寸的带状线就能保证 TEM 波主模式的单模工作。

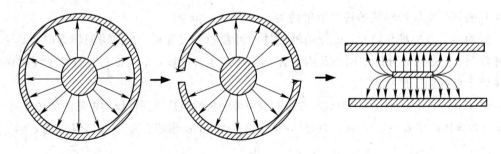

图 1-42 带状线的演变示意图

由于带状线传输的主模式是 TEM 波，所以长线理论的结论适用于带状线。由长线理

论可知，带状线传输 TEM 波的传输参数相速度、相波长、相移常数及特性阻抗分别为

$$\begin{cases} v_{\mathrm{p}} = \dfrac{c}{\sqrt{\varepsilon_{\mathrm{r}}}} \\[2mm] \lambda_{\mathrm{p}} = \dfrac{\lambda_0}{\sqrt{\varepsilon_{\mathrm{r}}}} = \dfrac{v_{\mathrm{p}}}{f} \\[2mm] \beta = \dfrac{2\pi}{\lambda_{\mathrm{p}}} \\[2mm] Z_0 = \dfrac{1}{v_{\mathrm{p}} C_1} \end{cases} \tag{1-69}$$

当工作频率一定时，除特性阻抗 Z_0 外，其他三个参数都是定值。严格分析 Z_0 的求解比较复杂，工程上用简单准确的计算公式。对于零厚度的带状线，其特性阻抗的近似计算公式为

$$Z_0 = \frac{30\pi}{\sqrt{\varepsilon_{\mathrm{r}}}} \frac{b}{W_{\mathrm{e}} + 0.441b} \tag{1-70}$$

式中，W_{e} 是中心导带的有效宽度，且

$$\frac{W_{\mathrm{e}}}{b} = \frac{W}{b} - \begin{cases} 0 & \dfrac{W}{b} > 0.35 \\[2mm] \left(0.35 - \dfrac{W}{b}\right)^2 & \dfrac{W}{b} < 0.35 \end{cases} \tag{1-71}$$

式(1-71)的精度约为 1%。由此式可以看出，带状线的特性阻抗随导带宽度 W 增大而单调减小，即阻抗越高导带宽度越窄，阻抗越低导带宽度越宽。

1.5.2 微带线

微带线的分布如图 1-43(a) 所示，它是一种双导体结构，由厚度为 t、宽度为 W 的导带和下金属接地板组成，导带和接地板之间的介质基片相对介电常数为 ε_{r}。微带线是目前混合微波集成电路(HMIC)和单片微波集成电路(MMIC)中使用最多的一种平面传输线，它可以用光刻工艺制作，且容易与其他无源微波电路和有源微波元件连接，实现微波电子系统的小型化、集成化。

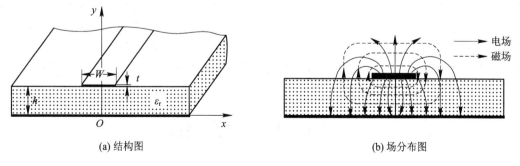

(a) 结构图　　　　　　　　　　　　　　　(b) 场分布图

图 1-43　微带线

微带线的场分布如图 1-43(b) 所示。如果将微带线的介质基片换成空气，即空气微带线，就可以将微带线看成是由双导体传输线演变而来的，如图 1-44 所示。

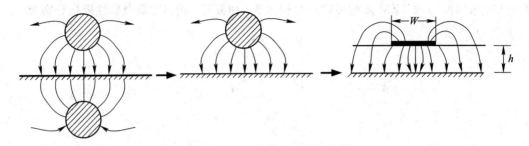

图 1-44　微带线的演变示意图

实际上，空气微带线就是半个双导线。因此，对于空气微带线，由于导带周围的介质是连续的，因此其上传输的波形是 TEM 模。对于实际填充相对介电常数为 ε_r 介质的标准微带线，导带周围有两种介质，导带上方为空气，下方为相对介电常数是 ε_r 的介质，大部分电磁场集中在导带与接地板之间，其余的电磁场分布在空气介质中。由于 TEM 波在介质中的传播速度为 $c/\sqrt{\varepsilon_r}$，在空气中的传播速度为 c，因此相速度在介质不连续的界面处不可能对 TEM 模匹配。那么标准微带线传输的是什么模式的电磁波呢？事实上，微带线中真正传输的是一种 TE-TM 的混合波，其纵向场分量主要由介质、空气分界面处的边缘场 E_z 和 H_z 引起。但由于 E_z、H_z 与导带和接地板之间的横向场分量相比要小得多，在工作频率不是很高时，适当选择微带线尺寸，便可忽略纵向场分量的影响，因此微带线中传输模的特性与 TEM 模相差很小，故称其为准 TEM 模。

微带线的传输参数有相速度、相波长和相移常数。

（1）相速度：

$$v_p = \frac{c}{\sqrt{\varepsilon_{re}}} \tag{1-72}$$

（2）相波长：

$$\lambda_p = \frac{\lambda_0}{\sqrt{\varepsilon_{re}}} = \frac{v_p}{f} \tag{1-73}$$

（3）相移常数：

$$\beta = \frac{2\pi}{\lambda_p} \tag{1-74}$$

式(1-72)和式(1-73)中，ε_{re} 为等效相对介电常数。因为微带线仅在底部有介质，所以部分电力线在介质中，另一部分电力线在空气中，因此 ε_{re} 值介于 $1 \sim \varepsilon_r$ 之间。与带状线类似，微带线特性阻抗也有近似计算公式，目前在工程设计时，大多采用已编制好的小软件进行分析和综合。同样，微带线具有阻抗越高导带宽度越窄、阻抗越低导带宽度越宽的特点。

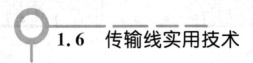

1.6　传输线实用技术

1.6.1　同轴电缆

同轴电缆由于使用方便、价格便宜且工作频带很宽，因此成为雷达系统中不可或缺的传输线。

同轴电缆可分为半刚性、半柔性和柔性电缆等几种，不同的场合应选择不同类型的电缆。半刚性和半柔性电缆一般用于设备内部的互连，而在测试领域，应采用柔性电缆。

1. 半刚性同轴电缆

半刚性同轴电缆的外导体是由铜等金属挤压制成的金属管，如图 1-45 所示。这种电缆最难形成复杂形状，弯曲时必须小心，必须先将电缆截到合适的尺寸，然后再将其弯成所需的形状。弯好电缆以后要对其加热，以使介质膨胀和消除介质中的应力，最后再装配适用的接头。半刚性同轴电缆采用聚四氟乙烯作为填充介质，聚四氟乙烯具有非常稳定的温度特性。由于半刚性同轴电缆的成本高于半柔性同轴电缆，因此大量应用于各种射频和微波系统中。

图 1-45　半刚性同轴电缆

2. 半柔性同轴电缆

半柔性同轴电缆是半刚性同轴电缆的一种变型，它的外导体由柔性材料如极软的铝或未退火铜制成。这种电缆较容易成形，通常不需要用专门的工具就可弯曲。

3. 柔性同轴电缆

柔性同轴电缆采用编织外导体，如图 1-46 所示。与半刚性同轴电缆相比，这种电缆的相位稳定性较差，因为介质材料周围的刚性较差，但使用起来方便得多。对柔性同轴电缆通常使用机械工具安装接头，如用压接法安装或拧接安装。

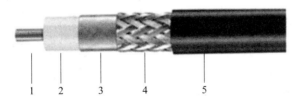

1—内导体(铜包铝)；

2—绝缘层(发泡PE)；

3—屏蔽带(铝箔)；

4—编织层(镀锡铜丝)；

5—护套(黑色PE)。

图 1-46　焊料涂覆同轴电缆和编织外导体同轴电缆

编织外导体同轴电缆的一种变型是外编织层用焊料涂覆，如图 1-46 所示，这使这种电缆看起来与半刚性同轴电缆有点相像。由于使用软的焊料外皮，因此使电缆很容易弯曲成形。其缺点是只能弯曲有限次数，不然电缆就会损坏。

同轴电缆的内导体可以有多种不同的形式，最常见的形式是实心的和多股绞合的导体。实心导体最为普遍，通常由铜、铍青铜和铝制成。绝大多数同轴电缆的内导体上面镀银或镀锡。多股绞合内导体不是很普遍，它减小衰减的性能优点局限于 1 GHz 以下(低频)，而在 1 GHz 以上，其性能与实心内导体相同。

大多数同轴电缆的介质材料均采用聚四氟乙烯(PTFE)，又称特氟隆(Teflon)。实心

PTFE 是挤压成形的，对温度变化比较灵敏。实心 PTFE 随温度变化呈现负相移，即随温度升高而电长度变短。温度变化时，实心 PTFE 同轴电缆的相位和特性阻抗均会改变。就提高同轴电缆的温度性能而言，更稳定的介质材料是空气发泡 PTFE。发泡 PTFE 的一个优点是介电常数较小，故可减小介质损耗（ε_r 约为 1.60）。常用电缆的具体数据见表 1-5。表中列出的最大平均功率是指平均功率容量，即在不损伤介质的条件下电缆所能承受的最大平均功率。

表 1-5　常用电缆数据

电缆型号 RG	介质类型	外导体直径/in	介质直径/in	内导体直径/in	衰减/(dB/100ft)	最大平均功率/kW
.405/U	实心 PTFE	0.0865	0.0658	0.0201	19	0.1
.402/U	实心 PTFE	0.141	0.1175	0.036	11	0.3
.401/U	实心 PTFE	0.250	0.208	0.0641	6.5	0.7
—	空心发泡 PTFE	0.141	0.116	0.043	9.5	0.55
—	空心发泡 PTFE	0.250	0.210	0.074	5.5	1.2

注：1 in＝2.54 cm。

1.6.2　同轴电缆组件

射频同轴电缆组件由射频同轴连接器和射频同轴电缆两部分组成，两者组装在一起形成射频同轴电缆组件，主要用于连接各类信号收发设备，确保信号低损、精确、高效以及高质地传输，如图 1-47 所示。

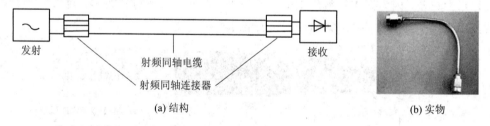

发射　　射频同轴电缆　　射频同轴连接器　　接收

(a) 结构　　　　　　　　　　　　　　　　(b) 实物

图 1-47　射频同轴电缆组件

随着相控阵雷达的发展和系统集成的日益改进，用于各微波组件之间传输射频信号的传统波导部件越来越难以满足系统设计和使用的要求。高品质雷达射频同轴电缆已经广泛应用，所占比重也越来越高。特别是相控阵雷达有源天线面阵内大量 T/R 组件间和 T/R 组件内部微组装射频连接所采用的同轴电缆组件，必须具有频带宽、抗干扰性能好、传输幅相特性一致、电性能稳定且损耗小、辐射小、体积小和质量小等特点，并能满足易于布线、装配和维修等方面的诸多要求。

1. 同轴连接器

如果不能有效地传输能量，那么同轴电缆毫无用处，因此，同轴电缆必须要配高质量的同轴连接器。同轴连接器也称为同轴接头。通常，同轴连接器决定了同轴电缆的使用频率范围。大多数情况下，同轴连接器的截止频率要比同轴电缆本身低。表 1-6 列出了常用的射频同轴连接器和它们的截止频率。

表 1-6　常用射频同轴接头及截止频率

型号	截止频率/GHz	型号	截止频率/GHz
BNC	4	7 mm	18
SMB	4	SMA	18
SMC	10	3.5 mm	34
TNC	15	2.92 mm	40
N 型	18	2.4 mm	50

同轴连接器与同轴电缆的连接有多种装配方法，如焊接、压接和拧紧等。直接焊接的方法是将同轴连接器壳体直接焊在同轴电缆外导体上，这是最可靠的连接方法，这种方法的缺点是要求精湛的装配技术以免损伤介质。压接法虽然很容易实现电缆组件的装配，但在恶劣使用条件下同轴电缆的使用寿命不长。拧紧法常用于较低频率的同轴电缆（1 GHz 以下），这种方法通过旋压将同轴连接器拧紧在同轴电缆外导体（通常是编织外导体）上。为达到最佳性能，采用正确的接头装配方法非常重要，此外，还必须使用适当的装配工具和技术。

BNC 连接器是卡口式射频同轴连接器，具有连接迅速、接触可靠等特点，广泛用于无线电设备和电子仪器中连接同轴电缆，工作频率可至 4 GHz。

SMB 连接器是一种小型的推入锁紧式射频同轴连接器，具有体积小、重量轻、使用方便、电性能优良等特点，适用于无线电设备和电子仪器的高频回路中连接同轴电缆，工作频率可至 4 GHz。

SMC 连接器是一种小型螺纹连接式射频同轴连接器，具有体积小、重量轻、连接可靠、抗震性能好等特点，适用于无线电设备和电子仪器中连接同轴电缆，工作频率可达 10 GHz。

TNC 连接器是具有螺纹连接机构的中小功率连接器，具有抗震性好、可靠性高、机械和电性能优良等特点，工作频率可至 15 GHz。

N 型连接器是具有螺纹连接机构的中小功率连接器。起初的工作频率为 4 GHz，后经不断改良，目前精密型可工作于 18 GHz。N 型连接器具有极性，分为阳性接头和阴性接头，具有可靠性高、抗震性好、机械和电气性能优良等特点，是目前应用最为广泛的连接器之一。

7 mm 连接器外导体内径为 7 mm，在频率高达 18 GHz 的连接器中，它的反射系数最小，测量的重复性最好。这种连接器没有阴性和阳性之分，特别适合在计量和校准中使用。

SMA 连接器是最常用的微波连接器之一，其中心导体与外导体间使用聚四氟乙烯介质，是有极性连接器。其最高工作频率达 18 GHz，精密型可达 26.5 GHz。由于 SMA 连接器的介质支撑固定起来比较困难，大多数 SMA 连接器的反射系数比其他同频段连接器要大。这种连接器造价低廉，但受限于其结构设计，使用寿命仅有几百次，适用于半钢电缆和固定连接的部件中。

3.5 mm 连接器外导体内径为 3.5 mm，尺寸与 SMA 连接器相同，但 3.5 mm 连接器中心导体与外导体之间是空气介质，因此它的工作频段更高，最高可达 34 GHz，且重复性很好，多用于测试端连接。

2.92 mm 连接器外导体内径为 2.92 mm，最高工作频率可达 40 GHz，覆盖微波频段的 K 频段，又称为 K 连接器。

2.4 mm 连接器外导体内径为 2.4 mm，工作频率达 50 GHz，因其工作频段覆盖微波频段的 Q 频段，也称为 Q 连接器。

2. 电缆组件的使用维护

在微波测量中，频繁地连接或断开同轴接头会影响同轴接头的使用寿命，正确使用和维护同轴接头可以最大化地延长同轴接头的使用寿命，提高测量精度。为此，在使用中应该注意以下事项：

（1）在每次连接之前应仔细检查接头中心导体是否变形或折断、配合面有无金属或金属屑附着。可选择压缩空气或棉擦对接头表面进行清洁。当必须使用溶剂清洁时，应避免使用酒精、甲醇等对微波接头塑料介质有损害的液体。

（2）在检查、清洁、使用任何微波部件或整机上的接头时，必须做好防静电措施。人体的静电电压可能高达上万伏，如果操作人员接触到接头中心导体时产生放电可能会直接损坏内部电路器件。工作中需要使用的器件应置于防静电垫上并良好接地，作业前操作人员应佩戴接地手腕并接地放电后方可进行操作。

（3）由于 SMA 连接器的精密度相对较差，在使用 SMA 半刚性阳头线缆时，应防止在靠近接头的地方弯曲从而改变 SMA 阳头内针的长度。

（4）在使用同轴接头时，要在同轴方向对准后将接头平缓推入并转动接头螺母。拧紧时加到螺母上的力要适当，用力过小会导致连接处的接点间隔过大，增加接口处的反射系数，降低信号传输效率；用力过大，又会影响接头的寿命。理想的方式是根据同轴接头的类型选用合适的力矩扳手进行最后连接。

（5）使用微波同轴接头后应在结合面盖上塑料罩，尽量不要在接触端暴露的情况下存放接头，更不能将其置于易发生碰撞的位置，否则可能导致接头永久性机械损伤。存放电缆时应将接头盖上塑料护罩并保持其自然形状，不应将电缆拉直或小角度弯曲。

1.6.3 转换接头

在微波系统中，经常会遇到微带系统、同轴系统和波导系统之间的连接问题。为了保证不同传输线之间的有效连接，就需要用到各种转换接头。常用的有同轴-微带转换接头、同轴-波导转换接头和波导-微带转换接头等。对转换接头，通常有如下要求：驻波比尽可能小；具有较宽的频带；损耗尽可能小；具有一定的机械稳定性；等等。

同轴-微带转换接头的结构如图 1-48 所示，通常情况下，将阻抗为 50 Ω 的同轴连接器的内导体延伸，与阻抗为 50 Ω 的微带线焊接。为了保证机械结构的稳定性，通过螺钉将同轴连接器固定在微带电路的屏蔽盒盒体上，如图 1-49 所示。

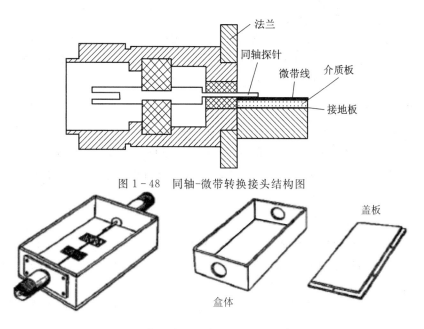

图 1-48　同轴-微带转换接头结构图

图 1-49　微带电路与同轴接头的固定与连接示意图

波导-微带转换接头的结构如图 1-50 所示。通常情况下波导的等效阻抗远高于微带线的特性阻抗。为了保证两者连接较好地匹配，必须在标准波导和微带线之间加变阻器，把波导的等效阻抗逐步降低。工程上通过在波导上加脊，使脊连续过渡或阶梯过渡来实现变阻器功能。

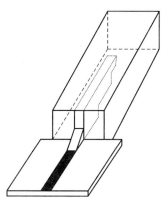

图 1-50　波导-微带转换接头结构图

1.6.4　传输线使用注意事项

给传输线采用匹配装置以后，减小了反射，为提高传输能力提供了可能。但是，如果使用不当，则传输能力难以提高。下面提出几个在实际使用中需要注意的问题。

1. 防止传输线变形

传输线在使用中，由于受摩擦、碰撞等的影响，可能改变平行线的线径和线距，或者使同轴线内导体偏移、外导体被压伤或压偏；在变形处，由于特性阻抗改变，会使其匹配程度降低，因此应注意防止传输线变形。

架设传输线时，弯曲过甚也会引起类似情况，例如，将同轴线弯曲成直角时，特性阻抗减小约 15％。为了防止变形，不用传输线时应将其好好收卷保存，使用传输线时应妥善将其架设固定，在需要拐弯的地方也不宜将其弯曲过急。

2. 防止接触不良

传输线若使用时间过长或使用中维护不当，则接触处容易出现锈蚀、污迹、机械碰伤以及传输线脱焊、折断等现象，会引起接触不良。这不仅使连接处损耗加大，而且由于在该处阻抗突变引起反射，使传输能力大大降低，甚至无法正常工作。在实际工作中很容易发生此类现象，应特别注意避免。

3. 不能任意更换传输线

在工作中，不能任意更换传输线或改变其长度。

因为传输线不可能工作于完全的行波状态，所以长度的改变将引起传输线输入阻抗的变化，影响信号源输出至传输线的功率。

需要更换传输线时，应选用同一型号的传输线。因为不同型号的传输线其特性阻抗不同，会使匹配程度降低。

4. 注意环境和气象条件的影响

如果传输线处于高温环境，则会使其绝缘介质变质甚至造成短路，所以要用隔热的石棉包好传输线，并定期检查其绝缘性能。

不同的气象条件也会影响传输线的特性而增大损耗。例如东南沿海地区空气十分潮湿，金属易产生锈蚀，绝缘介质受潮会使漏电导增大，从而损耗增大；而介电常数的变化引起特性阻抗改变，会使匹配程度降低。西部高原地区温度变化剧烈，也会影响传输线的绝缘性能。在风浪很大时，尘土易侵入传输线的连接部分，引起接触不良，应该采取防护措施。

应当指出，许多因素对传输能力的影响，有一个从量变到质变的过程。开始往往并不明显，但继续下去，到一定时候就会发生质的变化，使传输能力显著降低，以致传输线不能工作。因此，在实际工作中，必须根据具体情况采取适当的预防措施，同时经常注意观察影响传输能力的各种因素的变化情况，及时进行检查、维护和修理，以便使传输线经常保持较高的传输能力。

小　　结

(1) 雷达系统中常用的传输线有波导、同轴线和微带线。

(2) 传输线上电压(或电流)随时间和位置发生改变。

(3) 传输线上的电磁波可分解为入射波和反射波。

(4) 描述传输线上反射程度的参数有反射系数、电压驻波比和行波系数。

(5) 传输线上传输电磁波的模式可分为 TEM 波、TE 波和 TM 波。

(6) 矩形波导中传输的电磁波模式有 TE 模和 TM 模，不同的模式有对应的截止波长。

关键词：

波导	同轴线	微带线	带状线	矩形波导
长线	分布参数	特性阻抗	相移常数	相速度（相速）
相波长	输入阻抗	反射系数	驻波系数	行波系数
行波状态	驻波状态	混合波状态	TEM 模	TE 模
TM 模	TE_{10}	截止波长	探针激励	
线环激励	圆波导	窗口激励		

习　　题

1. 工程上常用的微波传输线从结构上分有哪三类？

2. TEM 波、TE 波和 TM 波的定义分别是什么？

3. 什么是传输线的电长度？

4. 一段长为 10 cm 的同轴线，当传输电磁波频率分别为 3 GHz 和 10 GHz 时，它是短线还是长线？

5. 常用同轴线的特性阻抗有哪两种标准值？

6. 相移常数的定义是什么？用什么表示？单位是什么？

7. 传输线上传输电磁波波长为 4 cm，试问波传输 1 cm 引起的相位变化有多少？

8. 已知传输线特性阻抗为 Z_0，相移常数为 β，终端负载为 Z_L，求四分之一波长传输线的输入阻抗。

9. 已知传输线特性阻抗为 Z_0，相移常数为 β，终端负载为 Z_L，求半波长传输线的输入阻抗。

10. 反射系数的定义是什么？用什么表示？模值最大为多少？最小为多少？

11. 驻波系数最大为多少？最小为多少？分别对应什么物理意义？

12. 工程上一般要求驻波系数最大为多少？

13. 传输线的三种工作状态及定义分别是什么？

14. TE_{10} 模为什么是矩形波导中最常用的模式？

15. 波导的激励方法有哪三种？

16. 同轴线的特点是什么？

17. 介质板的参数确定后，微带线宽度和特性阻抗之间有什么关系？

第 2 章　无源元件及器件

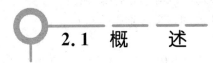

　　雷达系统的射频部分是由传输线和各种各样的微波元器件构成的，微波元器件是雷达系统中的重要组成部分，掌握、了解微波元器件的结构、工作原理和性能是很重要的。本章主要介绍雷达系统中常用的无源元件及器件。

2.1　概　　述

　　雷达系统中常用的无源元件及器件有匹配元件、连接元件、阻抗变换器、微波增益均衡器、定向耦合器、微波功率分配器、微波谐振器、微波滤波器、双工器和微波铁氧体器件等，本章主要介绍这些无源元件及器件的结构及工作原理。按传输线种类的不同，这些无源元件及器件可分为波导型、同轴型和微带型等。在本章的学习过程中，应首先理解无源元件及器件的作用，然后在明确无源元件及器件所用传输线类型的基础上，学习无源元件及器件的结构及原理。

2.2　匹配元件

　　匹配元件的作用是在传输系统的主线上建立起行波状态。常见的匹配元件有全匹配负载、短路活塞、膜片、销钉、螺钉、阶梯波导、渐变波导以及它们的各种组合等。本小节介绍全匹配负载、短路活塞、膜片、销钉和螺钉。

2.2.1　终端元件

　　全匹配负载和短路活塞一般接在传输线末端，都是终端元件，只有一个端口，可以等效为一端口网络，等效电路如图 2-1 所示。

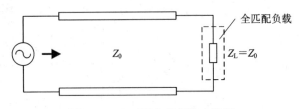

图 2-1　全匹配负载等效电路图

1. 全匹配负载

能够吸收所有入射波的负载称为全匹配负载。全匹配负载常接于微波电路的终端，有小功率全匹配负载和大功率全匹配负载两种。其技术要求是驻波比小、频带宽、无泄漏、稳定性好。

波导型小功率全匹配负载如图 2-2 所示，它由一段短路波导和几块与电场平行的劈形吸收片构成，见图 2-2(a)。吸收片多用陶瓷、玻璃、胶木片等材料制成，其表面涂有碳粉等吸收物质。吸收片的长度为 $\lambda_g/2$ 的整数倍，以降低反射，改善匹配效果。也有将吸收结构做成劈面体的形状，见图 2-2(b)。

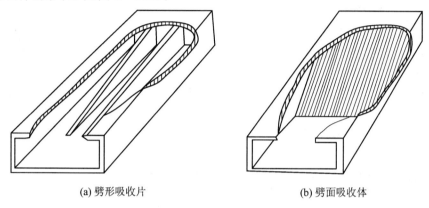

(a) 劈形吸收片　　　　　　　　　(b) 劈面吸收体

图 2-2　波导型小功率全匹配负载示意图

图 2-3 为几种同轴型小功率全匹配负载剖面图。小功率全匹配负载常用于微波测量中，一般要求其驻波比 $\rho<(1.01\sim1.05)$，精密测量中要求 $\rho<1.01$。

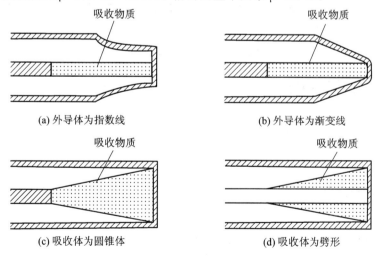

(a) 外导体为指数线　　　　　　　(b) 外导体为渐变线

(c) 吸收体为圆锥体　　　　　　　(d) 吸收体为劈形

图 2-3　同轴型小功率全匹配负载剖面图

大功率全匹配负载的原理与小功率全匹配负载相同，只是存在散热问题。按散热材料的不同，大功率全匹配负载可以分为碳化硅负载和水负载，剖面如图 2-4 所示。大功率全匹配负载常用作等效天线(俗称假负载)，通常要求其驻波比 $\rho<(1.01\sim1.10)$。

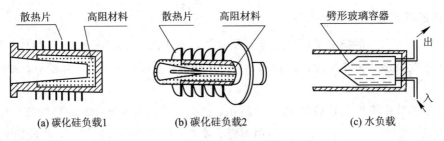

(a) 碳化硅负载1　　　　　(b) 碳化硅负载2　　　　　(c) 水负载

图 2-4　大功率全匹配负载剖面图

2. 短路活塞

短路活塞常接于微波电路终端，通过对微波的全反射提供一个可调电抗，波导短路活塞分为直接接触式和扼流式两种，剖面如图 2-5 所示。直接接触式波导短路活塞具有结构简单的优点，但它的接触处不稳定、易磨损、易打火，故适宜于小功率应用。扼流式活塞是通过 $\lambda_g/4$ 结构实现短路的，如图 2-5(b)所示，图中 C 点短路，于是从传输线 CB 段中 BD 处向 C 点看去的输入阻抗为 ∞，这使得 AB 段可以被看成是 $\lambda_g/4$ 开路线段，于是从 AA' 处向 BB' 看去的输入阻抗为零，从而实现了电气上的短路。这就是雷达工程中常说的所谓"机械上不接触，电气上接触良好"。

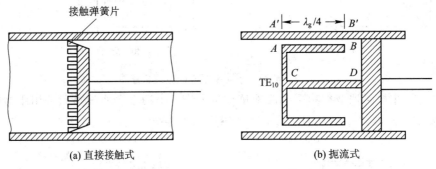

(a) 直接接触式　　　　　　　　　　(b) 扼流式

图 2-5　波导短路活塞剖面图

2.2.2　膜片、销钉和螺钉

膜片、销钉和螺钉是波导型二端口元件。膜片和销钉提供并联感抗和并联容抗，螺钉提供可调并联容抗。

1. 膜片

膜片分为电容膜片、电感膜片和谐振膜片三种，其中使矩形波导窄边变短的金属膜片称为电容膜片，其剖面如图 2-6(a)所示。图中 t 表示膜片厚度，S 表示膜片之间的间隔，

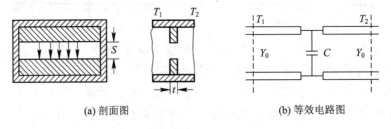

(a) 剖面图　　　　　　　　　(b) 等效电路图

图 2-6　电容膜片

T_1、T_2 表示两个截面。从电容膜片附近的场分布可见，电容膜片附近的电场较为集中，故其等效电路呈容性电纳，用并联电容 C 表示，如图 2-6(b)所示。

使矩形波导宽边变短的金属膜片称为电感膜片，其剖面如图 2-7(a)所示。图中，t 表示膜片厚度，d 表示膜片之间的间隔，T_1、T_2 表示两个截面。图 2-7(b)所示为电感膜片附近的磁力线分布，由图可见 TE_{10} 波的磁场在电感膜片附近较为集中，故其等效电路呈感性电纳，用并联电感 L 表示，如图 2-7(c)所示。

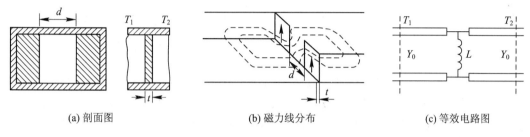

（a) 剖面图　　　　　　（b) 磁力线分布　　　　　　（c) 等效电路图

图 2-7　电感膜片

使矩形波导窄边和宽边按一定规律变短的膜片称为谐振膜片或谐振窗，其剖面如图 2-8(a)所示，等效电路为 LC 并联回路，如图 2-8(b)所示。图 2-8(c)所示为雷达收发开关放电管，放电管前后各有一个谐振窗，中间部分是矩形波导空腔，放电管谐振于雷达的工作频率。当放电管用于发射时，大功率信号使放电管打火，在窗口形成等效短路，使发射信号不能进入接收机；当放电管用于接收时，由于回波信号很弱，使膜片保持让信号无反射通过的特性，回波信号顺利进入接收机。

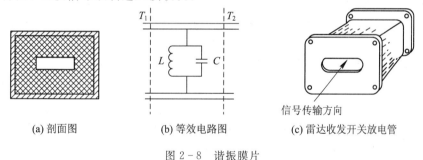

（a) 剖面图　　　　　　（b) 等效电路图　　　　　　（c) 雷达收发开关放电管

图 2-8　谐振膜片

2. 销钉

销钉由细圆金属棒制成，分容性和感性两种，剖面如图 2-9 所示。其原理与膜片类似。

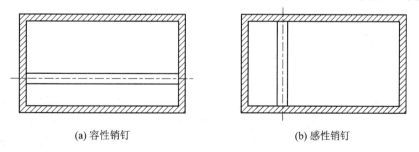

（a) 容性销钉　　　　　　　　　　　　　（b) 感性销钉

图 2-9　销钉剖面图

为增大电纳值，在矩形波导横截面上放置多个相互平行的销钉，称为销钉排，常见的有二销钉、三销钉等。

3. 螺钉

螺钉分为单螺钉、双螺钉、三螺钉和四螺钉等几种，如图 2－10 所示。

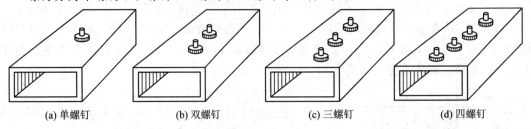

| (a) 单螺钉 | (b) 双螺钉 | (c) 三螺钉 | (d) 四螺钉 |

图 2－10　螺钉

螺钉提供的电纳值和电纳性质与其粗细和伸入矩形波导的深度有关，原因可归结为两个方面：一方面螺钉的端面与矩形波导对壁之间会集中电场，另一方面螺钉上的高频电流也会产生附加磁场。由于两种机制的共同作用，因此若螺钉伸入深度等于 $\lambda_g/4$ 时，它呈串联谐振特性；伸入深度大于 $\lambda_g/4$ 时，螺钉呈感性；伸入深度小于 $\lambda_g/4$ 时，螺钉呈容性。为了不明显降低波导的功率容量，实际的螺钉都工作在容性状态。

螺钉常用于构成螺钉匹配器，如单螺匹配器、双螺匹配器和三螺匹配器等。

单螺匹配器分为固定式和滑动式两种。前者除用于匹配外，还用于空腔调谐；后者用于匹配，相当于单支节匹配器。

双螺匹配器由两个相距 $\lambda_g/8$ 或 $\lambda_g/4$ 的固定式可调螺钉构成，相当于双支节匹配器。

三螺匹配器不存在匹配禁区，但调谐较困难。四螺是最常用的匹配结构，它没有匹配禁区，而且可以按顺序依次调整螺钉，使主线的驻波比达到 1.05 以下。

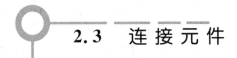

2.3 连 接 元 件

由于过长的波导在制造和运输上都不方便，故将它们分为若干段制造，使用时用螺钉再把各段按一定顺序连接起来，但连接时必须保证其电气接触良好。扼制接头是最理想的波导连接元件。还有，当微波传输系统的波导或同轴线与天线连接时，由于天线需进行旋转扫描，因此必须保证旋转的天线与固定传输线的电气接触良好，旋转关节和回转关节就是在这种情况下使用的连接元件。

2.3.1　波导连接元件

1. 扼制接头

两段矩形波导可以直接通过平法兰盘连接，这是一种由平面凸缘构成的简单连接结构。然而这种法兰盘存在接触电阻，大功率应用时损耗较大。例如，雷达发射脉冲功率在兆瓦量级时，接头处的电流可达 100 A 左右，即使法兰盘的接触电阻只有零点几欧姆，也会产生几千瓦的脉冲功率损耗，甚至引起打火。

采用扼制接头（又称抗流接头）可以解决这一问题。矩形波导扼制接头的结构如图 2－11所示。

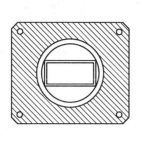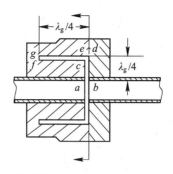

图 2 - 11 矩形波导扼制接头结构图

矩形波导在传输 TE_{10} 波时，在波导窄壁上无纵向电流，因此对窄壁连接处的电气接触要求不高。但在电气波导宽壁上有纵向电流，特别是在波导宽壁的中心线附近有很强的纵向电流，所以，对矩形波导宽壁的电气接触要求很高，因为稍有间隙就会形成辐射隙缝，引起反射并泄漏功率，在传输大功率时极易发生打火。因此，使用扼制接头就是要保证在矩形波导宽壁中心线附近的间隙必须在电气上短路。

如图 2 - 11 所示，在扼制接头结构的圆形盘上开有 $\lambda_g/4$ 深的环槽，用 $cegf$ 表示，环槽的内边缘和外边缘不在同一个平面上，内边缘与矩形波导面平齐，外边缘高出波导面一小段距离（e 高出 c 一小段距离）。因此，当左侧带扼制结构的矩形波导法兰和右侧波导平法兰连接时（e、d 重合），形成了两个彼此平行的圆盘空间，且两侧波导段没有直接的接触（a、b 两点分开）。环槽离波导宽边内壁的距离为 $\lambda_g/4$，从波导宽边到环槽的空间用 $abcd$ 表示。电磁波从矩形波导的一段往另一段传输时，就向半径方向的 $abcd$ 段传输，然后再向 $cegf$ 段环形深槽传输，到 fg 端短路。电磁波传输的距离大约是 $\lambda_g/2$。由于 $\lambda_g/2$ 的终端短路线在输入端呈现短路，所以，ab 两点之间在电气上形成短路，流经该两点之间的纵向电流畅通无阻，实现了"机械上不接触，电气上接触良好"。

实际的抗流接头还装有密封橡皮垫圈，工程上称为气密。对在高山或海岛架设的雷达，采用气密措施意义甚大。

2. 波导弯头

矩形波导弯头可用来改变微波传输的方向，其中，波导宽壁折弯的称为 E 面弯头，波导窄壁折弯的称为 H 面弯头，如图 2 - 12 所示。为减小反射，常取弯头的曲率半径 $R>\lambda_g$，转弯部分的平均长度为 $\lambda_g/2$ 的整数倍，以使在中心频率 $\pm20\%$ 的范围内 $\rho<1.05$。

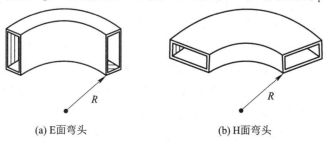

(a) E面弯头   (b) H面弯头

图 2 - 12 矩形波导弯头

为减少所占空间，便于矩形波导布线，还常常采用拐角，波导拐角分为单切拐角和双切拐角两种，如图 2-13 所示。其中，单切拐角在折弯处尺寸变小，易被击穿，故不宜在大功率场合使用。双切拐角适用于大功率场合。为进一步减小反射，双切角的尺寸应合理，对 E 面双切有 $L=\lambda_g/4$，对 H 面双切有 $L=\lambda/a$，式中 λ 和 λ_g 分别为工作波长和波导波长，a 为波导宽边尺寸。

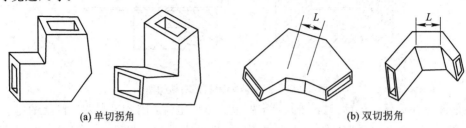

(a) 单切拐角   (b) 双切拐角

图 2-13　矩形波导拐角

3. 波导扭曲

波导扭曲可以改变电磁波的极化方向，一段极化方向变化 90° 的扭波导如图 2-14 所示。实验表明，当扭曲的长度为 $\lambda_g/2$ 的整数倍时，反射最小，例如图 2-14 中扭波导的扭曲长度为 $2\lambda_g$ 时，能使 $\rho<1.05$。

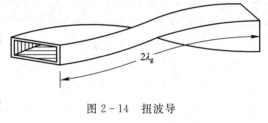

图 2-14　扭波导

2.3.2　旋转关节和回转关节

旋转关节和回转关节都是用来将高频能量由不转动的波导(或同轴线)传送到转动的波导或同轴线的。它们在结构上和原理上完全相同，只是前者实现 360° 的旋转，后者只实现 0°～80° 的俯仰。

1. 同轴线旋转关节

同轴线旋转关节的结构剖面如图 2-15 所示。它的下半部分是固定不动的同轴线，同轴线内外导体均是固定的。该固定不动的同轴线的下端与发射机相接，上端内导体较细，长度为 $\lambda/4$，上端外导体内半径较大，并且还有 $\lambda/4$ 长的圆槽。同轴线旋转关节的上半部分是可转动的 T 型同轴线，该部分的右端接有短路的匹配活塞，左端连至天线。垂直的一端，其内导体纵向刻有长度略大于 $\lambda/4$ 的圆柱槽，外导体的外半径较小。这样，把转动部分套在固定部分上，两段内导体在机械上没有直接连接，两段外导体的内壁也没有直接接触。但从图 2-15 中清晰可见，由内导体"1"点向"2"点看，是一段 $\lambda/4$ 长的开路同轴线，所以在"1"点的输入阻抗 Z_{in} 为零；下面固定部分的外导体从"5"点延长至"6"点，与上面旋转部分的外导体的构成一段 $\lambda/4$ 同轴线，这段同轴线在"6"点开路，在"5"点短路，从而实现在"4"点外导体电气短路。从外导体"3"点往"4"点看，再由"4"点往"7"点看，是一段长度为 $\lambda/2$ 的短路同轴线，所以在"3"点输入阻抗 Z_{in} 亦为零，电气上相当于短路。尽管固定部分和转动部分机械上没有直接接触，但内外导体在"1""3"点电气接触良好，这样不会因转动部分旋转起来而产生电气接触不良的现象。

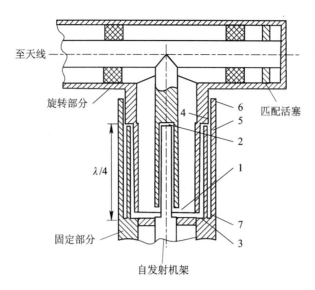

图 2-15　同轴线旋转关节结构剖面图

2. 同轴线-波导型旋转关节的结构及工作原理

同轴线-波导型旋转关节的结构剖面如图 2-16 所示。它由固定矩形波导（即输入波导）、转动矩形波导（即输出波导）、同轴线连接装置和梨形末端等部分组成。同轴线连接装置的外导体分成两段，一段与输入波导连在一起，不能转动，为外导体固定段；另一段与输出波导连接，可以转动，为外导体旋转段。同轴线连接装置内导体的一端放在固定矩形波导的轴承内。高频能量从固定矩形波导输入，经梨形末端逐渐将矩形波导中的 TE_{10} 波变成同轴线中的 TEM 波，如图 2-17 所示。

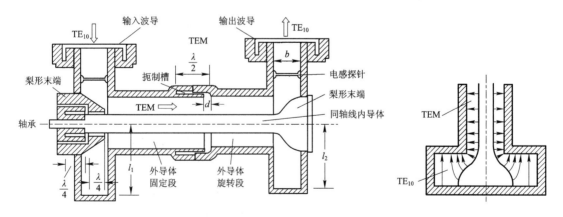

图 2-16　同轴线-波导型旋转关节结构剖面图　　　　图 2-17　波型转换示意图

TEM 波经同轴线传输到同轴线另一端的一个梨形末端，再转换成 TE_{10} 波，然后由转动矩形波导将高频能量传送到天线。

在同轴线连接装置的外导体上有两个扼制槽，用来保证转动部分与不转动部分在机械上不连接，以便于旋转，并保持良好的电气接触，以便于电磁能量的有效传输。

两个电感插棒与 l_1、l_2 两段矩形波导均是匹配元件，用来保证矩形波导与同轴线段的匹配，在工厂出厂时已经调试固定好了。

2.4 阻抗变换器

两段特性阻抗不同的传输线如果直接相连，则在连接处会产生反射。为消除反射，可在连接处插入一只阻抗变换器以达到匹配。从这个意义上说，阻抗变换器也是一种调配器，它是一种不可调的固定调配器。

阻抗变换器一般由一段或几段特性阻抗不同的传输线构成，设计中要解决的问题是如何正确选择参量，使之能在给定的频带内达到所要求的匹配程度。

2.4.1 单节四分之一波长阻抗变换器

图 2-18 所示为四分之一波长单节阻抗变换器，其中图 2-18(a)为同轴线单节阻抗变换器剖面图，图 2-18(b)为矩形波导单节阻抗变换器剖面图。它们都是由一段长 l 为四分之一波长(无色散波为 $\lambda/4$，色散波为如 $\lambda_g/4$)、特性阻抗为 Z_0(色散波的等效阻抗为 Z_e)的传输线插在两段特性阻抗分别为 Z_{01} 和 Z_{02}(或等效阻抗分别为 Z_{e1} 和 Z_{e2})的待匹配传输线之间所构成的。其简化等效电路如图 2-18(c)所示，这里略去了连接处的阶跃电容。图 2-19 为波导型四分之一波长单节阻抗变换器结构图和剖面图，可以看出，三段矩形波导宽边没有变化，仅有窄边高度呈阶梯变化，因此又称为阶梯波导。阶梯波导还有改变宽边的阶梯和宽边及窄边都改变的阶梯。

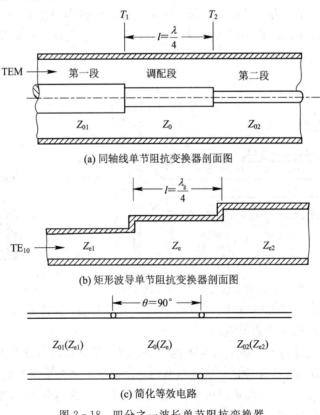

(a) 同轴线单节阻抗变换器剖面图

(b) 矩形波导单节阻抗变换器剖面图

(c) 简化等效电路

图 2-18 四分之一波长单节阻抗变换器

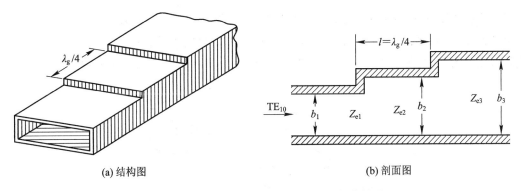

(a) 结构图　　　　　　　　　　　　　(b) 剖面图

图 2-19　波导型四分之一波长单节阻抗变换器

2.4.2　宽带阻抗变换器

单节阻抗变换器的缺点是频带太窄,为了展宽频带,可采用多节阻抗变换器、渐变线阻抗变换器等。多节阻抗变换器的级数越多,其匹配频带越宽,因 n 节变换器有 n 个变换段、$n+1$ 个连接面,相应地有 $n+1$ 个反射波,这些反射波返回到变换器始端时,彼此以一定的相位(取决于其行程差)和幅度相叠加。由于反射波很多而每个反射波的振幅很小、相位各异,因此叠加的结果有一些波彼此抵消或部分抵消,从而使总反射波在较宽的频带内保持较小的值。实践证明,传输线结构中,众多分散的、较小的不连续结构与少量而集中的、较大的不连续结构相比,前者可以在更宽的频带内获得更好的匹配。但阻抗变换器级数的增加势必带来尺寸的增大和造价的提高,工程上从尺寸、成本、性能综合考虑又发展出渐变线阻抗变换器。

渐变线阻抗变换器可理解为多节阶梯阻抗变换器的进一步推广,即用无限多个无限小的不连续性来代替 $n+1$ 个阶梯不连续性,因此渐变线有更好的宽带匹配性能。常用的渐变线阻抗变换器的渐变规律有线性、指数律等,图 2-20 所示为多节阶梯阻抗变换器到渐变

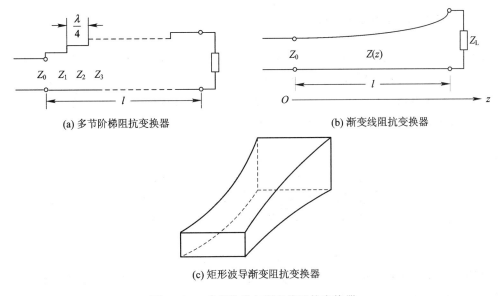

(a) 多节阶梯阻抗变换器　　　　　　　　(b) 渐变线阻抗变换器

(c) 矩形波导渐变阻抗变换器

图 2-20　多节阶梯与渐变线阻抗变换器

线阻抗变换器的过渡和一种矩形波导渐变阻抗变换器(图 2-20(c))示意图，$Z(z)$ 表示 z 处传输线的阻抗值，图 2-20(b)中，Z_L 为负载阻抗，Z_0 为输入端口阻抗，l 为渐变线阻抗变换器长度。图 2-21 所示为一种直线型渐变波导，它也是一种宽频带匹配元件。

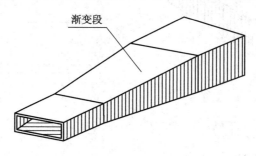

渐变段

图 2-21　直线型渐变波导

2.5　微波增益均衡器

为了增大雷达的探测距离，在雷达发射支路通常要对发射信号进行放大。实现放大发射信号的器件称为功率放大器，简称功放(power amplifier，PA)。功率放大器的输出功率有一定的频响，通常情况下，在工作频段的低端输出功率较高(但有时也相反)，作为末级输出往往不受此影响，但作为功率放大链中的推动级，如 TR 组件单元中或发射机中的功率推动级，具有这样的输出频响是不允许的。雷达发射机输出功放的增益在工作频带内不稳定对系统有很大影响。增益均衡器是可对器件或系统随频率变化的不平坦增益曲线进行修正，以提高其增益平坦度的器件，通常被用作以自身增益斜率对器件或系统的增益斜率进行补偿的衰减器。

2.5.1　增益均衡器的基本原理

下面以微波功率模块为例来介绍增益均衡器的概念。将固态放大器和电真空的行波管放大器结合构成微波功率模块系统，由于行波管放大器在工作频带内增益不稳定，导致微波功率模块的输出功率平坦度达不到要求。此时，需要在前级固态放大器之后，大功率行波管放大器之前，加入微波增益均衡器，如图 2-22 所示。

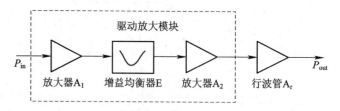

驱动放大模块

P_{in}　放大器A_1　增益均衡器E　放大器A_2　行波管A_r　P_{out}

图 2-22　微波功率模块系统框图

均衡器校正幅度畸变的工作原理如图 2-23 所示。原系统衰减的频率特性曲线是钟形，均衡网络衰减的频率特性曲线是倒钟形，与原传输系统衰减的频率特性在工作频带内互补，两者级联后的总衰减为一常数，从而使传输信号不发生幅度畸变。其中增益均衡器的均衡目标需要测量整个系统的输出增益曲线后才能确定。

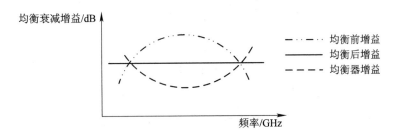

图 2 - 23　均衡器校正幅度畸变工作原理示意图

2.5.2　增益均衡器的基本电路

对增益均衡器的主要要求有：

(1) 系统接入增益均衡器后，不应恶化原系统的匹配状态。

(2) 在工作频带内其幅度频率特性符合预期要求。

(3) 起始衰减尽可能小，尤其是用于功率放大链中的均衡器。

对增益均衡器的要求意味着均衡器反射功率越小越好，但并不是说能量都能被传输，有一些能量需要依靠均衡器来吸收才能达到平坦度的要求。普通微带形式均衡器是靠电阻消耗来吸收能量的，腔体式与微带介质谐振器式主要靠吸波材料来吸收能量。

图 2 - 24 所示是典型的微带均衡器，由主传输线、谐振单元支节、匹配电路和电阻组成。主传输线传输能量，设计谐振单元支节的谐振频率，选择需要耦合吸收的频率点，电阻消耗耦合频率处的能量，控制电阻的大小就可以调节电路的均衡量。匹配电路采用渐变式，一般三节左右，用于调节整个电路阻抗，使其与前级后级相匹配，减小驻波比。

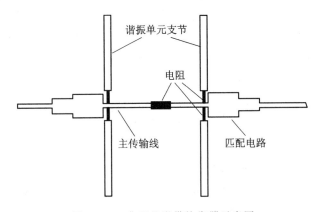

图 2 - 24　典型的微带均衡器示意图

图 2 - 25 是一个同轴微波功率均衡器示意图，包括主传输线和谐振吸收耦合腔。谐振吸收耦合腔连接在主传输线上，是能够调节的同轴腔或者波导腔。图 2 - 25 中安装在同轴腔侧壁上的微调螺钉既可以微调同轴腔的谐振频率，同时还可以形成吸收损耗，用来改变谐振腔的 Q 值。均衡器输入信号通过主传输线传输，连接在主传输线上的同轴耦合腔（即同轴腔）耦合一部分电磁波能量，耦合的电磁波频率与该耦合腔谐振频率相同，耦合腔谐振频

率、耦合量和吸收量都是可调节的，适当地调节谐振吸收耦合腔就可以得到需要的损耗曲线。

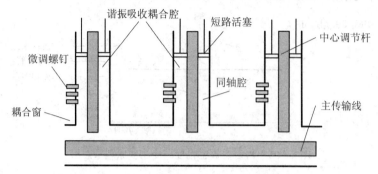

图 2-25　同轴微波功率均衡器示意图

波导均衡器和同轴均衡器类似，也是腔体结构。图 2-26 所示为波导功率均衡器，由主传输波导、耦合窗、耦合腔和吸波材料等部分构成。

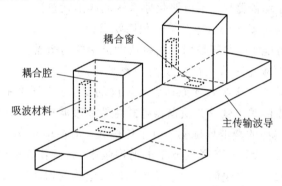

图 2-26　波导功率均衡器

波导均衡器也是在主传输线上加载若干个谐振吸收腔，只不过由同轴腔变成矩形波导腔体，同样也是通过调节每个谐振腔的大小改变其谐振频率，而调节耦合窗的位置与大小可以改变谐振腔与主线间的耦合度，改变吸波材料的多少与位置则可以控制均衡量。

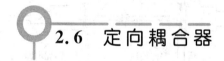

2.6　定向耦合器

定向耦合器在微波技术中有着广泛的应用，如用来监视功率及频率和频谱、分配和合成功率、构成雷达天线的收发开关等。此外，自动增益控制器、平衡放大器、调相器以及反射计和微波阻抗电桥等测量仪器中也要用到定向耦合器。如图 2-27 所示的定向耦合器用来监测发射支路功率，它从雷达发射机至天线的主传输线中获取一小部分功率并将其传输至功率监测器，只要知道耦合度，便可由功率监测器的功率读数得知发射机的输出功率。

定向耦合器的种类很多。按传输线类型来分，有波导、同轴线、带状线和微带线定向耦合器；按耦合方式来分，有单孔耦合、多孔耦合、连续耦合和平行线耦合等形式的定向耦合器；按耦合输出的方向来分，有同向耦合器和反向耦合器；按输出信号的相位来分，有 90°

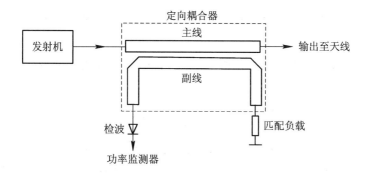

图 2 - 27　监测发射支路功率的定向耦合器示意图

定向耦合器和 180°定向耦合器；按耦合的强弱来分，有强耦合、中等耦合和弱耦合定向耦合器。图 2 - 28 给出了几种定向耦合器的结构示意图，其中图 2 - 28(a)为微带分支定向耦合器，图 2 - 28(b)为波导单孔定向耦合器，图 2 - 28(c)为平行耦合线定向耦合器(λ_p 为相波长)，图 2 - 28(d)为波导匹配双 T，图 2 - 28(e)为波导多孔定向耦合器，图 2 - 28(f)为微带环形定向耦合器。

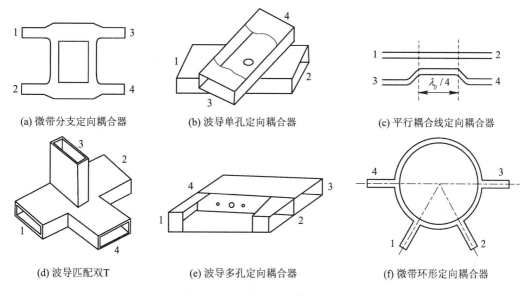

图 2 - 28　定向耦合器结构示意图

2.6.1　定向耦合器的技术指标

定向耦合器是一个四端口网络，四个端口分别为输入端口、直通端口、耦合端口和隔离端口，分别对应如图 2 - 29 所示的端口 1、2、3 和 4。

图 2 - 29　定向耦合器端口分布示意图

定向耦合器的主要技术指标有耦合度、方向性(隔离度)、输入驻波比和工作频带宽度。

1. 耦合度 C

耦合度 C 定义为输入端口的输入功率 P_1 与耦合端口的输出功率 P_3 之比，用分贝(dB)为单位的计算公式如下：

$$C = 10\lg\frac{P_1}{P_3} \quad \text{(dB)} \tag{2-1}$$

由式(2-1)可知，耦合度愈大，耦合愈弱。通常把耦合度为 0～10 dB 的定向耦合器称为强耦合定向耦合器；把耦合度为 10～20 dB 的定向耦合器称为中等耦合定向耦合器；把耦合度大于 20 dB 的定向耦合器称为弱耦合定向耦合器。当耦合端口的输出功率是输入端口的输入功率的一半时，耦合度为 3 dB。

2. 方向性 D

在理想情况下，隔离端口应没有输出功率，但受设计和制造精度的限制，隔离端口尚有一些功率输出，方向性 D 表示隔离端口的输出特性。方向性 D 定义为耦合端口的输出功率 P_3 和隔离端口的输出功率 P_4 之比，用分贝(dB)为单位的计算公式如下：

$$D = 10\lg\frac{P_3}{P_4} \quad \text{(dB)} \tag{2-2}$$

式(2-2)表明，D 愈大，隔离端口的输出功率愈小，方向性愈好。在理想情况下，$P_4 = 0$，即 $D = \infty$，实用中常对方向性提出一个最小值 $D_{\min}$。

3. 输入驻波比 ρ

当定向耦合器除输入端口外，其余各端口均接上匹配负载时，输入端口的驻波比即为定向耦合器的输入驻波比 ρ。工程上一般要求 $\rho < 2$。

4. 工作频带宽度

满足定向耦合器以上几个指标的频率范围，即为其工作频带宽度，简称工作带宽。

2.6.2 波导型定向耦合器

大多数波导型定向耦合器的耦合都是通过在主、副波导的公共壁上的耦合孔来实现的。通过耦合孔将主波导中的电磁能量耦合到副波导中，并具有一定的方向性。副波导各端口的输出功率的大小，取决于耦合孔的尺寸、形状和位置，发生的耦合可能是电耦合、磁耦合或电、磁混合耦合。几种波导定向耦合器如图 2-30 所示。

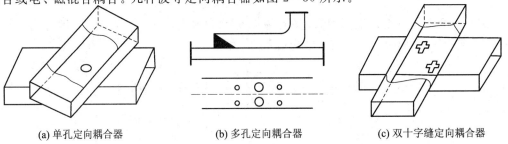

(a) 单孔定向耦合器　　　　(b) 多孔定向耦合器　　　　(c) 双十字缝定向耦合器

图 2-30　波导型定向耦合器

最简单的双孔定向耦合器是在两个矩形波导的公共窄壁上开有形状尺寸完全相同、距离 d 为 $\lambda_g/4$ 的两个耦合孔，如图 2 - 31(a)所示。图 2 - 31(a)中，a、b 分别为主、副波导宽边和窄边尺寸。在波导窄壁 $b/2$ 处，取一个水平纵截面，如图 2 - 31(b)所示。图 2 - 31(b)中，T_1 和 T_2 分别对应两个耦合孔处的参考面。B_{b1} 和 B_{b2} 分别是从主波导 1 端口输入在 T_1 和 T_2 处耦合到副波导并向后(4 端口)传输的波。B_{f1} 和 B_{f2} 分别是从主波导 1 端口输入在 T_1 和 T_2 处耦合到副波导并向前(3 端口)传输的波。

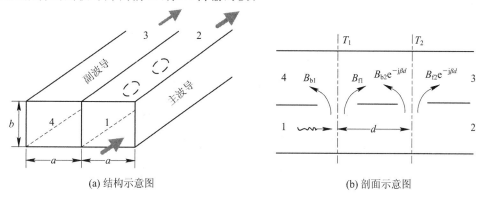

| (a) 结构示意图 | (b) 剖面示意图 |

图 2 - 31　双孔定向耦合器

下面说明这种定向耦合器的工作原理。

当 TE_{10} 波从主波导端口 1 输入向端口 2 传输时，主波导中磁场分量 H_z 就会通过两个耦合孔耦合到副波导中并分别向端口 3 和端口 4 传输。到端口 3 的耦合波是通过两个耦合孔的正向耦合波叠加而成的。由于两个耦合波从端口 1 到端口 3 由路程引起的相位均为 βd，故两个耦合波在端口 3 为同相叠加而有输出，即端口 3 为耦合端口。而端口 4 的耦合波是通过两个耦合孔的反向耦合波叠加而成的，由于两个耦合波从端口 1 到端口 4 因路程引起的相位差为 $2\beta d = \pi (d = \lambda_g/4)$，故端口 4 为两个反向耦合波的反相叠加，即

$$B_4 = B_{b1} + B_{b2} e^{-j2\beta d} = B_{b1} - B_{b2}$$

当两个耦合孔大小相等、形状相同，且耦合孔很小时，则有

$$B_{f1} = B_{f2} = B_{b1} = B_{b2}$$

即表示端口 3 有输出

$$B_3 = 2B_{f1} e^{-j\pi/2}$$

而端口 4 无输出，即 $B_4 = 0$，从而达到理想方向性。

无论怎样的耦合结构，只要能保证副波导从主波导中耦合到的电磁波能量在其一端有输出，而在另一端被隔离便可构成波导定向耦合器。波导双十字缝定向耦合器也是基于这样的原理而构成的一种定向耦合器。它的主、副波导在宽壁上正交相叠，在公共壁对角线上的适当位置开有两个十字槽，结构如图 2 - 32(a)所示，图中 a 表示副波导宽边尺寸。该结构与宽壁单孔定向耦合器相比具有频带宽的优点，而与频带宽的窄壁多孔定向耦合器相比又具有结构紧凑的优势，因此成为微波系统中常用的一种定向耦合器。双十字缝定向耦合器耦合端口的判断方法是：入射波第一次穿越十字缝所在的对角线后的正交绕行方向即为耦合端。图 2 - 32(b)所示为电磁波能量分别从主波导上面和下面输入时，副波导中能量的耦合方向。

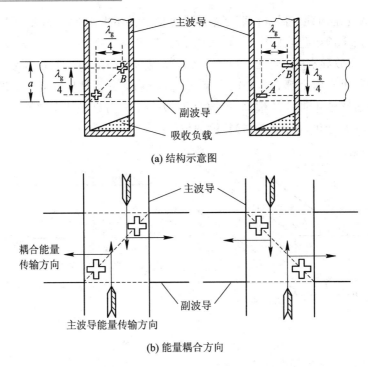

(a) 结构示意图

(b) 能量耦合方向

图 2-32　波导双十字缝定向耦合器

2.6.3　平行耦合线定向耦合器

图 2-33(a)为单节 $\lambda_g/4$ 平行耦合线定向耦合器的结构及端口示意图。它由两个等宽的耦合线段组成，其耦合线的长度是中心波长的 1/4，各端口均接匹配负载 Z_0。这种平行耦合线定向耦合器通常用微带线或带状线来实现。

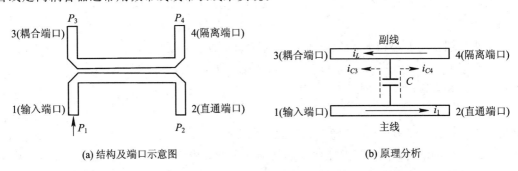

(a) 结构及端口示意图

(b) 原理分析

图 2-33　平行耦合线定向耦合器

平行耦合线定向耦合器原理如图 2-33(b)所示，当信号从主线输入端口 1 输入时(输入功率为 P_1)，主线中的交变电流 i_1 除向直通端口 2(输出功率为 P_2)传输外，通过两线之间的电磁耦合，还会向端口 3 和端口 4 传输。由于电场耦合(以耦合电容 C 表示)在副线中向端口 3 和端口 4 方向产生的电流为 i_{C3} 和 i_{C4}；同时由于 i_1 的交变磁场的作用，在副线上有感应电流 i_L。根据电磁感应定律，感应电流 i_L 的方向与 i_1 的方向相反。因此，若信号由端口 1 输入，则耦合端口是端口 3(输出功率为 P_3)，而在端口 4 因为电耦合电流 i_{C4} 与磁耦合电流 i_L 的作用相反而能量互相抵消，故端口 4 是隔离端口(输出功率为 P_4)。

在理想情况下，端口 4 无输出，可达理想隔离。由于耦合端口和输入端口在同一侧，因此，这种定向耦合器又称为反向定向耦合器，而且端口 2 和端口 3 的输出信号相位差为 90°，故又称为 90°反向定向耦合器。

平行耦合线定向耦合器的特性可归纳为"耦合在同侧"。

对于微带平行耦合线定向耦合器，由于微带线耦合的奇、偶模相速不等，导致方向性变差，因此对方向性要求高的场合需要改进结构以减小奇、偶模相速的差异来提高方向性。

单节耦合线定向耦合器的频带比较窄，为了增宽频带可采用多节定向耦合器相级联的结构。平行耦合线定向耦合的强弱和两线间距有关，间距愈小，耦合愈强。若耦合太强，则工艺上无法实现，因此平行耦合线定向耦合器常用于耦合度不强的场合。

2.6.4　分支定向耦合器

分支定向耦合器是由两根平行的主传输线和若干耦合分支线组成的。分支线的长度及相邻分支线之间的距离均为 $\lambda_p/4$。这种分支定向耦合器可以用矩形波导、同轴线、带状线和微带线来实现。由于微带双分支定向耦合器在微带电路中得到了广泛应用，故这里以它为例来分析分支定向耦合器的工作原理和工作特性。

微带双分支定向耦合器是通过两个耦合波的路程差引起的相位差来实现方向性的，如图 2-34 所示。当信号自端口 1 输入时，经过 A 点分 $A \to B \to C$ 和 $A \to D \to C$ 两路到达 C 点，由于两路程相同，故两路信号在 C 点相加，使端口 3 有输出；端口 1 的输入信号经过 A 点分 $A \to D$ 和 $A \to B \to C \to D$ 两路到达 D 点，由于两路信号的路程差为 $\lambda_p/2$，即相位差为 π，故两路信号在 D 点相抵消，使端口 4 无输出。这种定向耦合器称为同向定向耦合器。由于端口 2 和端口 3 输出相位差为 90°，故又称为 90°同向定向耦合器。当 $Z_1 = Z_0$ 及 $Z_2 = Z_0/\sqrt{2}$ 时，直通端口和耦合端口的输出功率大小相等、相位差为 90°，这时的定向耦合器称为 3 dB 90°定向耦合器。

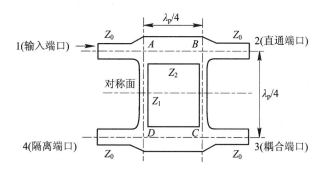

图 2-34　微带双分支定向耦合器示意图

因为分支定向耦合器是方形结构，耦合端口和隔离端口常会产生混淆。如图 2-34 所示，连接输入端口和直通端口的微带线 AB 线较宽，对应阻抗低；而连接输入端口和隔离端口的微带线 AD 线较窄，对应阻抗高。因此分支定向耦合器特性可归纳为"宽低阻，连直通；窄高阻，连隔离；对角是耦合"。

2.6.5　微带环形定向耦合器

图 2-35 所示为制作在介质基片上的微带环形定向耦合器，简称环形器，也称混合环。图 2-35 中，环的全长为 $3\lambda_p/2$，四个特性阻抗均等于 Z_0 的分支线与环相并联，将环分成四段，各段长度如图 2-35 所示，各段特性阻抗均为 Z_1。当 $Z_1=\sqrt{2}Z_0$ 时，若信号由端口 1 输入，则端口 2 及端口 4 有等幅同相的电压信号输出，而端口 3 无信号输出，即端口 1 与端口 3 彼此隔离；若信号由端口 3 输入，则端口 1 无信号输出，端口 2 和端口 4 有等幅反相的电压信号输出。反过来，如果等幅同相信号从端口 2 和端口 4 输入，两信号在端口 1 合成输出，则称端口 1 为和端口（Σ），而在端口 3 互相抵消，没有输出，则称端口 3 为差端口（Δ）；如果等幅反相信号从端口 2 和端口 4 输入，则差端口有信号输出，和端口没有信号输出。

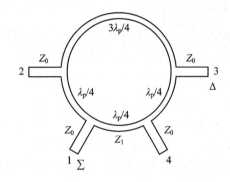

图 2-35　微带环形定向耦合器示意图

混合环具有两个端口相互隔离、另两个端口平分输入功率的特性，因此可将其看作一个 3 dB 定向耦合器。混合环的特性与波导魔 T 很类似，因此也称为"平面魔 T"。它们的特性都可归纳为"邻臂平分，对臂隔离"。

当信号从端口 1 输入时，相邻的端口 2 和端口 4 即为邻臂，端口 3 为对臂，由"邻臂平分，对臂隔离"可知，当信号从端口 1 输入时，端口 2 和端口 4 的输出信号相等，端口 3 为隔离端口，没有信号输出，结合实际结构，信号从端口 1 输入时，在端口 2 和端口 4 有等幅同相信号输出。

2.6.6　波导匹配双 T

波导匹配双 T 也称为"魔 T"，是微波系统中的基础元器件，可用于平衡混频器、天线收发开关及单脉冲雷达和差器中。矩形波导中常用的 T 形接头有 E-T 接头和 H-T 接头两种，将具有共同对称面的 E-T 接头和 H-T 接头组合起来即构成双 T 接头，本节重点介绍匹配的双 T。

1. 波导的 T 形接头

在微波系统中，常需要把一路的电磁能量变为两路或更多路，这就要用到矩形波导的 T 形接头。T 形接头又称为 T 形分支，简称单 T，是波导在某个方向上的分支。

矩形波导中常用的 T 形接头（E-T 接头和 H-T 接头），分别如图 2-36(a) 和图 2-36(b) 所示。其中 E-T 接头分支波导的宽面与主波导中 TE₁₀ 波的电场所在平面平行；H-T

接头分支波导的宽面与主波导中 TE_{10} 波的磁场所在平面平行。下面分别讨论两种接头的工作特性。

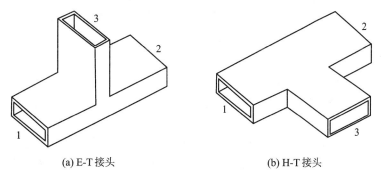

(a) E-T 接头　　　　　　　　　　(b) H-T 接头

图 2-36　矩形波导的 T 形接头

对于 E-T 接头，假设矩形波导各端口只有 TE_{10} 波信号传输，E-T 接头的电力线分布及工作特性如图 2-37 中各分图所示。把主波导的两臂分别称为端口 1 和端口 2，分支臂称为端口 3，这种 E-T 接头具有下列工作特性：

(1) 当 TE_{10} 波信号从端口 1 输入时，端口 2 和端口 3 输出信号同相，如图 2-37(a) 所示。

(2) 当 TE_{10} 波信号从端口 2 输入时，端口 1 和端口 3 输出信号同相，如图 2-37(b) 所示。

(3) 当 TE_{10} 波信号从端口 3 输入时，端口 1 和端口 2 输出信号反相，如图 2-37 (c) 所示。

(4) 当 TE_{10} 波信号从端口 1 和端口 2 同相输入时，端口 3 输出最小；当信号从端口 1 和端口 2 等幅同相输入时，端口 3 无信号输出，且对称面为电场波腹点，如图 2-37(d) 所示。

(5) 当 TE_{10} 波信号从端口 1 和端口 2 反相输入时，端口 3 有信号输出；当信号从端口 1 和端口 2 等幅反相输入时，端口 3 输出信号最大，且对称面为电场的波节点，如图 2-37 (e) 所示。

如果把传输 TE_{10} 波的矩形波导用等效双线来代替，那么 E 面的 T 形分支就等效为一个串联的双线，如图 2-37 (f) 所示。所以 E-T 接头常用串联双线等效。

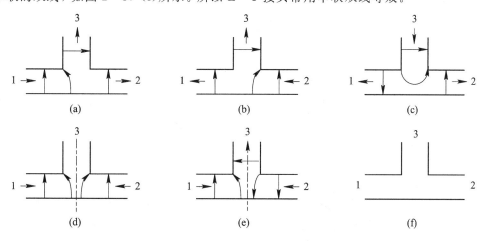

(a)　　　　　　　　　　(b)　　　　　　　　　　(c)

(d)　　　　　　　　　　(e)　　　　　　　　　　(f)

图 2-37　E-T 接头的电力线分布及工作特性示意图

对于 H-T 接头，同样把主波导的两个臂分别称为端口 1 和端口 2，如图 2-38(a) 所示，分支臂称为端口 3，且用"…"黑点表示电力线方向由内向外穿出纸面，而用"×××"表

示电力线方向由外向内穿入纸面,其工作特性如图 2-38(b)~图 2-38(e)所示,有

(1) 当信号自端口 1 输入时,端口 2 和端口 3 有同相信号输出,如图 2-38(b)所示。

(2) 当信号自端口 3 输入时,端口 1 和端口 2 有同相信号输出,如图 2-38(c)所示。

(3) 当信号自端口 1 和端口 2 同相输入时,端口 3 输出最大信号,此时,端口 3 对称面处在电场波腹点,如图 2-38(d)所示。

(4) 当信号自端口 1 和端口 2 反相输入时,端口 3 输出信号最小,此时,端口 3 对称面处在电场波节点。当信号自端口 1 和端口 2 等幅反相输入时,端口 3 输出为 0,如图 2-38(e)所示。

H-T 接头与 E-T 接头情况不同,如果把传输 TE_{10} 波的矩形波导用等效双线来代替,那么 H 面的 T 形分支就等效为一个并联的双线,如图 2-38(f)所示。所以 H-T 接头常用并联双线等效。

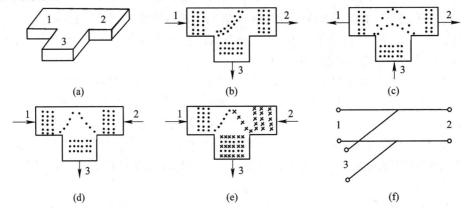

图 2-38 H-T 接头的工作特性示意图

2. 双 T 接头

在前面分析了矩形波导的 E-T 接头和 H-T 接头的工作特性。将具有共同对称面的 E-T 接头和 H-T 接头组合起来即构成双 T 接头,如图 2-39 所示。

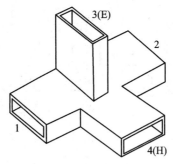

图 2-39 双 T 接头

图 2-39 所示双 T 接头结构中,一般把臂 E 称为端口 3,臂 H 称为端口 4,臂 1 和臂 2 称为平分臂,臂 3 和臂 4 称为隔离臂,根据 E-T 和 H-T 接头的工作特性可以得到双 T 接头的特性如下:

(1) 当信号由臂 E 输入时,端口 1 和端口 2 输出信号等幅反相,臂 H 输出为 0。

(2) 当信号由臂 H 输入时,端口 1 和端口 2 输出信号等幅同相,臂 E 输出为 0。

（3）如果臂 E 和臂 H 均接匹配负载，当信号自端口 1 和端口 2 等幅同相输入时，则臂 H 有输出，而臂 E 输出为 0；反之当信号自端口 1 和端口 2 等幅反相输入时，则臂 E 有输出，而臂 H 输出为 0。可见臂 E 和臂 H 互为隔离。

3. 匹配双 T

对于普通的双 T 接头，由于连接处结构突变，因此即使双 T 各臂均接匹配负载，接头处也会产生反射。为了消除反射，通常在接头处加入匹配元件（如螺钉、膜片或圆锥体等），匹配元件不能破坏魔 T 的结构对称性，魔 T 对称面如图 2 - 40(a)所示。匹配元件为膜片和金属圆棒，如图 2 - 40(a)所示，匹配元件为金属圆棒和金属圆锥体，如图 2 - 40(b)所示，就可得到匹配的双 T 接头，它具有下列重要特性。

（1）匹配特性：在理想情况下，它的四个端口是完全匹配的，只要端口 1 和端口 2 能调到匹配，端口 3 和端口 4 一定匹配。

（2）隔离特性：当臂 E 和臂 H 具有隔离特性时，端口 1 和端口 2 也具有隔离特性。

（3）平分特性：若信号自臂 E 输入，则反相等分给端口 1 和端口 2；若信号自臂 H 输入，则同相等分给端口 1 和端口 2；若信号自端口 1 输入，则同相等分给端口 3 和端口 4；若信号自端口 2 输入，则反相等分给端口 3 和端口 4。

由于匹配双 T 接头具有上述特性，故又称为魔 T 接头。需要说明的是，所加的匹配装置不能破坏端口 1 和端口 2 的对称性。

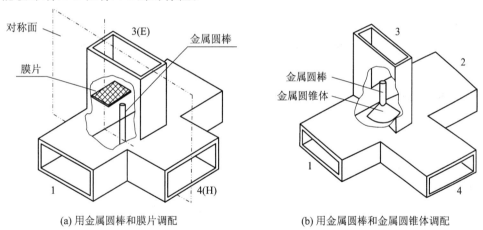

(a) 用金属圆棒和膜片调配　　　　　(b) 用金属圆棒和金属圆锥体调配

图 2 - 40　魔 T——匹配双 T 接头

2.7　微波功率分配器

在微波设备中，常需要将某一输入功率按一定的比例分配到各分支电路中，例如，相控阵雷达中，要将发射机功率分配到各个辐射单元中，多路中继通信机中要将本地振荡源功率分配到收发混频电路中。在微波大功率固态发射源的功率放大器中广泛使用功率分配器，通常成对使用，先将信号功率分成若干路，然后分别放大，再合成输出。

功率分配器（简称功分器）是一种将一路输入信号能量分成两路或多路输出相等或不等能量的器件，也可反过来将多路信号能量合成一路输出，此时可称为合路器，功率分配和

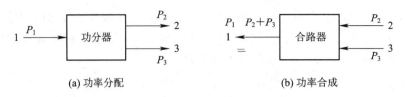

(a) 功率分配　　　　　　　　　　(b) 功率合成

图 2 - 41　功率分配和合成示意图

合成如图2 - 41所示。常见的功分器如图 2 - 42 所示。

(a) 一分二功分器　　　　(b) 一分三功分器　　　　(c) 一分四功分器

图 2 - 42　常见功分器

在 2.5 节介绍的定向耦合器也是一种功率分配器。在数目较少的功分电路中也可用定向耦合器作为功分器。但定向耦合器的结构较复杂，其功率分配的比值又往往与频率有关，而在较复杂的功率分配电路中(特别是微带电路)所需元件较多，故应采用结构比较简单的功分器。

微波大功率功分器采用波导或同轴结构，微波中小功率功分器则可采用微带线结构。对功率分配器的基本要求是输出功率按一定的比例分配、各输出端口之间互相隔离及各输入/输出端口必须匹配等。

2.7.1　功率分配器的工作原理

以一分二功分器为例说明其工作原理。

一分二功分器是三端口网络，如图 2 - 41 所示。信号输入端(端口 1)的输入功率为 P_1，其他两个输出端(端口 2 及端口 3)的输出功率分别为 P_2 及 P_3。当无损耗分配功率时，由能量守恒定律可知 $P_1 = P_2 + P_3$。对于一分二功分器网络来说，并不要求 P_2 一定要等于 P_3，但是在实际电路中最常出现的是 $P_2 = P_3$ 的功分器。这种功分器称为等功分器。

2.7.2　功率分配器的主要技术指标

功分器的主要技术指标包括：功率分配比、隔离度、端口电压驻波比、功率容量、分配损耗、插入损耗以及幅度平衡度与相位平衡度等。

1. 功率分配比

功分器的功率分配比决定其输出端口的功率分配比例，根据不同的功率分配比，功分器可分为等分型($P_2 = P_3$)和比例型($P_2 = kP_3$)两类。

2. 隔离度

功分器支路端间的隔离度表示在主路和支路匹配的条件下，从一个输出端口输入的信号功率与另一个输出端口测量得到的输出功率之比，用 dB 表示。该指标用于衡量功分器输出端口之间相互影响的程度。设计功分器时，要求隔离度越大越好。

3. 端口电压驻波比

功分器输入端口和输出端口的电压驻波比直接反映各端口的匹配特性，该指标越小越好。

4. 功率容量

功率容量表示功分器所能承受的最大功率。该指标是功分器设计的重要指标，在设计中需要根据功率容量的大小确定电路类型及材料，才能决定采用什么形式的传输线实现功率容量的指标。

5. 分配损耗

功分器的分配损耗定义为信号功率从输入端口分配到输出端口的传输损耗，即输入端口输入的信号功率与传输到输出端口的信号功率之比。对于等功率分配而言，如理想的二等分功分器的分配损耗为 3 dB，而理想的四等分功分器的分配损耗为 6 dB。

6. 插入损耗

功分器的插入损耗为所有路数的输出功率之和与输入功率的比值，或单路的实际直通损耗减去理想的分配损耗。

插入损耗是在考虑了传输线介质或导体不理想以及输入端驻波比带来的影响后引入的指标。

7. 幅度平衡度和相位平衡度

幅度平衡度指频带内所有输出端口之间的幅度误差最大值；相位平衡度指频带内所有输出端口之间相对于输入端口信号相移量的起伏程度。

2.7.3　集总参数等分型功分器

根据电路使用元件的不同，集总参数等分型功分器可分为电阻式、L-C 式功分器。

电阻式功分器仅利用电阻就可实现，按结构可分成△形及 Y 形，如图 2-43 所示。其中 Z_0 为传输线特性阻抗值。

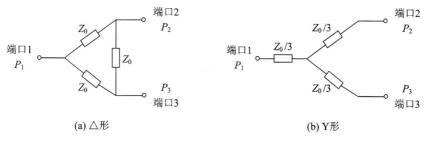

(a) △形　　　　　　　　　　　　(b) Y形

图 2-43　电阻式功分器结构

电阻式功分器的优点是频带宽、布线面积小、设计简单，缺点是功率衰减较大(6 dB)。

L-C 式功分器由电感、电容组成电路，按结构可分成高通型和低通型，等效电路如图 2-44 所示。L-C 低通型功分器各参数的计算公式如下：

$$\begin{cases} L_s = \dfrac{Z_0}{\omega_0 \sqrt{2}} \\[2mm] C_p = \dfrac{1}{\omega_0 Z_0} \\[2mm] \omega_0 = 2\pi f_0 \end{cases} \qquad (2-3)$$

其中：f_0 为工作频率；Z_0 为电路特性阻抗；L_s 为串联电感；C_p 为并联电容。

$L-C$ 高通型功分器各参数的计算公式如下：

$$\begin{cases} L_p = \dfrac{Z_0}{\omega_0} \\[2mm] C_s = \dfrac{\sqrt{2}}{\omega_0 Z_0} \\[2mm] \omega_0 = 2\pi f_0 \end{cases} \quad (2-4)$$

其中：f_0 为工作频率；ω_0 为工作频率对应的角频率；Z_0 为电路特性阻抗；L_p 为并联电感；C_s 为串联电容。

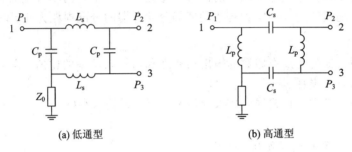

(a) 低通型 (b) 高通型

图 2-44　$L-C$ 型等功分器等效电路

2.7.4　分布参数功分器

在实际的工程中，常采用微带线形式即传输线型功分器，大功率条件下则经常采用波导、空气带状线或空气同轴线形式功分器。

最早的混合功分器是威尔金森（Wilkinson）在 1960 年提出的，此后被广泛应用于微波电路中。威尔金森功分器是分布参数功分器的基本结构，其物理尺寸与其工作频率的波长成比例，工作频率越低，尺寸越大。

威尔金森等功分器结构如图 2-45 所示。图中，$P_2 = P_3 = P_1/2$，Z_0 为特性阻抗，λ_p 为输入信号在微带线中的相波长，$R = 2Z_0$ 为隔离电阻，信号从端口 1 输入，从端口 2、端口 3 等功率输出，隔离电阻上电流为零，不吸收功率。

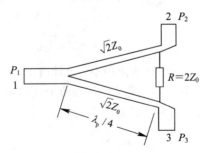

图 2-45　威尔金森等比功分器结构示意图

2.8　微 波 谐 振 器

在低频电路中采用集总参数 LC 谐振回路来作为储能和选频元件。随着频率的升高，辐射损耗、导体损耗以及介质损耗都会急剧增大，从而使谐振回路的品质因数大大降低，选频特性变差；随着频率的升高，电感量 L 和电容量 C 将愈来愈小，体积也愈来愈小，致使电感器和电容器，因机械强度变差而易击穿，并使振荡功率变小。因此集总参数 LC 谐振回路不能用在微波频段作为储能和选频元件。

为了克服上述缺点，必须采用封闭式的微波谐振器（又称谐振腔）来作为储能和选频元件。可以将这种谐振器定性看成是由集总参数 LC 谐振回路演变而来的，如图 2-46 所示。

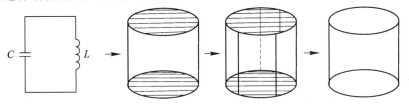

图 2-46　集总参数 LC 谐振回路演变为圆柱谐振器示意图

微波谐振器主要有两大类：传输线型谐振器和非传输线型谐振器。传输线型谐振器一般是一段两端开路或短路的传输线，例如矩形谐振器、圆柱谐振器、同轴谐振器、带状线谐振器和微带谐振器等；而非传输线型谐振器一般是一种特殊形状的谐振器，主要用于各种微波电子管（如速调管、磁控管）的腔体。

2.8.1　微波谐振器的基本参量

1. 微波谐振器和 LC 谐振回路的电磁能量关系

微波谐振器的电磁能量关系和集总参数 LC 谐振回路的能量关系有许多相似之处。图 2-47(a)所示为集总参数 LC 谐振回路及回路中电磁能量随时间变化的分布曲线，其中 $W_M(t)$ 为磁场能量随时间 t 的变化曲线，$W_E(t)$ 为电场能量随时间 t 的变化曲线。图 2-47(b)所示为同轴谐振器及其电磁能量的分布曲线，其中 l 为谐振器长度，E 为电场强度，H 为磁场强度。

图 2-47(a)中当 LC 谐振回路谐振时，电场能量集中在电容器中，磁场能量集中在电感器中。当电场能量达到最大时，磁场能量为零，反之亦然。而图 2-47(b)所示为两端短路的同轴线，电磁场在同轴线的整个空间呈驻波分布。当电场能量达到最大时，磁场能量最小；反之亦然。无论是 LC 谐振回路还是微波谐振器，在谐振状态下，存储的电磁能量随时间相互转换，其振荡过程就是电磁能量的转化过程。

但微波谐振器和 LC 谐振回路也有许多不同之处。LC 谐振回路是集总参数回路，其电场能量集中在电容器中，磁场能量集中在电感器中；而微波谐振器是分布参数回路，其电场能量和磁场能量是空间分布的。LC 谐振回路只有一个谐振频率，而微波谐振器一般有无限多个谐振频率。微波谐振器可以集中较多的能量，且损耗较小，因此它的品质因数远大

于 LC 谐振回路的品质因数。

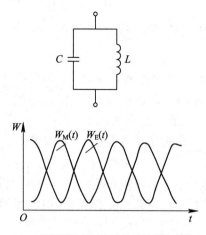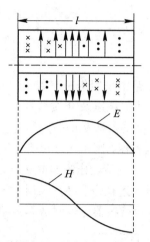

(a) LC谐振回路及其电磁能量的分布曲线　　(b) 同轴谐振器及其电磁能量的分布曲线

图 2-47　LC 谐振回路与同轴谐振器

普通集总参数 LC 谐振回路常采用 L、C 和 R 作为基本参量,这是因为能直接测量这些参量,且可以由其导出谐振回路的其余参量,如谐振频率 f_0、谐振回路的品质因数 Q_0 等。微波谐振器主要有两个基本参量:谐振频率 f_0、谐振回路的品质因数 Q_0。

2. 谐振频率 f_0

谐振频率 f_0 是指谐振器中电磁场发生谐振的频率,它是描述谐振器中电磁能量振荡规律的参量。当电磁场发生谐振时,谐振器内电场能量和磁场能量自行彼此转换,故谐振器内总的电纳为 0。当谐振腔内场强最强或电场能量与磁场能量幅值相等时,可求出其谐振频率。

3. 品质因数 Q

品质因数 Q 是谐振器的一个基本特性参数,Q 值的大小与谐振器的损耗有关。无论是 LC 谐振回路还是微波谐振器,Q 都是用来描述谐振腔频率选择性的能力高低及反映腔体损耗大小等特性的,其定义为

$$Q = 2\pi\,\frac{谐振器内的储能}{谐振器在一个周期内的耗能} = \omega_0\,\frac{W}{P_1} \qquad (2-5)$$

式中,W 为谐振时谐振腔内电能与磁能的总和,P_1 为谐振系统的损耗功率。

注意:P_1 应分为两部分,一部分是谐振腔腔壁电流引起的焦耳热损耗及腔内的介质损耗;另一部分是谐振腔与负载耦合时将能量耦合给负载所引起的"损耗"。这样定义的 Q 称为有载品质因数。若 P_1 不包括谐振腔耦合给负载的能量,则这样定义的 Q 称为无载品质因数。谐振腔内的介质损耗远小于焦耳热损耗,一般忽略不计。

2.8.2　同轴谐振腔

利用同轴线中的驻波振荡构成的谐振腔称为同轴谐振腔。谐振时,同轴线尺寸需满足:

$$a + b < \frac{\lambda_{\min}}{\pi} \qquad (2-6)$$

式中,a、b 分别为同轴线内、外导体半径,$\lambda_{\min}$ 为可以单一传输 TEM 波的最短波长。

同轴谐振腔具有振荡模式最简单、工作稳定、工作频带宽等优点。它既可作为微波三极管的振荡回路，又可作为波长计和混频器的谐振回路。

常用的同轴谐振腔有 $\lambda/4$ 同轴谐振腔、$\lambda/2$ 同轴谐振腔和电容加载同轴谐振腔，分别如图 2-48(a)、(b) 和 (c) 所示，图中 d、D 分别为同轴线内、外径。

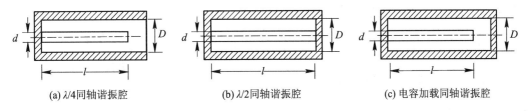

(a) $\lambda/4$ 同轴谐振腔　　　　　(b) $\lambda/2$ 同轴谐振腔　　　　　(c) 电容加载同轴谐振腔

图 2-48　不同类型的同轴谐振腔剖面图

1. $\lambda/4$ 同轴谐振腔

将同轴线一端短路，另一端开路，同轴腔长度 l 取 $\lambda/4$ 的奇数倍，就构成了 $\lambda/4$ 同轴谐振腔。实际工程中，$\lambda/4$ 同轴谐振腔的开路端常用同轴腔的外导体延长形成的一段圆波导来减少辐射损耗。其谐振频率可采用电纳法分析。由图 2-48(a) 所示的 $\lambda/4$ 同轴谐振腔结构可以得到谐振波长为

$$\lambda_0 = \frac{4l}{2n-1} \quad (n = 1,\ 2,\ 3,\ \cdots) \tag{2-7}$$

可见，当同轴腔的长度一定时，每对应一个 n 值就有一个谐振波长，即对应于一种模式，这就是同轴谐振腔的多谐特性。图 2-49(a) 和图 2-49(b) 分别为 $n=1$ 和 $n=2$ 的两种振荡模式的场分布示意图。

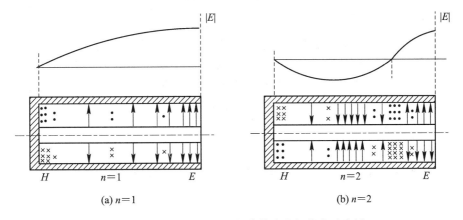

(a) $n=1$　　　　　　　　　　　　　(b) $n=2$

图 2-49　$\lambda/4$ 同轴谐振腔振荡模式的场分布示意图

$\lambda/4$ 同轴谐振腔品质因数的计算公式为

$$Q = \frac{D}{\delta} \frac{\ln \dfrac{D}{d}}{1 + \dfrac{D}{d} + \dfrac{4D}{\lambda_0} \ln \dfrac{D}{d}} \tag{2-8}$$

式中，δ 为趋肤厚度。式 (2-8) 表明 $\lambda/4$ 同轴谐振腔的品质因数是同轴线外、内直径之比 D/d 的函数。

2. λ/2 同轴谐振腔

将同轴线两端短路，就构成了 λ/2 同轴谐振腔，其谐振波长为

$$\lambda_0 = \frac{2l}{2n-1} \quad (n = 1, 2, 3, \cdots) \tag{2-9}$$

3. 电容加载同轴谐振腔

如图 2-48(c)所示的电容加载同轴谐振腔，其一端短路，另一端的内导体端面与外导体短路面之间形成一个集总电容，故称为电容加载同轴谐振腔。由于电容的加载，相比 λ/4 同轴谐振腔，它可缩短谐振腔的长度。

2.8.3 矩形谐振腔

矩形谐振腔是由一段两端短路的矩形波导构成的，如图 2-50(a)所示，它的宽边尺寸为 a，窄边尺寸为 b，长度为 l。

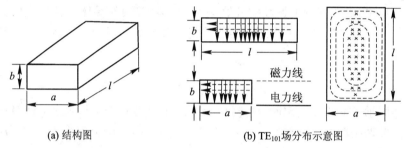

(a) 结构图　　　　　　　　(b) TE$_{101}$场分布示意图

图 2-50　矩形谐振腔结构及其场分布

1. 振荡模式及其场分布

对矩形谐振腔中场分布的分析，可借助于矩形波导中传输模式的场分布来求解，使它满足 $z=0$ 和 $z=l$ 两个短路面的边界条件，即可求得矩形谐振腔中的场分布。矩形波导中的传输模式有 TE 模和 TM 模，相应矩形谐振腔中同样有 TE 振荡模和 TM 振荡模，分别以 TE$_{mnp}$ 和 TM$_{mnp}$ 表示，其中下标 m、n 和 p 分别表示场分量沿波导宽壁、窄壁和长度上分布的驻波数，最低振荡模式为 TE$_{101}$，其场分布如图 2-50(b)所示。

2. 谐振波长

矩形谐振腔谐振条件与 λ/2 同轴谐振腔相同，但由于波导中传输的波是色散波，故波长应指波导长 λ_g，即

$$l = \frac{p}{2}\lambda_g \quad (p = 1, 2, \cdots) \tag{2-10}$$

而

$$\lambda_g = \frac{\lambda_0}{\sqrt{1 - \left(\dfrac{\lambda_0}{\lambda_c}\right)^2}} \tag{2-11}$$

将式(2-11)代入式(2-10)，便得到矩形谐振腔谐振波长计算公式：

$$\lambda_0 = \frac{1}{\sqrt{\left(\dfrac{1}{\lambda_c}\right)^2 + \left(\dfrac{p}{2l}\right)^2}} \tag{2-12}$$

式中：λ_c 为波导中相应模式的截止波长。式(2 – 12)也适用于所有圆柱形波导谐振腔。对于矩形谐振腔，将矩形波导截止波长公式(1 – 47)代入式(2 – 12)，则有矩形谐振腔谐振波长计算公式：

$$\lambda_0 = \frac{2}{\sqrt{\left(\dfrac{m}{a}\right)^2 + \left(\dfrac{n}{b}\right)^2 + \left(\dfrac{p}{l}\right)^2}} \tag{2-13}$$

把 $m=1$、$n=0$ 和 $p=1$ 代入式(2 – 13)，便得 TE_{101} 模的谐振波长为

$$\lambda_0 = \frac{2al}{\sqrt{a^2 + l^2}} \tag{2-14}$$

当波导尺寸满足 $b < a < l$ 时，TE_{101} 模的谐振波长 λ_0 最长，故此时为最低振荡模式。由式(2 – 13)可知，相同 m、n 及 p 的 TE 振荡模和 TM 振荡模的谐振波长相等，故 TE 振荡模和 TM 振荡模互为简并模。

2.8.4 圆柱形谐振腔

圆柱形谐振腔是一段长度为 l、两端短路的圆波导。这种谐振腔结构简单、加工方便、Q 值高，在微波技术中得到了广泛的应用。

圆柱形谐振腔中场分布分析方法和谐振波长的计算公式与矩形谐振腔相同，唯一不同的是截止波长 λ_c 的表达式。圆柱形谐振腔谐振波长计算公式为

$$\lambda_0 = \frac{1}{\sqrt{\left(\dfrac{1}{\lambda_c}\right)^2 + \left(\dfrac{p}{2l}\right)^2}} \tag{2-15}$$

圆柱形谐振腔中最常用的三个振荡模为 TM_{010} 模、TE_{111} 模和 TE_{011} 模，其场分布分别如图 2 – 51(a)、(b)和(c)所示。

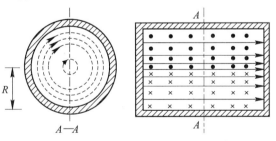

(a) TM_{010} 模

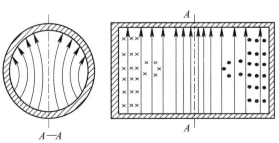

(b) TE_{111} 模

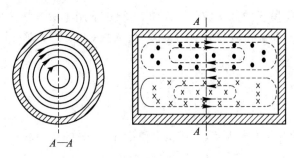

(c) TE$_{011}$模

图 2-51　圆柱形谐振腔及其场分布

下面分别讨论这三种振荡模的特点和应用。

1. TM$_{010}$振荡模

将圆波导中 TM$_{01}$波的截止波长 $\lambda_c = 2.62R$ 和 $p=0$ 一起代入式(2-15)，便可得到圆柱形谐振腔中 TM$_{010}$模的谐振波长 λ_0 的计算公式为

$$\lambda_0(\text{TM}_{010}) = 2.62R \tag{2-16}$$

由式(2-16)可见，谐振波长与谐振腔长度 l 无关，因此无法依靠改变谐振腔长度来实现谐振频率的调谐。通常在空腔的端面中央，放入一个长度可调的圆柱导体来实现调谐。

由于 TM$_{010}$模的圆柱形谐振腔场分布特别简单，而且有明显的电场和磁场的集中区，因此常用于参量放大器的振荡腔、测量介质参量用的微扰腔以及波长计等。

2. TE$_{111}$振荡模

将圆波导中 TE$_{11}$波的截止波长 $\lambda_c = 3.41R$ 和 $p=1$ 代入式(2-15)，便可得到圆柱形谐振腔中 TE$_{111}$模的谐振波长计算公式为

$$\lambda_0(\text{TE}_{111}) = \frac{1}{\sqrt{\left(\dfrac{1}{3.41R}\right)^2 + \left(\dfrac{1}{2l}\right)^2}} \tag{2-17}$$

当 $l > 2.1R$ 时，TE$_{111}$模的谐振波长最长，故该模的圆柱形谐振腔的体积较小，无干扰模的调谐范围较宽。但这种模式具有极化简并模，而且 Q 值比较低，故该振荡模只能用于中等精度的波长计。

3. TE$_{011}$振荡模

将圆波导中 TE$_{01}$波的截止波长 $\lambda_c = 1.64R$ 及 $p=1$ 代入式(2-15)，便可得到圆柱形谐振腔中 TE$_{011}$振荡模的谐振波长计算公式为

$$\lambda_0(\text{TE}_{011}) = \frac{1}{\sqrt{\left(\dfrac{1}{1.64R}\right)^2 + \left(\dfrac{1}{2l}\right)^2}} \tag{2-18}$$

显然它不是圆柱形谐振腔中的最低振荡模式，但它的品质因数较高，而且腔壁上只有 φ 方向的壁电流，这就使得损耗随频率的升高而降低；另一方面 TE$_{011}$振荡模的调谐活塞可以做成不接触式的，既便于制造，又便于抑制其他干扰模。

圆柱形谐振腔中 TE_{011} 振荡模的壁电流分布如图 2-52 所示。可以看出，空腔内的壁电流主要集中在圆柱面的中部，并没有纵向电流，所以腔壁上的损耗很小，空腔的品质因数很高。因此这种模式的圆柱形谐振腔广泛用于高 Q 波长计和稳频标准腔等。

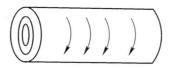

图 2-52　圆柱形谐振腔中 TE_{011} 振荡模的壁电流分布

2.9　微 波 滤 波 器

微波滤波器是微波系统中的重要元件之一，它是用来分离或组合各种不同频率信号的重要元件，在微波中继通信、卫星通信、雷达技术、电子对抗及微波测量中得到广泛的应用，如雷达接收机中的滤波器，其作用是抑制进入接收机的外部干扰，有时作为预选器。对于不同频段的雷达接收机，滤波器有可能放在射频放大器之前或之后。

滤波器的种类繁多。按功能分，有低通滤波器、高通滤波器、带通滤波器和带阻滤波器；按插入衰减频率特性的响应分，有最大平坦式滤波器、切比雪夫式滤波器和椭圆函数式滤波器；按传输线类型分，有波导滤波器、同轴线滤波器、带状线滤波器和微带线滤波器；按带宽分，有窄带滤波器、中等带宽滤波器和宽带滤波器等。

微波滤波器的主要技术指标有：

（1）截止频率 f_c 或频率范围 $f_1 \sim f_2$；

（2）通带内允许的最大插入衰减 $L_{Ar}(dB)$；

（3）阻带内最小衰减 $L_{AS}(dB)$ 及相应的阻带频率 f_a。

当 f_a 固定时，L_{AS} 愈大表示阻带的插入衰减频率特性曲线愈陡，性能愈好。

2.9.1　滤波器特性的表征方式

滤波器是具有频率选择性的二端口网络。滤波器输出的频率选择特性既可以用传输系数的频率特性来表示（简称为传输特性），也可用插入衰减 L 的频率特性来表示（简称为衰减特性）。按照衰减特性的不同，低频滤波器可以分为四类：低通滤波器、高通滤波器、带通滤波器和带阻滤波器。图 2-53 所示分别为全通电路和各种滤波器的梯形电路和相应的衰减特性。

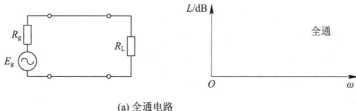

(a) 全通电路

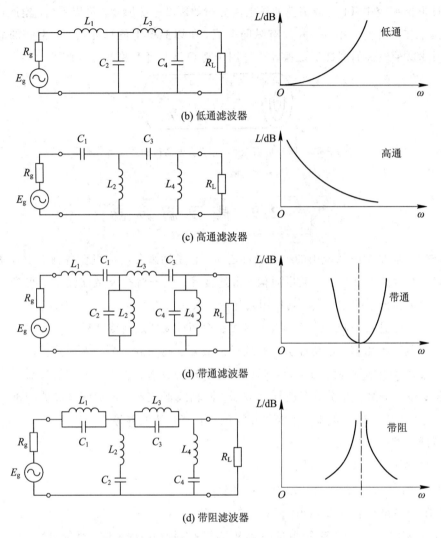

图 2-53　全通电路和各种滤波器的梯形电路及其衰减特性

　　低频滤波器的综合设计方法已经很成熟，针对低通原型滤波器的各种衰减特性已有一套完整的程序和图表。对于实际滤波器的设计，首先通过频率变换将实际滤波器的衰减特性转换成相应的低通原型滤波器的衰减特性，然后查图表找到相应的低通原型滤波器的电路结构和元件数值，最后再应用频率变换得到实际所需要滤波器的电路结构和元件数值。

2.9.2　滤波器的微波实现

　　微波滤波器的设计方法和低频滤波器基本相同，但由于微波波长短、频率高，因此必须要用分布参数元件来代替低频电路中的集总参数元件，而且必须检验由这些分布参数元件引起的寄生通带是否远离所需要抑制的频率。

　　图 2-53(b)所示低通滤波器梯形电路表明，微波低通滤波器需要实现串联电感和并联电容。下面介绍如何用传输线即分布参数的方式实现串联电感和并联电容。

　　(1) 传输线如图 2-54(a)所示，当传输线特性阻抗 Z_0 远大于终端负载 Z_L 时，这种传输

线称为高阻抗线。设传输线长度 $l<\lambda_g/8$，相移常数为 β，则输入阻抗为

$$Z_{in}(l)=Z_0\frac{Z_L+\mathrm{j}Z_0\tan\beta l}{Z_0+\mathrm{j}Z_L\tan\beta l}=Z_0\frac{\dfrac{Z_L}{Z_0}+\mathrm{j}\tan\beta l}{1+\mathrm{j}\dfrac{Z_L}{Z_0}\tan\beta l}\approx Z_L+\mathrm{j}Z_0\tan\beta l=Z_L+\mathrm{j}\omega L$$

式中 ω 为工作角频率。也就是说高阻抗线可等效为串联电感，如图 2-54(b) 所示。电感值与传输线参数之间的关系为

$$L=\frac{Z_0}{\omega}\tan\beta l \tag{2-19}$$

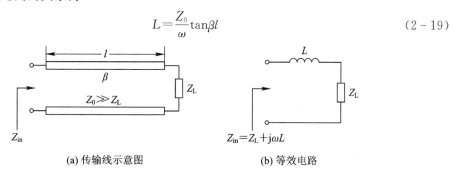

(a) 传输线示意图　　　　　(b) 等效电路

图 2-54　高阻抗线等效为串联电感

（2）传输线如图 2-55(a) 所示，当传输线特性阻抗 Z_0 远小于终端负载 Z_L 时，这种传输线称为低阻抗线。设传输线长度 $l<\lambda_g/8$，相移常数为 β，则输入导纳为

$$Y_{in}(l)=Y_0\frac{Z_0+\mathrm{j}Z_L\tan\beta l}{Z_L+\mathrm{j}Z_0\tan\beta l}=Y_0\frac{\dfrac{Z_0}{Z_L}+\mathrm{j}\tan\beta l}{1+\mathrm{j}\dfrac{Z_0}{Z_L}\tan\beta l}\approx\frac{1}{Z_L}+\frac{\mathrm{j}}{Z_0}\tan\beta l=\frac{1}{Z_L}+\mathrm{j}\omega C$$

也即低阻抗线可等效为并联电容，等效电路如图 2-55(b) 所示。电容值与传输线参数之间的关系为

$$C=\frac{1}{Z_0\omega}\tan\beta l \tag{2-20}$$

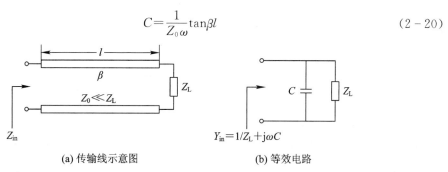

(a) 传输线示意图　　　　　(b) 等效电路

图 2-55　低阻抗线等效为并联电容

（3）图 2-56 为微带线低通滤波器结构示意图。窄线对应高阻抗线，实现串联电感，线宽分别为 W_1、W_3、W_5，对应线长分别为 l_1、l_3、l_5；宽线对应低阻抗线，实现并联电容，线宽分别为 W_2、W_4，对应线长分别为 l_2、l_4。高、低阻抗线相间连接，线的长度分别由所需的电感值和电容值决定。原则上，高阻抗线特性阻抗应尽量大，低阻抗线特性阻抗应尽量小，这样与对应集总参数的梯形电路接近程度会更好，但是也要考虑实际加工和结构上实现的可能性。对于同轴线，可取其高特性阻抗为 $100\sim150$ Ω、低特性阻抗为 $5\sim15$ Ω；对于微带线，由于其工艺和结构的限制，取值范围要更小一些，高阻抗线受限于制作工艺，一般

特性阻抗小于 120 Ω，低阻抗线受限于高次模，一般特性阻抗为 10～20 Ω。

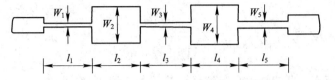

图 2-56　微带线低通滤波器结构示意图

（4）图 2-57 所示为同轴线低通滤波器结构及等效电路图，该滤波器由长度分别为 l_1、l_2、l_3、l_2、l_1 的五段粗细跳变的同轴线内导体构成，由于形状似葫芦，俗称"糖葫芦"滤波器。图 2-57(a)中，D、d 分别为同轴线外导体内直径和内导体直径，d_1 为粗同轴线直径。

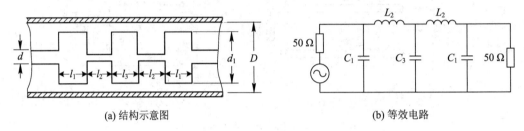

(a) 结构示意图　　　　　　　　　　　　(b) 等效电路

图 2-57　同轴线低通滤波器

由图 2-53 所示集总梯形电路可看出，对于带通和带阻滤波器，一个节点上会有三个谐振回路，且既有串联谐振回路，又有并联谐振回路，这在集总电路方式下容易实现，但对于用分布参数电路实现的微波滤波器来说，是个难题。因此，需要用到倒置变换器，即通过变换器，将所有的谐振回路都变为同一类型（串联谐振或并联谐振）且有相同的连接方式（并联或串联）。具体实现原理较复杂，本书仅给出常用电路结构。

（5）图 2-58 所示为微带分支线带通滤波器。在特性导纳为 Y_0 的主传输线上并联若干路特性导纳为 Y_{0i} 的半波长分支开路线，其间距均为 $\lambda_p/4$。$\lambda_p/2$ 分支开路线等效于一并联谐振回路，中间用长为 $\lambda_p/4$ 的主线连接。

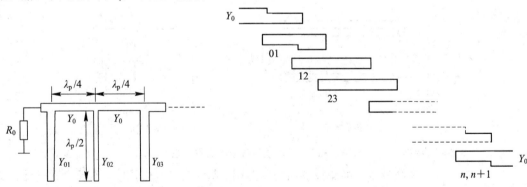

图 2-58　微带分支线带通滤波器示意图　　　　图 2-59　平行耦合微带线带通滤波器示意图

图 2-59 所示为平行耦合微带线带通滤波器，由 $n+1$ 个终端开路的 $\lambda_p/4$ 平行耦合线单元组合而成。

（6）图 2-60 为并联电感膜片耦合波导带通滤波器的结构示意图。图中，由电感膜片与两小段波导组合为变换器，中间半波长波导段作为串联谐振电路，l_k 为两相邻电感膜片间的间隔。

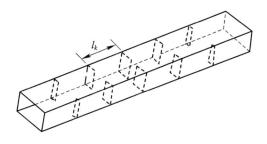

图 2-60　并联电感膜片耦合波导带通滤波器结构示意图

（7）图 2-61 所示为波导带阻滤波器，在主波导上等距相隔多个终端短路的 E-T 分支，各分支波导长度稍短于半波长，呈现容性，主波导与各分支线间用电感膜片耦合，故每个 E-T 分支等效于一并联谐振电路串接在主传输线上，各分支间为 $3\lambda_g/4$ 波导段，作为阻抗倒置器。

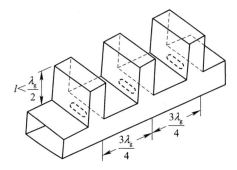

图 2-61　波导带阻滤波器

（8）图 2-62 为一电容耦合微带分支线带阻滤波器的结构示意图，长度稍小于 $\lambda_p/2$ 的开路微带分支线通过隙缝电容与主微带线相耦合，于是构成了串联谐振电路并接在主线上，各微带分支线间的 $\lambda_p/4$ 主微带线作为导纳倒置器。

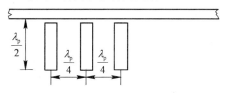

图 2-62　电容耦合微带分支线带阻滤波器结构示意图

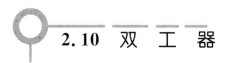

2.10　双　工　器

双工器是为了解决信号的收、发共用一副天线或者两个频段共用一副天线的问题而设计的微波器件。前者称为收发双工器，又称收发开关，后者称为频段双工器。

2.10.1　收发开关

收发开关在雷达前端发挥着重要作用。收发开关可等效为一个单刀双掷开关，它在雷达发射信号时接通天线与发射机而将天线与接收机的连接断开；待雷达发射信号结束，立刻接通天线与接收机而将天线与发射机的连接断开。通常要求收发转换时间非常短，一般为微秒数量级，以有效地保护接收机不被大功率脉冲损坏和尽量缩小雷达盲区，显然只有电子开关才能做到这一点。另外，无论是发射还是接收状态，均要求收发开关引起的损耗尽量小，一般在 1 dB 以内。

收发开关的良好性能由电气器件与开关结构共同保证。收发开关所用的电气器件有气体放电管、铁氧体器件及半导体器件等；收发开关的结构形式有分支波导、魔 T、3 dB 裂缝电桥等。

气体放电管利用气体(如氩气)在强微波场的作用下电离产生高频放电而形成电短路，其原理与空气中波导的击穿现象相似。若将放电管的输入端视为一个窗口，则该窗口对强信号是封闭短路的，而对弱信号是畅通的。气体放电管有收发放电管(TR 管)和反收发放电管(ATR 管)两种。其中 TR 管对强信号封闭短路而对弱信号呈匹配通过状态，但 ATR 管对强信号封闭短路而对弱信号呈开路状态，故又称 TR 管为接收机保护放电管，称 ATR 管为发射机阻塞放电管。

图 2-63 所示为一种利用 TR 管和 ATR 管构成的分支波导天线开关，图中靠近发射机一端的是一个与主波导相串联(即 E-T 分支)的 ATR 管，靠近天线一端的是一个与主波导相并联(即 H-T 分支)的 TR 管。该结构的等效电路如图 2-64 所示。

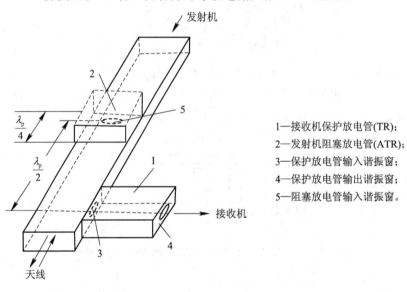

1—接收机保护放电管(TR)；
2—发射机阻塞放电管(ATR)；
3—保护放电管输入谐振窗；
4—保护放电管输出谐振窗；
5—阻塞放电管输入谐振窗。

图 2-63　分支波导天线开关

在图 2-64 中之所以将 TR 管画在离分支点 $\lambda_p/4$ 处，是为了保证在发射时 TR 管的短路效应让接收机分支线在分支点处呈现一并联无限大阻抗而不影响发射功率传向天线。发射时，大功率脉冲信号通过主波导，两放电管被点燃而封闭输入窗，发射信号功率经波导传至天线而不进入接收机。大功率脉冲信号通过后，两放电管均熄灭，经过一短暂(1 μs 左右)的恢复(消电离)时间，收发系统开始处于可接收状态。接收时，目标回波弱，两放电管均不会放电，TR 管已成通路，而 ATR 管由于其结构是在输入窗口后接一段 $\lambda_p/4$ 的终端短路波导构成的，因此其自然短路面(终端面)经 $\lambda_p/4$ 变换到输入窗口处为开路，又因该开路

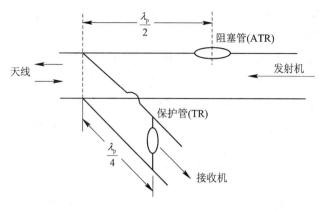

图 2-64　等效电路

阻抗是串接在主波导上的，故开路阻抗经 $\lambda_p/2$ 变换到 TR 管分支点处仍为开路，因此接收信号功率不进入发射机而全部传向接收机。当下一个发射脉冲信号到来时，又重复上述过程，完成天线的收发开关任务。

另一种只用 TR 管构成的收发开关如图 2-65 所示。它由两个魔 T(T_1 和 T_2)和一个环路组成，在环路的两臂中分别接入彼此错开 $\lambda_p/4$ 距离的 TR 管。两个魔 T 的臂号"1""2"代表其两主臂，"3"为 H 臂，"4"为 E 臂。其工作原理是：发射时，来自发射机的大功率脉冲信号从图 2-65 中左边第一个魔 T(T_1)的 H 臂输入，E 臂无输出，"1""2"两臂中有等幅同相的大功率信号传输，使两 TR 管放电短路产生全反射，由于两者位置错开 $\lambda_p/4$，因此反射波波程差为 $\lambda_p/2$，回到原魔 T 处的信号等幅反相，故其全部进入 E 臂的天线被发射出去。接收时，自天线进来的弱回波信号从 E 臂输入，H 臂无输出，"1""2"两臂中有等幅反相的小功率信号传输，穿过 TR 管到达图中右边第二个魔 T(T_2)，叠加后全部从 E 臂进入接收机。

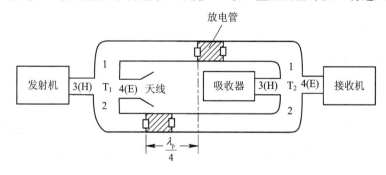

图 2-65　两个魔 T 和一个环路构成的天线收发开关示意图

图 2-65 所示收发开关电路的一大优点是能更有效地保护接收机，由魔 T 所造成的发射泄漏脉冲一方面可经过两次削弱(一次为 TR 的削弱，另一次为第二个魔 T(T_2)的削弱)，另一方面，两路泄漏脉冲信号在第二个魔 T(T_2)处同相叠加后不会进入接收机而只会进入吸收器被吸收掉。该电路的缺点是结构为立体分布，不紧凑。

一种克服上述缺点、结构紧凑的双生 TR 管收发开关如图 2-66 所示。在双生 TR 管的两端各接有一个 3 dB 裂缝电桥，在发射状态下(参见图 2-66(a))，来自发射机的强脉冲信号先经 3 dB 裂缝电桥等分为两个相位差为 $\pi/2$ 的电磁波向前传输，遇到 TR 管使之放电短路产生全反射，两电磁波均倒相一次，回到 3 dB 裂缝电桥各自又等分为两个相位差为 π/2 的电磁波向天线和发射机方向传输。由于两电磁波各自相位上的关系，因此在天线通道内的两个分波是等幅同相而叠加的，而在发射机通道内的两个分波是等幅反相而抵消的，故无信号功率返回发射机，发射信号功率几乎全部从天线辐射出去。漏过 TR 管的功率本已很小，再根据 3 dB 裂缝电桥的性质可知，两路漏波在吸收负载通道是同相叠加的而在接收机通道是反相抵消的，这就进一步保护了接收机。在接收状态下（参见图 2-66(b)），双生 TR 管对来自天线的弱回波信号不放电而成为回波信号的通道，整个过程与前述泄漏脉冲信号的行程相仿，但此时相位叠加的结果是使回波信号从天线全部传向接收机。

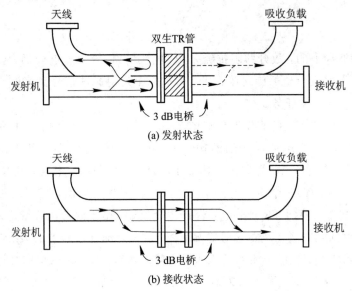

图 2-66　双生 TR 管收发开关

双生 TR 管收发开关除特性优良、结构紧凑外，工作频带也相当宽，一般可达 10%。20 世纪 60 年代开始出现了铁氧体型和二极管型收发开关。图 2-67 为一个不可逆铁氧体差相移式收发开关的原理示意图（有关铁氧体器件的讨论见 2.11 节）。该收发开关是一个四端口环行器，发射功率由端口 1（发射机）传送至端口 2（天线），接收信号从端口 2（天线）传送至端口 3（接收机）。端口 4 接吸收负载，它主要吸收来自发射机的泄漏脉冲信号，同时也吸收来自接收机不匹配反射的微波信号，防止其传向发射机和天线。

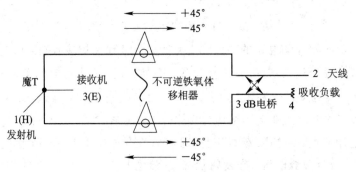

图 2-67　不可逆铁氧体差相移式收发开关原理示意图

该收发开关的工作原理是：在发射状态下，来自发射机的大功率信号由魔 T 的 H 臂输入，然后等分为两分臂中的同相波，因而无法进入 E 臂的接收机；两路分波分别经过两个不可逆的铁氧体移相器，下路分波相位超前 45°，上路分波相位滞后 45°，到达右端的 3 dB 裂缝电桥时，两路分波已有 90°的相差；根据 3 dB 裂缝电桥的性质可知，两路分波将在天线端口同相叠加后辐射出去，而在吸收负载端口两路分波反相抵消，几乎无输出；在接收状态下，由于来自天线的弱回波信号经 3 dB 裂缝电桥后等分为上、下两路分波，且下路分波相位滞后 90°，两路分波经两个不可逆的移相器后，下路分波相位比上路分波相位又相对滞后了 90°，故两路分波到达左端的魔 T 时是等幅反相的，只能从 E 臂进入接收机。

若采用相位差为 180°的两路铁氧体移相器，则图 2 - 67 中右端的 3 dB 裂缝电桥可换成魔 T。

铁氧体收发开关虽然少了气体放电管，却需要外加磁场，大功率下还需加散热装置，因此就电路结构和重量而言还是较笨重的，但由于它的损耗小，故在大功率雷达中仍有应用。

图 2 - 68 为 PIN 管差相移式收发开关原理示意图。发射信号和接收信号分别由左、右端魔 T 的 H 臂输入并同相地等分给两个边臂，其中一个边臂接有 PIN 管移相器。在发射状态下，开启零相移所在支路的 PIN 管，使其以近于零的相对相移并以很小的损耗将信号传送至右端的魔 T，两路信号在右端魔 T 的 H 臂叠加并传送至天线。在接收状态下，开启产生 180°相移的支路的 PIN 管，两路信号在左端魔 T 的 E 臂叠加并传送至接收机。PIN 管移相器的工作状态转换通过一个与雷达定时脉冲同步的激励器来实现，其转换时间可小于 1 μs。二极管型收发开关的损耗比气体放电管型或铁氧体型的损耗大，通常在 1～2 dB 范围以内。图 2 - 68 中的相位均衡器实际上是一段可调节长度的波导，用以调整上、下两路的机械相位平衡。

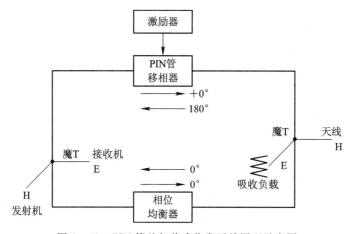

图 2 - 68　PIN 管差相移式收发开关原理示意图

2.10.2　频段双工器

频段双工器的作用是将不同频段的信号传输给同一传输线并借助同一副天线发射出去，同时将同一副天线接收的不同频段的信号分开，以便分别进行检测。这种双频段工作状态在雷达和通信技术中可提高抗干扰性和保密性。

我们最容易想到的是利用两个具有不同中心频率的带通滤波器进行频率的混合和分离。图 2-69 所示为一种带滤波器的频段双工器，波导宽边尺寸为 a。在接收状态下，从左端输入频率为 f_1 和 f_2 的两种信号，在主波导右端接入一个中心频率为 f_1 的带通滤波器，它能让频率为 f_1 的信号以很小的损耗通过，而对频率为 f_2 的信号呈现阻带特性，等效为并联短路，但经 $\lambda_{g2}/4$ 变换到分支处时，对频率为 f_2 的信号相当于并联开路，频率为 f_2 的信号通道可由此处开启。将频率为 f_2 的信号通道的第一个耦合孔做成很松的耦合，使其对频率为 f_1 的信号来说只引起很小的附加电纳，而不影响频率为 f_1 的信号向右传输，而从右端反射回来的频率为 f_2 的信号则通过耦合器从双腔分支波导构成的中心频率为 f_2 的带通滤波器输出。在发射状态下，来自发射机的频率分别为 f_1 和 f_2 的信号，通过各自的带通滤波器进入天线通道一起发射出去。

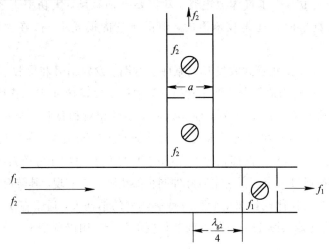

图 2-69　带滤波器的频段双工器示意图

应用极化隔离作用也可做成频段双工器。图 2-70 所示便是一种结构比较简单的利用圆波导作为混合传输线（通向天线）的频段双工器。在发射状态下，两矩形波导内分别传输来自发射机的频率分别为 f_1 和 f_2 的 TE_{10} 波，它们通过矩-圆过渡段或分支接头均在圆波导中激励起 TE_{11} 波，但因两个 TE_{11} 波的电场极化方向是相互垂直的，故彼此独立

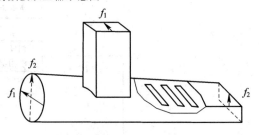

图 2-70　带圆波导的频段双工器

地传输至天线。在接收状态下，由圆波导传输来的两个极化方向互相垂直的 TE_{11} 波到达双工器时，频率为 f_1 的波的电场与上部矩形波导宽边相垂直，频率为 f_2 的波的电场与右端矩形波导宽边相垂直，它们分别在上边、右边两矩形波导中激励起 TE_{10} 波，并各自由此传输出去。为了阻止频率为 f_1 的波向右端传输，可在右端波导内放入方向与频率为 f_1 的波的电场平行的金属片或销钉，它将频率为 f_1 的波全部反射回来，同时由于加入的金属片或销钉与频率为 f_2 的波的电场垂直，故不影响频率为 f_2 的波的传输。另一方面，频率为 f_2 的波的电场与上部矩形波导的轴线平行，且对于轴线平面呈偶对称分布，所以也完全不能进入传输频率为 f_1 的波的矩形波导中。

2.11　微波铁氧体器件

微波铁氧体器件在雷达系统中得到了极其广泛的应用。那么，什么是铁氧体呢？它有什么特性呢？怎样用这些特性来做成各式各样的微波器件呢？本节定性地讨论这些问题。

2.11.1　铁氧体

铁氧体是一种黑褐色、非金属的铁磁性材料，最初由于其中含有铁的氧化物而得名，它是由二价金属锰、镁、镍、铜、锌等的化合物与 Fe_2O_3 烧结而成的。由于铁氧体的生产过程、外观及成品加工过程都类似于陶瓷材料，也具有很大的硬度和脆性，容易碰碎，所以铁氧体制成品又称磁性瓷。铁氧体主要分为软磁、硬磁、旋磁、矩磁和压磁五类。微波频段使用的是旋磁铁氧体，其磁导率为张量。

铁氧体的特点可总结为以下三点：

(1) 有半导体性。铁氧体具有比金属高的电阻率。当微波频率的电磁波通过铁氧体时，导电损耗是很小的，即微波能在铁氧体内传播。

(2) 有介电性。铁氧体在微波频段相对介电常数为 $10\sim20$，而且与一般介质相比，在高频下损耗较小。

(3) 有铁磁性。铁氧体类似于铁、镍、钴等金属，其相对磁导率可高达数千，且在外加恒定磁场作用下，它不再是一个标量，而是张量。这正是铁氧体能被做成微波频段许多特殊器件的原因。

2.11.2　纵向场和横向场

在实际工作中，人们都要给工作在微波频率下的铁氧体材料施加一个恒定磁场，记为 H_0，而交变的电磁波磁场记为 h。根据恒定磁场方向与电磁波传播方向的关系，可以分为以下两种情况。

(1) 纵向场。当电磁波的传播方向与外加恒定磁场的方向平行时，恒定磁场称为纵向场。

(2) 横向场。当电磁波的传播方向与外加恒定磁场的方向相垂直时，电磁波磁场称为横向场。

在实际应用中，上述这两种情况最为常见。在这两种情况下，铁氧体显示出一些很有价值的特性。恒定磁场可以由永久磁铁产生，也可以由通有直流电的线圈产生。

2.11.3　正圆极化波和负圆极化波

如果铁氧体中电磁波磁场的旋转方向与外加磁场 H_0 成左手螺旋关系，则称该电磁波表现为负圆极化波，如图 2-71(a) 所示；若两者成右手螺旋关系，则称该电磁波表现为正圆极化波，如图 2-71(b) 所示。注意，此处考察极化是以磁场分量为对象，而不是电场分量；

参考方向不是电磁波的传播方向而是外加恒定磁场方向。另外，任何磁场矢量垂直于 H_0 的线极化电磁波都可以分解为正负圆极化波的合成。将正圆极化波用 h^+ 表示，负圆极化波用 h^- 表示。

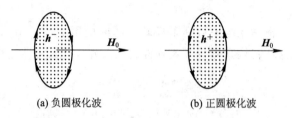

(a) 负圆极化波　　　　(b) 正圆极化波

图 2-71　负圆极化波与正圆极化波

2.11.4　微波铁氧体的磁导率

单个自由电子除带有电量外，其本身还以自旋的方式存在，因此，这个自旋的带电体既具有自旋动量矩又具有自旋磁矩。对铁氧体材料施加恒定磁场 H_0，并让电磁波在其中传播，铁氧体中的自旋电子将受到外加磁场 H_0 及交变磁场 h 的共同作用，即受合成磁场 $H = H_0 + h$ 的作用。由于 H 对自旋磁矩的作用会引起电子自旋动量矩的变化，而自旋动量矩的变化又会影响自旋磁矩，因此，电磁波在有外加恒定磁场的铁氧体中传播时，其磁化强度的变化是复杂的。在微波工作频率下，铁氧体材料对正圆极化波和负圆极化波的磁导率 μ^+ 与 μ^- 随外加恒定磁场 H_0 的变化曲线如图 2-72 所示。

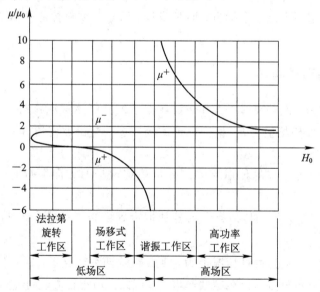

图 2-72　铁氧体对正、负圆极化波呈现的磁导率随外加恒定磁场的变化曲线

分析图 2-72 可以得出以下重要结论：

（1）根据恒定磁场的大小可以将其分为低场区和高场区，不同场区 μ^+ 与 μ^- 变化很大，根据不同变化，又可细分为法拉第旋转工作区、场移式工作区、谐振工作区及高功率工作区。

（2）当不加恒定磁场，即 $H_0 = 0$ 时，铁氧体对正、负圆极化磁场所呈现的磁导率 μ^+ 和 μ^- 相等，铁氧体和普通均匀媒质一样。

（3）在场移式工作区，$\mu^+ < 0 < \mu^-$，此时，由于 $\mu^+ < 0$，正圆极化波将很难在铁氧体中存在，即正圆极化波将被排挤出铁氧体。

（4）在谐振工作区，$\mu^+ \to \infty$，$\mu^- > 0$，此时发生磁共振，铁氧体将大量吸收正圆极化波的能量，而负圆极化波仍可以顺利地在铁氧体中传播。

（5）在高场区，$0 < \mu^- < \mu^+$，正、负圆极化波均能顺利地在铁氧体中传播，但由于 $\mu^- < \mu^+$，正圆极化波的传播速度将小于负圆极化波的传播速度。

2.11.5　微波铁氧体对电磁场的特殊作用

1. 法拉第旋转效应

前面已讲过，一个角频率为 ω 的线极化波可以分解为两个角频率仍为 ω、幅度相等、旋转方向相反的正、负圆极化波。如果加在铁氧体上的恒定磁场强度合适，使得 $0 < \mu^+ < \mu^-$，则当正、负圆极化磁场分量沿恒定磁场方向传播一段距离 l 时，它们的相位变为

$$\varphi^+ = \omega t - \omega l \sqrt{\mu^+ \varepsilon} \qquad (2-21)$$

$$\varphi^- = \omega t - \omega l \sqrt{\mu^- \varepsilon} \qquad (2-22)$$

在 $z = l$ 处，正、负圆极化磁场分量合成的结果仍为一线极化磁场。但由于 $\mu^+ < \mu^-$，即合成的线极化磁场的极化方向向正圆极化波的旋转方向转过一个角度 θ，如图 2-73 所示，有

$$\theta = \frac{\varphi^+ - \varphi^-}{2} = \frac{1}{2} \omega l (\sqrt{\mu^- \varepsilon} - \sqrt{\mu^+ \varepsilon}) \qquad (2-23)$$

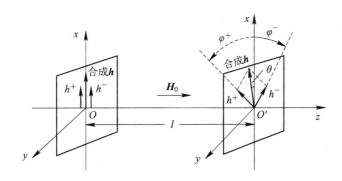

图 2-73　铁氧体中法拉第旋转效应的图解

显然，当 $\mu^+ > \mu^- > 0$ 时，线极化电磁波在铁氧体中传播也将发生法拉第旋转效应，但其旋转角 θ 偏向负圆极化波旋转方向。当工作频率和铁氧体的长度 l 固定之后，只能调节 H_0 的大小来改变右旋角度 θ 的大小，旋转角 θ 称为法拉第旋转角。这种由于 $\mu^+ \neq \mu^-$ 而使得线极化波的极化方向随电磁波在铁氧体中传播而不断旋转的现象称为法拉第旋转效应，它具有不可逆性，是铁氧体在恒定磁场作用下所表现的一种可贵特性。利用这一特性，可以制作法拉第旋转移相器、衰减器等器件。

2. 场移效应

当 TE_{10} 波在矩形波导中传输时,距离宽壁适当距离处的交变磁场就构成了一个圆极化波。电磁波的传播方向不同,圆极化波旋向不同。如果在该处放一铁氧体,并外施恒定磁场 H_0 垂直于宽壁,调整 H_0 的大小使铁氧体工作于场移式工作区,即 $\mu^+ < 0 < \mu^-$,则对正向正圆极化波,由于 $\mu^+ < 0$,铁氧体起排挤电磁波的作用,因此正圆极化波向空气中偏移;对于负向负圆极化波,由于 $\mu^- > \mu_0$,铁氧体起吸引电磁波的作用,因此负圆极化波向铁氧体偏移。铁氧体能改变矩形波导中交变电磁场分布的这种效应称为场移效应,如图 2-74 所示。

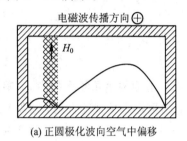 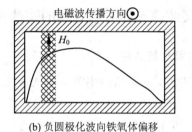

(a) 正圆极化波向空气中偏移　　　　　　(b) 负圆极化波向铁氧体偏移

图 2-74　场移效应示意图

3. 铁氧体的谐振吸收特性

当外加恒定磁场 H_0 的方向垂直于电磁波传播方向时,即横向场情况下,若恒定磁场 H_0 大小为谐振点,则铁氧体对正圆极化波产生强烈吸收效应,而负圆极化波仍可以顺利地在铁氧体中传播。这种现象称为铁磁共振,又称铁磁共振吸收特性。

综上所述,在外加恒定磁场作用下的铁氧体,对电磁波的传播具有许多可贵的特性,从而可以制作各式各样的铁氧体器件。

2.11.6　锁式波导移相器

移相器在雷达中最重要的应用是用于相控阵天线。相控阵雷达有很多个单元,而几乎每个单元都要用一个移相器,因此,移相器的性能和成本极大地影响着雷达的性能和成本。移相器主要分为铁氧体移相器和半导体移相器两类。铁氧体移相器主要用于高频段工作,频率可从 S 频段到 Ku 频段,与半导体移相器相比,它在高频段能承受较高的峰值功率,但在低频段却受到体积大及材料低频损耗大的限制。半导体移相器主要用于 S 频段以下频率,其优点是温度稳定性好、速度快、体积小,但它在高频段工作时受峰值功率的限制,易击穿、可靠性差。这两类移相器都已在相控阵雷达中得到了普遍应用。

任取一段波导就可作为一个移相器使用,只不过这个移相器是互易的,且不改变波导长度而要改变相移量是比较麻烦的。利用铁氧体的某些特性可构成非互易的移相器,如法拉第旋转式移相器、H 面移相器、锁式波导移相器、背脊式波导移相器等,这类移相器在一定范围内调节相移量也比较方便。本节主要介绍锁式波导移相器。

锁式波导移相器结构如图 2-75(a) 所示,横截面如图 2-75(b) 所示,矩形波导中置一铁氧体环，环中填充电介质，介质中心通一金属导线，导线从波导两端引出（与波导壁绝缘），接上电源，通以电流给环形铁氧体提供环形恒定磁场 H_0，如图 2-76(c) 和 2-76(d)所示。注意：第一，与 H_0 相垂直的电磁波磁场分量才能使铁氧体产生旋磁特性，故上、下两铁氧体片不影响差相移量；第二，左、右两铁氧体片的磁化方向虽然相反，但它们对称地排列在矩形波导宽壁中心线的左右两侧，分别处于旋向相反的右、左圆极化区，对于某一方向传输的微波信号，相对于各自的 H_0 方向，两者是具有相同旋向的圆极化波，故对正向波同时呈现 μ^- 值，而对反向波同时呈现 μ^+ 值，即能产生差相移。该结构除能解决漏磁问题外，还可提高差相移量。

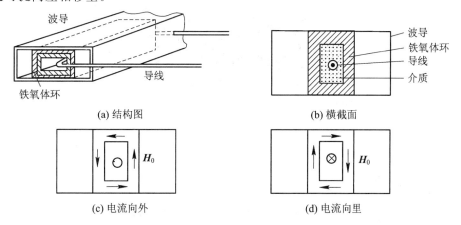

(a) 结构图　　　　　　　　　　(b) 横截面

(c) 电流向外　　　　　　　　　(d) 电流向里

图 2-75　锁式波导移相器

锁式移相器采用的块状铁氧体材料具有一种近似于矩形的磁滞回线，如图 2-76 所示，图中 B_r 为剩磁，B_s 为饱和磁感应强度，H_c 为矫顽力，即铁氧体中的磁感应强度为零时，所需退磁磁场强度。锁式移相器由沿轴向导线通过的脉冲电流来实现移相。由于磁滞回线近似于矩形，剩磁很大，故脉冲电流通过后，铁氧体能维持其所激励的直流磁化强度，直至下一脉冲电流来改变其状态为止，因而称为锁式移相器。

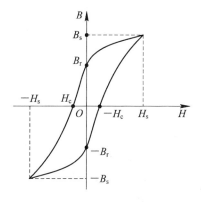

图 2-76　铁氧体磁滞回线

对于通过的微波信号，其右、左圆极化波的相位常数分别为 β^- 和 β^+，差相移为 $\Delta\varphi=(\beta^- - \beta^+)l$，其中 l 为铁氧体长度。$\Delta\varphi$ 的大小可通过选择铁氧体材料和所填电介质的电介特性或通过调节铁氧体环的厚度、B_r的大小以及铁氧体环的长度等诸因素使其为某一固定值，如图 2-77 所示共有置于波导中的 4 段铁氧体，分别实现 22.5°、45°、90°、180°的相移量，相邻铁氧体间以介质层隔开，为了减小反射，在整个铁氧体段的前后都加有匹配段。若将这些具有不同相移量的单节铁氧体移相器级联组合并控制导线上电流方向，便可构成数字式锁式移相器，可分别产生步长为 22.5°的 16 种不同的相移量：22.5°、45°、67.5°、…、337.5°、360°。铁氧体数字移相器如图 2-77 所示。

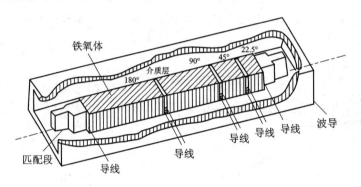

图 2-77　铁氧体数字移相器

2.11.7　铁氧体环行器

　　环行器是一种具有若干分支的元件。理想环行器应具有这样的特性：从某一分支输入的能量，只能依次传输到另一分支，而不能传输到其他分支，因而各分支中的能量是按照某种顺序"环转"的。图 2-78(a)所示为一四端口环行器，除四端口环行器外，还有三端口或多于四端口的环行器。另外，两个环行器连接起来还可构成另一个更多端口的环行器，如图 2-78(b)所示。

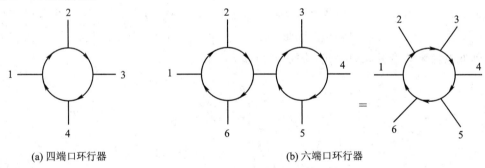

(a) 四端口环行器　　　　　　(b) 六端口环行器

图 2-78　环行器示意图

　　环行器的指标有正向插入损耗、隔离度、频带宽度、输入电压驻波比及功率容量等。

　　环行器主要有差相移环行器和 Y 结环行器两种。

　　差相移环行器如图 2-79 所示，由两个魔 T 和一个差相移器构成。图 2-79 中包括有两个魔 T(魔 T1 和魔 T2)，它们分别由波导臂 A、B 相连接，其中 A 臂没有接差相移器，B 臂接有一只差相移量为 180°的 H 面移相器 C。当微波信号从"1"臂输入时，经魔 T1 后被等分为两路信号沿波导臂 A、B 传输，各自产生 φ 的相移后到达魔 T2 时正好同相，于是从"2"臂输出；若由"2"臂输入信号，则经魔 T2 等分后的两路信号，在 A 臂仍产生 φ 的相移，而在 B 臂产生 $180° + \varphi$ 的相移，致使两路信号到达魔 T1 时正好反相，而从"3"臂输出。同理，信号从"3"臂输入时只能在"4"臂输出，信号从"4"臂输入时只能在"1"臂输出。

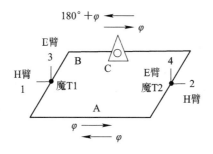

图 2-79　差相移环行器示意图

图 2-79 所示实质上为一个四端口环行器。另外若将图 2-79 中的"4"臂接雷达发射机，"1"臂接天线，"2"臂接接收机，"3"臂接功率匹配负载，则该环行器便可作为雷达天线的收发开关。该差相移环行器主要用于大功率微波收发系统中，而在中小功率微波系统中常常采用的是三端口环行器，称为 Y 结环行器，有波导型、带状线型和微带型等。

带状线型 Y 结环行器的基本结构如图 2-80 所示。图中三条带线的中心导体带按间隔 120° 连接于一中心导体圆盘上，此盘上下皆有铁氧体盘，铁氧体受到外加偏磁场 H_0 的作用。三条带线可以通过四分之一波长变换器与结连接以取得匹配。结的区域(包括中心导体圆盘以及上下铁氧体和外导体)相当于一个谐振腔或谐振器，从某一带线的中心带输入的高频电磁波在结区域激发某种驻波。

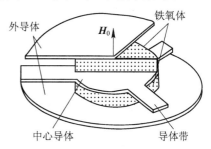

图 2-80　带状线型 Y 结环行器的基本结构

图 2-81(a)所示为带状线型 Y 结环行器的驻波图形，图中 1、2、3 指三条带线，当铁氧体中外加偏磁场 H_0 等于零时，电磁波从"1"输入，"2"和"3"的输出等量，没有环行作用。若铁氧体中外加偏磁场 H_0 不为零，则进入铁氧体中的电磁波信号将发生法拉第旋转，使场图形的方位发生变化，若 H_0 的大小及方向合适，则图形变为图 2-81(b)所示的方位，即与 $H_0 = 0$ 时的方位成 30° 角，这时，电磁波从"1"输入，"2"有输出，"3"无输出，产生了环行作用。

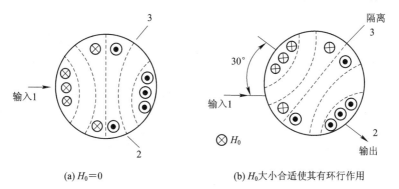

(a) $H_0 = 0$　　　　　　　　　(b) H_0 大小合适使其有环行作用

图 2-81　带状线型 Y 结环行器中的驻波图形

差相移高功率环行器一般用于雷达双工器，如图 2-82(a)所示，功率源的发射信号和接收信号用同一天线工作。图 2-82(b)所示为环行器用于微波功率源与输出负载之间的隔离，以减少负载反射波对功率源的影响。

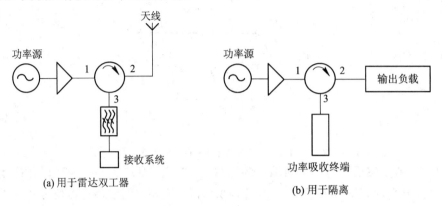

(a) 用于雷达双工器 　　　　　　　　　(b) 用于隔离

图 2-82　环行器的应用

2.11.8　铁氧体隔离器

铁氧体隔离器是一种单向衰减器，是只允许电磁波单向传输的微波铁氧体器件。如图 2-83 所示，当微波信号按指定方向传输时几乎没有衰减，而沿相反方向传输时则有强烈衰减。微波隔离器用途广泛，是一种理想的去耦装置。在微波振荡源和传输线之间接入隔离器，可以使振荡器功率基本上无损耗地向负载方向传输，而使因负载失配引起的反射波有很大的衰减，从而减轻负载对振荡器频率与功率的影响，使振荡源工作更加稳定。此外，在微波测量中，为了提高测量精度，保证微波单向传输，也常常使用隔离器。由于隔离器所能承受的功率有限，一般不适用于大功率场合。

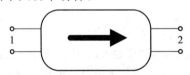

图 2-83　隔离器示意图

表征隔离器的主要性能参数有正向损耗(插入损耗)、反向衰减、电压驻波比、工作频带宽度等。

铁氧体隔离器可以利用铁氧体的纵向法拉第旋转效应来实现，也可以利用横向的场移效应和共振吸收效应来实现。后两种方式实现的隔离器体积较小，又易于外加恒定磁场，最为常见。下面主要介绍场移式隔离器。

场移式隔离器的结构如图 2-84(a)所示，它是将表面贴有吸收材料的厚度为 t 的铁氧体片平行于窄壁放置在靠近矩形波导窄边 x_0($x_0=a/4$ 或 $x_0=3a/4$)处，此处为矩形波导中传输主模 TE_{10} 波时圆极化场的位置。铁氧体片中的外加恒定磁场 H_0 由磁钢提供。H_0 的大小应使得 μ^+ 处于图 2-72 中小于零而接近于零的附近，H_0 的方向垂直于波导宽边，属"横场器件"。

由于铁氧体的存在，矩形波导中的场发生了变化，而且正、反两个方向传输的电磁波

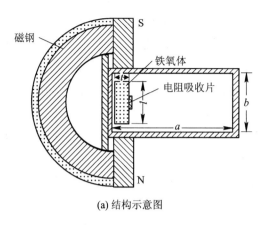
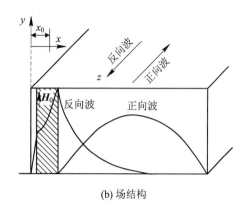

(a) 结构示意图　　　　　　　　　　　　　　　　(b) 场结构

图 2-84　场移式隔离器

的场发生的变化不同，因此使吸收片产生不同的吸收效果，从而起到隔离作用。选取适当的恒定磁场，对于正向波，铁氧体不仅不会将电磁场集中于其中，而且还会排斥电磁场进入其中，作用与金属板类似，电磁场几乎集中在铁氧体片的一侧，并在铁氧体表面形成一个电场的零点，如图 2-84(b)所示。图 2-84(a)中涂有吸收材料的铁氧体对正向传输的电磁波几乎无影响。而当电磁波沿相反方向传输时，铁氧体的磁效应不明显，以致电磁波强烈地向铁氧体集中，电场分布曲线如图 2-84(b)所示。

　　因此在铁氧体片右侧表面放置的电阻吸收片，当电磁波正向传输时，由于电阻片位置处电场强度近于零，所以电阻片几乎不吸收能量，衰减很小。对反向传输的电磁波，电阻片处电场强度最大，所以电阻片强烈吸收能量，造成很大的衰减。这就构成一个性能很好的场移式隔离器。

小　　结

　　(1) 全匹配负载吸收全部入射波，短路活塞常接于微波电路终端，通过对微波的全反射提供一个可调电抗。膜片和销钉提供并联感抗和并联容抗，螺钉提供可调并联容抗。

　　(2) 扼制接头是最理想的波导连接元件。E 面弯头、H 面弯头可用来改变微波传输的方向。扭波导可用来改变电磁波的极化方向。旋转关节和回转关节实现了传输线固定部分与旋转部分的有效连接，旋转关节实现 360°的旋转，回转关节实现 0°～80°的俯仰变化。

　　(3) 单节四分之一波长阻抗变换器、阶梯波导及渐变波导的作用均是为了消除两段特性阻抗不同的传输线直接相连引起的反射，它们之间的区别是阶梯波导及渐变波导能在宽频带内获得更好的匹配，代价是尺寸增大，造价提高。

　　(4) 微波增益均衡器是可对器件或系统随频率变化的不平坦增益曲线进行修正，以提高其增益平坦度的器件。

　　(5) 定向耦合器的主要技术指标有耦合度和方向性。

　　(6) 平行耦合线定向耦合器又称为反向定向耦合器，特性为"耦合在同侧"。

　　(7) 分支定向耦合器特性为"宽低阻，连直通；窄高阻，连隔离；对角是耦合"。

（8）平面魔 T 和环形定向耦合器特性为"邻臂平分，对臂隔离"。

（9）微波功率分配器的主要技术指标包括：功率分配比、隔离度、端口电压驻波比、功率容量、分配损耗、插入损耗以及幅度平衡度与相位平衡度等。

（10）微波谐振器一般有无限多个谐振频率。同轴谐振腔有 $\lambda/4$、$\lambda/2$ 同轴谐振腔。

（11）同轴谐振腔及电容加载同轴谐振腔对应于波导有矩形谐振腔及圆柱形谐振腔。

（12）用于频率选择的微波滤波器，根据功能不同，可分为低通滤波器、高通滤波器、带通滤波器和带阻滤波器。

（13）双工器包括收发开关（可以使收发共用一副天线）和有频段双工器（两个频段可以共用一副天线）。

（14）锁式波导移相器通过控制沿轴向的导线通过的脉冲电流方向来实现移相。环行器中，电磁波只能沿某一环行方向传输，反向隔离。隔离器是一种单向衰减器，是只允许电磁波能量单向传输的微波铁氧体器件。这三种铁氧体器件都是非互易器件。

关键词：

全匹配负载　　短路活塞　　膜片　　销钉　　螺钉　　扼制接头

E 面弯头　　H 面弯头　　扭波导　　旋转关节　　回转关节

单节四分之一波长阻抗变换器　　阶梯波导　　渐变波导

微波增益均衡器　　定向耦合器　　耦合度　　方向性

分支定向耦合器　　平行耦合线定向耦合器　　波导魔 T

波导双孔定向耦合器　　环形定向耦合器　　波导双十字缝定向耦合器

微波功率分配器　　微波谐振器　　$\lambda/4$ 同轴谐振腔　　$\lambda/2$ 同轴谐振腔

电容加载同轴谐振腔　　矩形谐振腔　　圆柱形谐振腔

低通滤波器　　高通滤波器　　带通滤波器　　带阻滤波器

收发开关　　频段双工器　　锁式波导移相器　　环行器　　隔离器

习　　题

1. 终端元件有哪些种类？分别在电路中起什么作用？

2. 波导扼制接头是如何做到机械上不接触但电气上连接良好的？

3. 旋转关节和回转关节分别用在什么场合？

4. 单节 $\lambda/4$ 阻抗变换器和宽带阻抗变换器各有什么特点？

5. 微波增益均衡器的功能是什么？

6. 简述定向耦合器的技术指标及其定义。

7. 如何判断波导双十字缝定向耦合器的耦合端口？

8. 画出平行耦合线定向耦合器的结构简图并标出输入端口、直通端口、耦合端口和隔离端口。

9. 画出分支定向耦合器的结构简图并标出输入端口、直通端口、耦合端口和隔离端口。

10. 画出环形定向耦合器的结构简图并标出输入端口、直通端口、耦合端口和隔离端口。

11. 波导魔 T 有什么特性?

12. 功率分配器的主要技术指标有哪些?

13. 同轴线谐振腔有哪几类?

14. 圆柱形谐振腔的谐振模式主要有哪几种?

15. 微波双工器可分为哪两类? 分别有什么功能?

16. 简述锁式波导移相器的工作原理。

17. 画出环行器简图并标出信号传输方向。

18. 解释图 2-82 中将环行器用作隔离器的工作原理。

第3章　频率变换器件

频率变换器的作用是对信号的频谱进行"搬移"，它针对特定的输入信号按需要产生频谱变化了的输出信号，以利于实现无线电发射，或者进行信号的放大、解调等信号处理。如雷达发射信号时，要将信号的频谱往频谱高端"搬移"，而接收信号时，要将信号的频谱往频谱低端"搬移"。频率变换器广泛用于雷达、通信及其他微波系统，是微波系统的重要组成部分。本章重点介绍三种频率变换器件：混频器（又称下变频器）、上变频器及倍频器。

3.1　概　　述

频率变换器涉及频谱搬移，其本质是非线性变换，需要利用非线性元件。在固态电路中，频率变换器采用的非线性元件一般是半导体二极管。从二极管的主要特性来看，所用的二极管有两种类型：一种是非线性电阻二极管，如肖特基二极管；另一种是非线性电容二极管，如变容二极管、阶跃恢复二极管等。习惯上，将频谱搬移过程主要由非线性电阻完成、核心元件是非线性电阻的频率变换器称为阻性变频器，而将频谱搬移过程主要由非线性电抗完成、核心元件是非线性电容的频率变换器称为参量变频器。在某些情况下，还可以采用微波场效应管如 MESFET 等实现频率变换。

频率变换器按照功能的不同，可进一步划分为混频器（又称下变频器）、上变频器和倍频器。下面将分别介绍这三种频率变换器。

3.2　混　频　器

本节将以元件的特性为基础，简要介绍微波非线性电阻混频器的工作原理、性能指标及常见电路。

3.2.1　混频器概述

图 3-1(a)为微波混频器的等效网络，由图可知，混频器由非线性元件和滤波器组成，可以等效为两个输入端口和一个输出端口的三端口网络。图 3-1(a)中两个输入信号即角频率为 ω_s 的信号与角频率为 ω_L 的本地振荡信号（简称本振）加到非线性元件上，经过非线性元件的变换，产生角频率为 ω_s 和 ω_L 的各种谐波组合频率分量信号，通过滤波器，输出角频

率为 $\omega_{if}=\omega_s-\omega_L(\omega_L<\omega_s)$ 或者 $\omega_{if}=\omega_L-\omega_s(\omega_s<\omega_L)$ 的信号，完成下变频功能。角频率为 ω_{if} 的信号一般称为中频信号。频谱搬移示意图如图 3-1(b)所示($\omega_s<\omega_L$)，图中省略了各种寄生谱线。

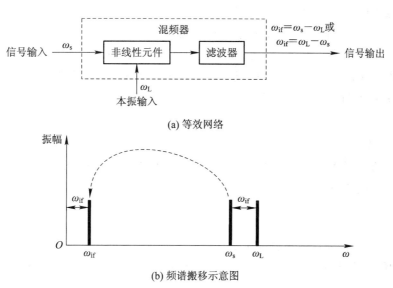

(a) 等效网络

(b) 频谱搬移示意图

图 3-1　混频器的等效网络及频谱搬移示意图

混频器通常用于超外差接收机中。如图 3-2 所示，射频信号在本振信号的作用下搬移到中频形成中频信号，在中频实现信号的放大、解调、处理等功能。微波超外差接收机常用于雷达接收机、广播电视终端、通信接收机中。

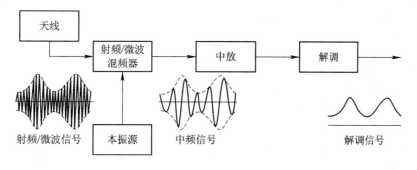

图 3-2　超外差接收机示意图

混频器的非线性元件通常采用电阻性非线性元件，如肖特基二极管、射频/微波双极晶体管、射频/微波场效应管等，它们具有结构简单、便于集成、工作稳定的优点。

3.2.2　混频器的主要技术指标

在外差接收机中，载有信息的微波信号经过混频器转变为中频信号，因此混频器的性能对整个接收机的性能有重要影响。混频器的主要技术指标有变频损耗、噪声系数、隔离度、端口驻波比、中频输出阻抗、动态范围、频带宽度和结构尺寸及环境条件等。

1. 变频损耗

混频器的变频损耗(L_m)定义为输入射频/微波信号的资用功率(P_s)与输出中频信号的

资用功率(P_{if})之比，即

$$L_m = \frac{P_s}{P_{if}} \tag{3-1}$$

若用分贝表示，则为

$$L_m(dB) = 10\lg P_s - 10\lg P_{if} = P_s(dB) - P_{if}(dB) \tag{3-2}$$

变频损耗的大小意味着输入射频/微波信号经过混频器后有多少功率转换成中频信号功率。混频器变频损耗由四个部分构成：由寄生频率所引起的净变频损耗，由二极管寄生参量所引起的寄生损耗，由混频器输入和输出端失配所引起的失配损耗以及电路本身的损耗。

2. 噪声系数

混频器是非线性器件，存在多个频率，是多频率多端口网络。为适应多频率多端口网络噪声分析，混频器中噪声系数的定义为

$$F = \frac{P_{no}}{P_{ns}} \tag{3-3}$$

式中：P_{no}为当系统输入端噪声温度在所有频率上都是标准温度 $T_0 = 290K$ 时，系统传输到输出端的总噪声资用功率；P_{ns}为仅由输入有用信号所产生的那一部分输出的噪声资用功率。

根据混频器的具体用途，噪声系数分为以下两种：

(1) 单边带噪声系数。在微波通信系统的混频器中，频率为 f_s 的有用信号，只存在一个信号边带，其噪声系数称为单边带噪声系数。

(2) 双边带噪声系数。在遥感探测、射电天文等领域，接收信号是均匀谱辐射信号，存在两个信号边带，其噪声系数称为双边带噪声系数。

3. 隔离度

隔离度定义为本振或信号泄漏到其他端口的功率与原有功率之比，单位为 dB。混频器的隔离度是指各频率端口之间的隔离度，该指标包括三项：信号与本振的隔离度，信号与中频的隔离度，本振与中频的隔离度。

信号与中频的隔离度是指输入到混频器的信号功率 P_s 与在中频端口测得的信号功率 P_{ifs} 之比。本振与中频的隔离度是指输入到混频器本振端口的功率 P_L 与在中频端口测得的本振功率 P_{ifL} 之比。

信号与本振的隔离度(L_{sL})定义为输入到混频器的信号功率(P_s)与在本振端口测得的信号功率(P_{Ls})之比，即

$$L_{sL} = \frac{P_s}{P_{Ls}} \tag{3-4}$$

若用分贝表示，则为

$$L_{sL}(dB) = 10\lg P_s - 10P_{Ls} = P_s(dB) - P_{Ls}(dB) \tag{3-5}$$

信号与本振的隔离度是个重要指标，尤其在共用本振的多通道接收系统中，当一个通道的信号泄漏到另一个通道时，就会产生交叉干扰。例如，单脉冲雷达接收机中的和信号漏入差信号支路时，将使跟踪精度变差。在单通道系统中信号泄漏会损失信号能量，对接收灵敏度也有不利的影响。

本振与微波信号的隔离度不好时，本振功率可能从接收机信号端反向辐射或从天线反发射，造成对其他设备的干扰，使电磁兼容指标达不到要求，而电磁兼容是当今工业产品的一项重要指标。此外，在发送设备中，变频电路是上变频器，它把中频信号变换成微波信号，这时要求本振与微波信号的隔离度高达 $80\sim100$ dB，因为上变频器中通常本振功率要比中频信号功率高 10 dB 以上才能得到较好的线性变频。若变频损耗为 10 dB，而隔离度不到 20 dB，则泄漏的本振信号将和有用微波信号相等甚至淹没了有用信号。这时，还得外加一个滤波器来提高隔离度。

信号与中频的隔离度在低中频系统中影响不大，但在宽频带系统中是个重要指标。有时微波信号和中频信号都有很宽的频带，两个频带可能边沿靠近，甚至频带交叠，这时，如果隔离度不好，就会造成直接泄漏干扰。

单端混频器的隔离度依靠定向耦合器的隔离特性实现，很难保证高指标，一般只有 10 dB 量级。

平衡混频器的隔离度依靠平衡电桥实现。微带式的集成电桥本身隔离度在窄频带内不难做到 30 dB 量级，但由于混频管的寄生参数、特性不对称或匹配不良，不可能做到理想平衡。所以，实际混频器总隔离度一般在 $15\sim20$ dB 左右，较好者可达到 30 dB。

4. 端口驻波比

端口驻波比是混频器各端口的电压驻波比，描述的是混频器端口的匹配特性。混频器端口的匹配特性常常受许多因素影响。宽频带混频器不仅要求电路和混频管高度平衡，还要有很好的端口隔离，因此其端口驻波比很难达到高指标。比如中频端口失配，其反射波再混频成信号，可能使端口驻波比变差，而且本振功率漂动会同时使三个端口驻波比发生变化。例如，本振功率变化 $4\sim5$ dB 时，混频管阻抗可能由 50 Ω 变到 100 Ω，从而引起三个端口驻波比同时出现明显变化。所以，混频器端口驻波比指标一般在 $2\sim2.5$ 量级。

5. 中频输出阻抗

70 MHz 中频的输出阻抗大多是 $200\sim400$ Ω。中频阻抗的匹配好坏也影响变频损耗。中频频率不同时，输出阻抗差别很大，有些微波高频段混频器的中频是 1 GHz 左右，其输出阻抗低于 100 Ω。

6. 动态范围

动态范围是指使混频器有效工作的输入信号的功率范围。

动态范围的下限通常指信号与基噪声电平相比拟时的功率。实际混频器中，有时出现动态范围下限恶化，主要是由于混频器的组合谐波泄漏到输出端，以及二阶交调产物和三阶交调产物构成虚假基噪声，使下限上升。通过提高本振至中频的隔离度及加强中频端口滤波等措施可适当改善动态范围下限恶化的现象。

动态范围的上限受输出中频信号的饱和功率所限，通常是指 1 dB 压缩点的微波输入功率。混频器动态范围曲线如图 3 - 3 所示。图中，动态范围从 $P_{\text{in, mds}}$ 到 $P_{\text{in, 1 dB}}$，$P_{\text{in, mds}}$ 为混频器输出的最小可辨信号对应的输入功率，$P_{\text{in, 1 dB}}$ 为混频器 1 dB 压缩点时对应的输入功率。

动态范围也可以用 dB 表示，即

$$d_R(\text{dB}) = P_{\text{in, 1 dB}} - P_{\text{in, mds}} \tag{3-6}$$

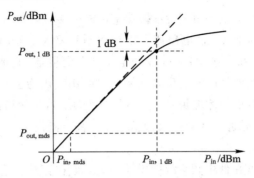

图 3-3　混频器的动态范围

本振功率增加时，1 dB 压缩点值也随之增加。平衡混频器由两个混频管组成，原则上其 1 dB 压缩点功率比单端混频器时大 3 dB。对于同样结构的混频器，1 dB 压缩点取决于本振功率大小和二极管特性。平衡混频器动态范围的上限一般为 2 ～10 dBm。

7. 频带宽度

混频器是多频率器件，除应指明信号工作频带外，还应注明本振频率可用范围及中频频率。分支电桥式的集成混频器的工作频带主要受电桥频带限制，相对频带约为 10％～30％，加补偿措施的平衡电桥混频器可做到相对频带为 30％～40％。双平衡混频器是宽频带器件，工作频带可达多个倍频程。

8. 结构尺寸及环境条件

混频器的结构尺寸及使用环境条件(包括环境温度、湿度等)需满足系统要求。

3.2.3　混频器的工作原理

混频器中大多采用金属-半导体结二极管作为电阻性非线性元件。金属-半导体结二极管又称为肖特基二极管。金属-半导体结分为点接触式和面接触式两种，如图 3-4 所示。点接触式金属-半导体结是用一根金属丝压接在半导体表面，形成金属-半导体点接触，其接触面积小，导电电流小，容易造成接触不良。面接触式金属-半导体结是在重掺杂的 N 型半导体上先涂一层二氧化硅，再用光刻工艺蚀刻出一个圆形小孔，在圆形小孔上生长出一个其他金属(一般采用钛、银等金属)构成的圆盘，形成金属-半导体结，其接触面积大，可靠性好，导电电流大。

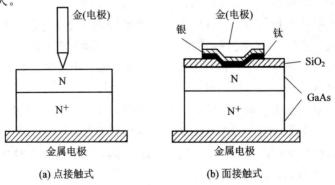

图 3-4　金属-半导体结

肖特基二极管的等效电路如图 3-5 所示。图中，C_p 为封装电容，C_j 为结电容，R_j 为结电阻，R_s 为引线电阻，L_s 为引线电感。

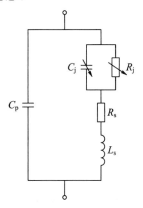

图 3-5　肖特基二极管的等效电路图

肖特基二极管的非线性伏安特性为指数关系，即

$$I = I_{sa}(ae^U - 1) \qquad (3-7)$$

式中：I 为流过金属-半导体结的电流，通常小于 1 μA；I_{sa} 为反向饱和电流；a 为常数，由制造工艺和环境温度决定；U 为二极管两端的电压。

肖特基二极管的伏安特性曲线如图 3-6 所示。图中 U_{B1} 和 U_{B2} 为两种二极管的反向击穿电压。

最简单的微波混频器是单端混频器，只采用了一个肖特基二极管，其等效电路如图 3-7 所示。图中，Z_s 是信号源内阻抗，Z_L 是本振源内阻抗，R_L 是输出负载阻抗，U_{dc} 为直流偏置电压。假设肖特基二极管是一个理想的非线性电阻，不考虑寄生参量 C_j、R_s 及封装参量的影响，若信号电压为 $u_s(t) = U_s\cos(\omega_s t)$，本振电压为 $u_L(t) = U_L\cos(\omega_L t + \phi)$（$\phi$ 为本振电压初始角），直流偏置电压为 U_{dc}，则二极管上的电压为

$$u(t) = U_0 + U_L\cos(\omega_L t) + U_s\cos(\omega_s t) \qquad (3-8)$$

其中 U_0 为直流偏置电压 U_{dc}。

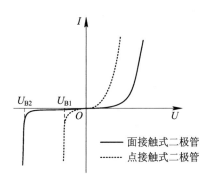

图 3-6　肖特基二极管的伏安特性曲线

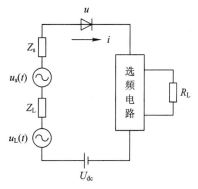

图 3-7　单端混频器的等效电路图

下面分析肖特基二极管上输出的电流频谱（设 $\omega_s > \omega_L$）。为了简单起见，先假设 Z_s、Z_L 和 R_L 均被短路。根据线性电阻特性，这种假设的结果仅影响电路中各频率分量电压、电流

振幅的大小,而不会影响各频率分量的存在与否。这时,负载电压(输出电压)$u_0(t)=0$,加于二极管两端的电压为信号电压 $u_s(t)$、本振电压 $u_L(t)$ 及直流偏置电压(或零偏置电压)U_{dc} 之和。肖特基二极管电流为

$$i(t) = f(u) = f(U_{dc} + u_L + u_s) \tag{3-9}$$

通常 $U_L \gg U_s$,则式(3-9)可按泰勒级数在 $U_{dc} + u_L$ 处展开为

$$i(t) = f(U_{dc} + u_L) + f'(U_{dc} + u_L)u_s + \frac{1}{2!}f''(U_{dc} + u_L)u_s^2 + \cdots \tag{3-10}$$

因为 $u_s(t)$ 的幅值很小,所以式(3-10)中 u_s^2 以上的各高次项可忽略不计,则有

$$i(t) = f(U_{dc} + u_L) + f'(U_{dc} + u_L)u_s = f(U_{dc} + u_L) + g(t)u_s \tag{3-11}$$

式中:$g(t)$ 为二极管的时变电导,假设混频二极管对所有本振谐波都是短路的,则 $g(t)$ 仅由正弦本振电压决定;$f(U_{dc} + u_L)$ 是仅加直流及本振电压时的二极管电流。$g(t)$ 和 $f(U_{dc} + u_L)$ 都是本振频率 ω_L 的周期函数,利用傅里叶级数,分别展开为

$$g(t) = g_0 + 2\sum_{n=1}^{\infty} g_n \cos(n\omega_L t + n\phi) \tag{3-12}$$

$$f(U_{dc} + U_L) = I_{dc} + 2\sum_{n=1}^{\infty} I_n \cos(n\omega_L t + n\phi) \tag{3-13}$$

式中,g_n 和 I_n 分别是 $g(t)$ 和 $f(U_{dc} + U_L)$ 傅里叶级数展开式中的各分量系数。

将式(3-12)、式(3-13)代入式(3-11),经过三角函数分解,得到二极管上的电流为

$$i(t) = f(U_{dc} + u_L) + g(t)u_s$$

$$= I_{dc} + 2\sum_{n=1}^{\infty} I_n \cos(n\omega_L t + n\phi) + g_0 U_s \cos(\omega_s t) + g_1 U_s \cos[(\omega_s - \omega_L)t - \phi] +$$

$$\sum_{n=2}^{\infty} g_n U_s \cos[(\omega_s - n\omega_L)t - n\phi] +$$

$$\sum_{n=1}^{\infty} g_n U_s \cos[(\omega_s + n\omega_L)t + n\phi] \tag{3-14}$$

式(3-14)中电流分量可以分为五个部分:第一部分为 $2\sum_{n=1}^{\infty} I_n \cos(n\omega_L t + n\phi)$,对应本振电流;第二部分为 $g_0 U_s \cos(\omega_s t)$,对应信号基波电流;第三部分为 $g_1 U_s \cos[(\omega_s - \omega_L)t - \phi]$,对应输出中频电流;第四部分为 $\sum_{n=2}^{\infty} g_n U_s \cos[(\omega_s - n\omega_L)t - n\phi]$,对应高次差频电流;第五部分为 $\sum_{n=1}^{\infty} g_n U_s \cos[(\omega_s + n\omega_L)t + n\phi]$,对应各次和频电流。

根据这一结果绘成如图3-8所示的混频电流的主要频谱图,包含有直流、中频、本振、和频、镜频等众多频率分量,其中常用的频率分量如表3-1所示。

表 3-1　混频器中常用的频率分量

名称	直流	信号	本振	中频	和频	镜频	本振二次谐波
代号	DC	ω_s	ω_L	ω_{if}	ω_+	ω_m	$2\omega_L$
值	0	ω_s	ω_L	$\|\omega_s - \omega_L\|$	$\|\omega_s + \omega_L\|$	$\|2\omega_L - \omega_s\|$	$2\omega_L$

由图3-8可以看出,镜频 ω_m 是 ω_s 在频谱上相对于本振频率的"镜像",故此得名。

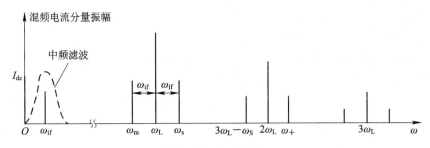

图 3-8　混频电流的主要频谱（$\omega_{if}=\omega_s-\omega_L$）

从式(3-14)及图 3-8 可以得出以下基本结论：

在非线性电阻混频过程中产生了无数的组合频率分量，其中包含有中频分量，能够实现混频功能。可用中频带通滤波器滤出所需的中频分量而将其他组合频率滤掉。

由式(3-14)可见中频电流的振幅为

$$I_{if}=g_1 U_s \tag{3-15}$$

它与输入信号电压振幅 U_s 成正比。也就是说，混频器输入端信号的电压振幅与输出端信号的中频电流振幅之间具有线性关系。这一点对接收信号时的保真无疑是非常有意义的。

由于本振信号是强信号，在混频过程中它通过二极管的非线性作用而产生了无数的谐波，每一个谐波都包含了部分信号功率，这是对信号功率的浪费，对混频来说也是不希望产生的副产品，应该采取措施加以回收利用，以提高从信号能量变换为中频能量的变换效率。但各谐波功率大约随 $1/n^2$ 变化（n 为谐波次数），因此混频后电流的组合分量的幅值随 n 增加而很快减小。通常只有本振基波 ω_L 和二次谐波 $2\omega_L$ 等分量足够大，才能够对混频变换效率产生较大影响。

3.2.4　混频器电路

1. 单端混频器

单端混频器是混频器电路中最基本的电路，它包括了混频器电路的各个基本结构要素。如图 3-9 所示，单端混频器包括功率混合电路、阻抗变换电路、偏置电路、低通滤波器、混频二极管五个部分。

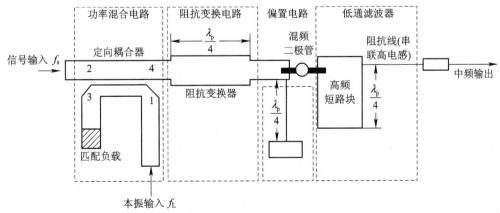

图 3-9　单端混频器结构图

（1）功率混合电路：作用是将信号和本振功率同时加到混频二极管上，并且保证本振与信号之间有良好的隔离度。图 3-9 中的定向耦合器即为功率混合电路。图中，信号 f_s 由定向耦合器端口 2 输入，经匹配电路加到混频二极管，本振 f_L 由定向耦合器端口 1 输入，耦合到端口 4 后加到混频二极管。定向耦合器的另一个作用是把本振与信号隔离。耦合段的长度约为四分之一波长。定向耦合器端口 1 到端口 4 的耦合度通常设计为 10 dB 或略小，从端口 1 分别到端口 4 与端口 2 的本振耦合功率之比是定向耦合器的方向性，此时的方向性约为 5～10 dB。端口 1 到端口 2 的隔离度是耦合度的方向性，约为 15～20 dB。端口 3 接匹配负载，以免影响隔离度。

(2) 阻抗变换电路：作用是将定向耦合器 50 Ω 的输出阻抗和混频二极管的复阻抗相匹配，从而减少失配损耗。图 3-9 中是用四分之一波长阻抗变换器实现的。

(3) 偏置电路：作用是给混频二极管提供一个合适的偏压，并给直流和中频一个到地的通路即（中频和直流接地线）。图 3-9 中的偏置电路是用四分之一波长的高阻抗线直接接地实现的。

(4) 混频二极管：采用面接触式肖特基二极管，提供电阻性非线性元件，完成信号频率和本振频率的乘积功能。

(5) 低通滤波器：作用是使信号、本振以及它们的谐波和镜频短路，而让中频信号通过。图 3-9 中的低通滤波器是用高频短路块和高阻抗线实现的。高频短路块相当于一个接到地的大电容，提供高频分量到地的通路；一段高阻抗线相当于一个串联电感，对于高频分量相当于开路，可让中频信号通过。

单端混频器的优点是结构简单，缺点是信号功率、本振功率有损耗，噪声系数大。功率混合电路损耗了一部分信号功率和本振功率在匹配负载上。本振源输出的噪声频谱如图 3-10 所示（B 为中频放大器带宽），距离本振频率为中频频率的本振源噪声（即中心频率分别为 $\omega_L - \omega_{if}$ 及 $\omega_L + \omega_{if}$ 噪声谱）与本振混频后，经过频率搬移直接产生相同的中频频率成为中频噪声输出。

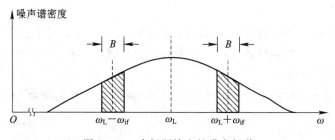

图 3-10　本振源输出的噪声频谱

2. 平衡混频器

单端混频器的主要缺点之一是对信号功率有损耗，其输入定向耦合器的端口 3 接匹配负载，尽管耦合度较低，但它仍会吸收一部分信号功率，同时损耗了本振功率。如果在这个端口不接匹配负载而接一个相同的混频二极管，并将耦合度设计为 3 dB，使得分配到两个混频二极管的本振和信号功率都相等，然后将两个混频二极管的混频结果同相位相加，如图 3-11 所示，则这样构造的混频器既可保证本振和信号之间具有较高的隔离度，又使高频功率不被匹配负载所吸收，从而使混频器的性能得到了改善。由于电路具有对称性，这种混频器被称为平衡混频器。

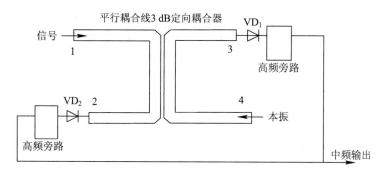

图 3-11　平行耦合线 3 dB 定向耦合器平衡混频器示意图

由两个混频管构成的混频器称为单平衡混频器。单平衡混频器采用了平衡电桥，使各端口隔离度大为改善，本机振荡器的相位噪声可以在两管电流中抵消，同时也抵消了一部分组合谐波分量，既提高了混频纯度，又改善了变频损耗。根据平衡电桥的相位关系，平衡混频器分为 90°平衡混频器和 180°平衡混频器两种。

1）90°平衡混频器

平行耦合线 3 dB 定向耦合器是典型的 90°定向耦合器，其组成的 90°平衡混频器如图 3-11所示，信号从端口 1 输入，从端口 2、端口 3 等幅输出，加到 VD_1 上的信号相位比加到 VD_2 上的信号相位滞后 90°。本振从定向耦合器端口 4 输入，从端口 2、端口 3 等幅输出，加到 VD_1 上的本振相位比加到 VD_2 上的信号相位超前 90°。二者共同作用，中频信号分量同相叠加，中频噪声分量反相相消，噪声得到了有效的抑制。

除由平行耦合线 3 dB 定向耦合器组成的 90°平衡混频器外，还可以利用其他耦合器如微带双分支定向耦合器构成 90°平衡混频器，如图 3-12 所示，这种结构中本振和信号的输入口同在电桥的一侧，两个二极管和中频输出电路在电桥的另一侧，电路没有交叉，完全是平面结构，容易制造，应用广泛。

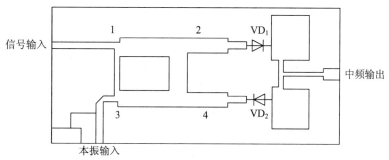

图 3-12　微带双分支定向耦合器 90°平衡混频器

图 3-12 中，信号从定向耦合器端口 1 输入，从端口 2、端口 4 等幅输出，加到 VD_1 上的信号相位比加到 VD_2 上的信号相位超前 90°；本振从定向耦合器端口 3 输入，从端口 2、端口 4 等幅输出，加到 VD_1 上的本振相位比加到 VD_2 上的本振相位滞后 90°。二者共同作用，中频信号分量同相叠加，中频噪声分量反相相消，噪声得到了有效的抑制。

3 dB 分支线电桥平衡混频器如图 3-13 所示，这种结构可以形成信号和本振的 90°相移。电路中的其他部分如相移线段、高频旁路等与单端混频器相同，不再赘述。这种定向耦合器电路同样是窄带的，因为当信号频率变化时，定向耦合器各臂产生的相移将偏离 90°，这会导致本振端口与信号端口之间的隔离度下降，中频输出减小，因而变频效率降低。这种混频器电路的相对带宽小于 10%，为展宽频带，需采取特殊的措施。

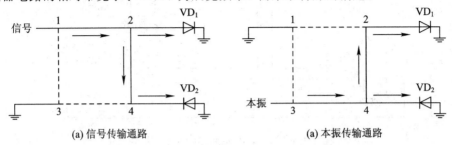

图 3-13   3 dB 分支线电桥平衡混频器示意图

2）180°平衡混频器

选用 180°耦合器作为平衡电桥的单平衡混频器叫作 180°平衡混频器。图 3-14 所示的平衡混频器采用了具有 180°相位差的环形耦合器。本振从环形耦合器端口 4 输入，从端口 2、端口 3 等幅反相输出。信号从环形耦合器端口 1 输入，从端口 2、端口 3 等幅同相输出。本振和信号同时加于两个反向接于电路中的混频二极管 VD_A、VD_B 上，两个混频二极管输出端的中频信号分量同相叠加，中频噪声分量反相相消，噪声得到了有效的抑制。

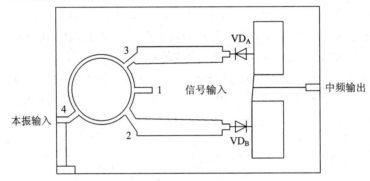

图 3-14   利用混合环构成的 180°平衡混频器示意图

微波混频器电路除由上述的微带线电路构成外，还可以由带状线、同轴线和波导等结构构成。微带线电路具有体积小、重量轻、成本低和容易加工等优点，但其线路损耗较大，混频器性能较差。在高质量的微波混频器中常采用波导腔体结构，由波导魔 T 构成的平衡混频器如图 3-15 所示。

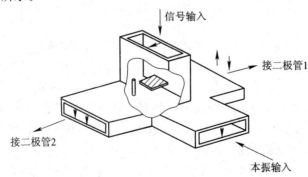

图 3-15   由波导魔 T 构成的平衡混频器

图 3-15 中，信号从魔 T 的差口(电臂)输入，等幅反相加于两个二极管上，本振从魔 T 的和口(磁臂)输入，等幅同相加于两个二极管上。两个二极管输出端的中频信号分量同相叠加，中频噪声分量反相相消，噪声得到了有效的抑制。

综上所述，平衡混频器具有以下特点：

(1) 抑制噪声；

(2) 消除了单端混频器的耦合损耗；

(3) 和单端混频器相比，其抗烧毁能力和动态范围增大 1 倍；

(4) 能抑制部分寄生频率。

3. 镜频(镜像)抑制、镜频(镜像)回收混频器

镜频回收混频器是把二极管产生的镜频分量反射回二极管进行第二次混频，以提高混频效率，降低净变频损耗。另外，它还可以反射外来的镜频，避免外来镜频信号的干扰，即实现镜频抑制。

图 3-16(a)所示为镜频短路平衡混频器，分支线电桥的信号和本振输入端都放置了平行耦合镜频带阻滤波器，在该处它们镜频开路。由于该处距二极管约为 $\lambda_g/4$，因此在两个二极管输入接点处镜频信号被短路到地。

图 3-16(b)所示为镜频开路平衡混频器，它采用了滤波式镜频回收的方式，适用于高中频、窄带或点频工作的场合。

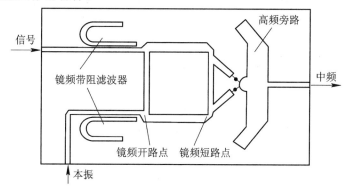

(a) 镜频短路平衡混频器示意图

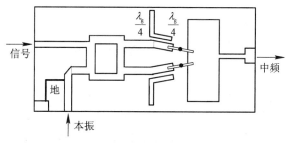

(b) 镜频开路平衡混频器示意图

图 3-16　镜频回收混频器

采用图 3-16 中镜频带阻滤波器型镜像终端可以有效减小变频损耗和噪声系数，但是限制了中频的选择，在信号频率和镜频之间必须留出足够大的频率间隔，以便使用实际可行的低损耗镜频滤波器。如果混频器接收的信号频带加宽，则要求中频增高，前置中频放

大器的噪声系数也将增大。这样,抵消了镜频抑制带来的好处,使得混频器中放组件的总噪声系数得不到改善或改善很少。

为了克服窄带应用的缺点,在适合于宽带应用的场合,可以采用平衡式镜频回收混频器。如图3-17所示,该混频器采用双平衡结构,使用4个性能相同的混频二极管。2个子混频器采用90°相移型分支线电桥平衡混频器。本振经过功率分配器后加到2个子混频器时的两路微带线长相差 $\lambda_g/4$,本振对2个子混频器的输入初始相差为90°。镜频回收混频器是利用相位抵消而不是利用窄带滤波器来回收镜频能量的,因而它是宽带低噪声混频器,它的频带只受到混频器微波元件带宽的限制。2个子混频器的通路必须具有极好的匹配,镜频回收混频器才能获得良好的性能。例如,要获得20 dB的镜频对消,要求两路信号的振幅不平衡度低于1.0 dB,相位不平衡度低于10°。平衡式镜频回收混频器可以有效回收和抑制镜频、中频噪声和一些寄生频率分量,减小净变频损耗。

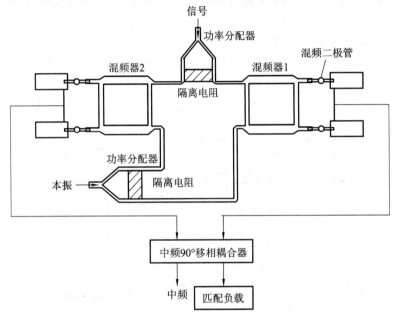

图3-17 平衡式镜频回收混频器示意图

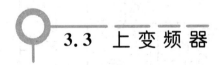

3.3 上变频器

与混频器相反,微波上变频器是把较低频率的信号向上搬移到射频/微波频段,主要应用于微波发射机,实现载频调制,并将功率上变频后通过天线辐射出去。微波上变频器一般采用参量变频器,其变频效率高、绝对稳定。本节将对参量变频器做基本分析,并介绍上变频器的主要指标、工作原理及基本电路。

3.3.1 参量变频器概述

参量变频器是利用非线性电抗作为换能元件以完成变频功能的一种微波部件,常用的非线性电抗元件是微波变容管。

如图 3-18(a)所示，参量变频器可以等效为一个具有两个输入端口和一个输出端口的三端口网络，它与微波混频器基本类似。在如图 3-18 所示的电路中，输入角频率为 ω_s 的信号和角频率为 ω_p 的泵浦信号在非线性元件内经过变换后产生新的频率分量信号，再通过滤波器滤出角频率为 $\omega_u = \omega_s + \omega_p$ ($\omega_u > \omega_s$) 或者 $\omega_u = \omega_p - \omega_s$ ($\omega_u > \omega_s$) 的信号，完成上变频功能。ω_u 一般称为和频信号。$\omega_u = \omega_s + \omega_p$ ($\omega_u > \omega_s$) 的上变频器称为和频上变频器，$\omega_u = \omega_p - \omega_s$ ($\omega_u > \omega_s$) 的上变频器称为差频上变频器。和频上变频器频谱搬移见图 3-18(b)。图 3-18(a) 中，P_s 代表输入信号功率，P_p 代表输入泵浦功率，P_u 代表输出和频信号功率；图 3-18(b) 中省略了各种寄生谱线。

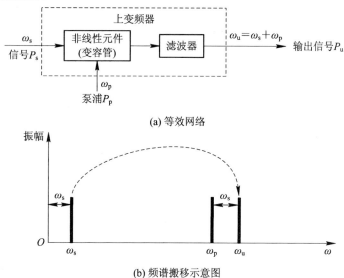

(a) 等效网络

(b) 频谱搬移示意图

图 3-18　上变频器等效网络及频谱搬移示意图

3.3.2　上变频器的主要技术指标

微波上变频器一般有两种工作方式：一种是用于低噪声接收的小信号工作方式，信号功率 P_s 远小于泵浦功率 P_p，主要指标是变频增益、噪声系数等；另一种是用于发射机或激励源的大信号工作方式，由于 P_s 和 P_p 都是大信号，都对变容管起激励作用，这种情况下的变频器又称为功率上变频器，主要技术指标有功率增益、变换效率和输出功率等。

1. 功率增益

上变频器处于大信号工作状态时，其功率增益(G)定义为

$$G = \frac{P_u}{P_s} \tag{3-16}$$

式中，P_u 代表输出和频信号功率，P_s 代表输入信号功率。

2. 变换效率

上变频器的变换效率定义如下：

$$\eta = \frac{P_u}{P_p} \tag{3-17}$$

其表示有多少泵浦功率变换为和频信号功率。

3. 输出功率

输出功率是指上变频器输出的和频功率 P_u。

3.3.3 上变频器的工作原理

1. 变容二极管

变容二极管是上变频器和倍频器的关键元件。变容二极管的等效电路和电路符号如图 3-19 所示。图 3-19(a) 所示等效电路中，C_p 为封装电容，C_j 为结电容，R_j 为结电阻，R_s 为引线电阻，L_s 为引线电感。

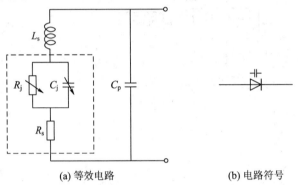

(a) 等效电路　　　　　　　　(b) 电路符号

图 3-19　变容二极管的等效电路和电路符号

变容二极管的结电容 C_j 随电压变化的关系式如下：

$$C_j(U) = \frac{C_j(0)}{\left(1 - \dfrac{U}{\Phi}\right)^N} \tag{3-18}$$

式中：$C_j(0)$ 为零偏压时的结电容；Φ 为变容二极管的接触电势差；N 为变容二极管指数。N 与杂质浓度的分布有关，反映了电容随外加电压变化的快慢，具体有以下几种情况：

① $N=1/2$，突变结（电容变化较快）；

② $N=1/3$，线性缓变结；

③ $N=0$，阶跃恢复结；

④ $N=0.5\sim6$，超突变结。

根据结电容随外加电压变化的快慢，变容二极管可分为三类：突变结变容二极管、线性缓变结变容二极管和超突变结变容二极管。指数 $N=0$ 的二极管称为阶跃恢复结二极管，它是一种特殊的变容二极管。

在 $N=1/2$ 和 $N=1/3$ 这两种情况下，电容都随电压平滑变化，其电容-电压特性（C-U 特性）如图 3-20 所示，变容二极管一般工作于反偏（负偏）状态，反偏压的绝对值越大，结电容越小。当 $N=0.5\sim6$ 时，电容在某一反偏压范围内随电压变化的曲线很陡，一般可用于电调谐器件；特别是当 $N=2$ 时，由于结电容与偏压平方成反比，由结电容构成的调谐回路的谐振频率与偏压呈线性关系，有利于压控振荡器实现线性调频。当 $N=1/30\sim1/15$ 时，可近似认为 $N=0$，结电容近似不变，称为阶跃恢复结。上变频器中这几种变容二极管都可以使用。

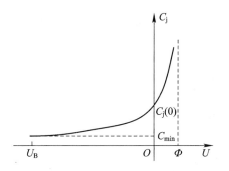

图 3-20 变容二极管结电容随结电压的变化曲线

根据 PN 结伏安特性，当变容二极管加上正向电压且 $U > \Phi$ 时，变容二极管开始导电，产生正向电流；当变容二极管加上反向偏压并且其值大于击穿电压，即 $|U| > |U_B|$ 时，PN 结将被击穿，产生反向大电流。为了避免产生电流以及电流散粒噪声，通常可将变容二极管的工作电压限制在 Φ 和 U_B 之间。

当变容二极管同时加上直流负偏压 U_{dc} 和交流时变偏压 $u_p(t) = U_p \cos\omega_p t$ 时，有

$$u(t) = U_{dc} + U_p \cos\omega_p t \tag{3-19}$$

式中，$u_p(t)$ 称为泵浦电压。时变电容随泵浦电压周期变化的曲线如图 3-21 所示，它也是周期为泵频 ω_p 的周期函数。

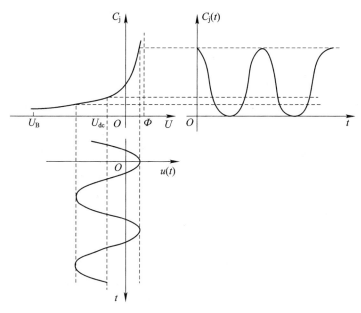

图 3-21 时变电容随泵浦电压周期变化曲线

2. 门雷-罗威公式

门雷-罗威公式为非线性电抗元件的能量关系式，是由门雷和罗威在 1965 年推导出来的。该关系式指出了非线性电抗网络中各频率分量能量分配所遵守的基本关系，这种基本关系对任何单值、非线性、无耗的电抗网络都适用，是具有普遍意义的通用关系式。

采用图 3-22 所示的电路模型，将变容二极管和数条频率分量支路并联，包括信号支路、泵浦支路、和频支路、差频支路等。

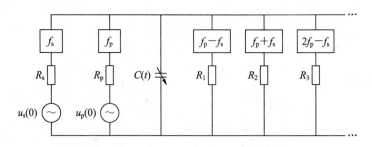

图 3-22　门雷-罗威关系的电路模型

设信号支路频率为 f_s，电压为 u_s，泵浦支路频率为 f_p，电压为 u_p；则二极管结电容上的频率分量为

$$f_{m,n} = mf_s + nf_p \tag{3-20}$$

式中，m 和 n 为任意整数。

理想非线性电容是无耗的，它既不产生能量，也不消耗能量，输入其中的能量只会转换成其他频率分量的能量而全部输出。

设流入非线性电容的功率为正，流出非线性电容的功率为负，根据能量守恒定律，非线性电抗中各频率分量的平均功率 $P_{m,n}$ 之和等于零，即

$$\sum_{m=-\infty}^{\infty} \sum_{n=-\infty}^{\infty} P_{m,n} = 0 \tag{3-21}$$

利用恒等式

$$\frac{mf_p + nf_s}{mf_p + nf_s} = 1 \tag{3-22}$$

可得

$$f_p \sum_{m=-\infty}^{\infty} \sum_{n=-\infty}^{\infty} \frac{mP_{m,n}}{mf_p + nf_s} + f_s \sum_{m=-\infty}^{\infty} \sum_{n=-\infty}^{\infty} \frac{nP_{m,n}}{mf_p + nf_s} = 0 \tag{3-23}$$

由于 f_p 和 f_s 都不为零，式(3-23)要等于零必须每项都等于零，又 $-mf_s - nf_p$ 和 $mf_s + nf_p$ 所表示的组合频率实际上指的是同一种情况，即负频率没有实际意义，所以 $P_{-m,-n}$ 和 $P_{m,n}$ 所表示的也是同一频率成分的功率。由此可得门雷-罗威关系式：

$$\sum_{m=0}^{\infty} \sum_{n=-\infty}^{\infty} \frac{mP_{m,n}}{mf_s + nf_p} = 0 \tag{3-24}$$

$$\sum_{n=0}^{\infty} \sum_{m=-\infty}^{\infty} \frac{nP_{m,n}}{mf_s + nf_p} = 0 \tag{3-25}$$

门雷-罗威关系式给出了各频率分量的功率分配关系。在实际应用中，所需的组合频率分量总是有限的。

3. 和频上变频器

对于和频上变频器，除变容二极管支路外，还有和频支路、信号支路和泵浦支路。和频上变频器原理图如图 3-23 所示。为了书写方便，将和频记为 f_u，和频分量功率记为 P_u。

应用门雷-罗威公式可知，当 $m=1$，$n=1$ 时，有

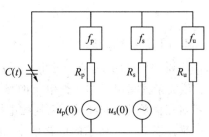

图 3-23　和频上变频器原理图

$$\frac{P_{1,0}}{f_s} + \frac{P_{1,1}}{f_s + f_p} = \frac{P_s}{f_s} + \frac{P_u}{f_u} = 0 \qquad (3-26)$$

$$\frac{P_{0,1}}{f_p} + \frac{P_{1,1}}{f_s + f_p} = \frac{P_p}{f_p} + \frac{P_u}{f_u} = 0 \qquad (3-27)$$

式中：$P_u - P_{1,1}$，为和频信号功率；$P_{1,1} < 0$，表示它吸收功率，$P_s > 0$，$P_p > 0$，表明信号和泵浦支路同时向电路输出功率。

和频支路无源，只能从非线性电容支路吸取功率，和频功率为负，而泵浦支路和信号支路都向非线性电容支路注入功率，电路绝对稳定。其功率增益为

$$G = \left| \frac{P_u}{P_s} \right| = \frac{f_u}{f_s} = 1 + \frac{f_p}{f_s} \qquad (3-28)$$

上式表明泵浦频率愈高，功率增益愈大。

4. 差频上变频器

对于差频上变频器，除变容二极管支路外，还有差频支路、信号支路和泵浦支路。差频上变频器原理图如图 3-24 所示。为了书写方便，将差频记为 f_i，差频分量功率记为 P_i。

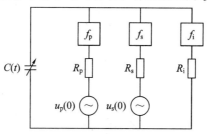

图 3-24　差频上变频器原理图

由图 3-24 可知：

$$f_i = f_p - f_s \text{ 或 } f_i = f_s - f_p \qquad (3-29)$$

$$\frac{P_s}{f_s} - \frac{P_i}{f_i} = 0 \text{ 或 } \frac{P_p}{f_p} + \frac{P_i}{f_i} = 0 \qquad (3-30)$$

式 (3-30) 表明，差频支路无源，只能从非线性电容支路吸取功率，差频功率为负，而泵浦支路向非线性电容支路注入功率，泵浦功率为正，信号功率为负。其功率增益为

$$G = \left| \frac{P_i}{P_s} \right| = \frac{f_i}{f_s} = \frac{f_p}{f_s} - 1 \text{ 或 } G = \left| \frac{P_i}{P_s} \right| = \frac{f_i}{f_s} = 1 - \frac{f_p}{f_s} \qquad (3-31)$$

差频上变频器中输入支路和差频支路信号功率都来自泵浦支路，只要泵浦功率不断增大，信号功率和差频功率就不断增大。但泵浦功率增大到一定程度后要产生振荡，所以差频上变频系统是潜在不稳定系统。差频上变频器的功率-频率图如图 3-25 所示。差频上变频器使用较少。

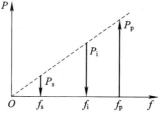

图 3-25　差频上变频器功率-频率图

3.3.4 上变频器电路

1. 滤波器式功率上变频器

对于功率上变频器，其输入、输出及泵浦信号都是大信号，且这些信号的各次谐波均能参与变频，因此会产生许多不需要的寄生频率分量。由于输入信号频率相对较低，因此，许多新频率分量与输入信号频率靠得很近，不易用滤波器区分开。同时，由于这些寄生频率分量具有较高的功率电平，因此必须认真考虑这些寄生频率分量的抑制问题。

图 3-26 是一个 6000 MHz 的波导型滤波器式功率上变频器的结构示意图。变容二极管垂直安装于矩形波导宽边中央，通过高低阻抗线形成的中频带通滤波器与匹配网络和 70 MHz 的中频输入端口相连。为了和变容二极管的低阻抗匹配，中央矩形波导采用窄波导（波导窄边较小），两边的渐变式阻抗变换器与各自的标准波导调配器相连，各自的带通滤波器分别和 6000 MHz 的输入信号以及 6070 MHz 的上变频信号相连。变容二极管下方的同轴短路支节用于调谐，使输出功率最大。

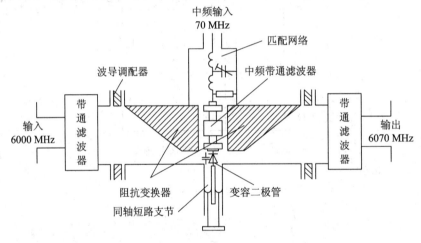

图 3-26 波导型滤波器式功率上变频器的结构示意图

图 3-27 是一个微带型滤波器式功率上变频器的结构示意图。变容二极管位于电路中央，信号功率通过低通滤波器、泵浦功率通过带通滤波器加入变容二极管，和频信号通过带通滤波器输出。和频带通滤波器用来阻止其他频率的信号进入和频系统，泵频带通滤波器用来阻止其他频率的信号进入泵频系统。

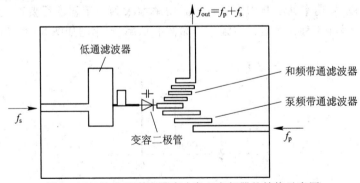

图 3-27 微带型滤波器式功率上变频器的结构示意图

2. 环行器式功率上变频器

图 3-28 是一个环行器式功率上变频器的结构示意图。中频信号和泵浦信号分别通过中频滤波器和环行器 1 加到变容二极管中进行混频，混频后产生的输出信号通过环行器 1、环行器 2 和输出滤波器输出。被输出滤波器反射的寄生频率分量将通过环行器 2 进入匹配负载被吸收。在输出滤波器与变容二极管之间相当于插入了两级隔离器，具有较好的隔离度，因此基本上消除了寄生频率分量返回到变容二极管进行二次混频的可能性，使变频器的幅频特性得到较大的改善。但是，由于插入了两只环行器，所以变频器的总变频损耗增加。

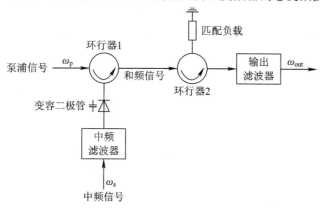

图 3-28　环行器式功率上变频器的结构示意图

3. 平衡式功率上变频器

图 3-29 给出了微带型平衡式功率上变频器的两种电路结构图。

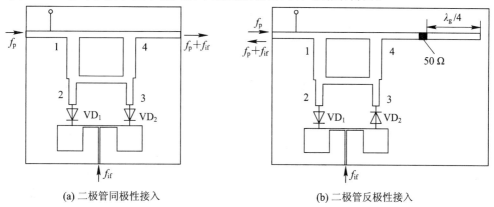

(a) 二极管同极性接入　　　　　　　(b) 二极管反极性接入

图 3-29　微带型平衡式功率上变频器的电路结构

图 3-29(a)中二极管 VD_1、VD_2 同极性接入电路，中频输入、泵浦输入与和频输出三个端口分开。变频后的输出频率分量信号被端口 2 和端口 3 反射，在端口 1 互相抵消，在端口 4 互相叠加，因此从端口 4 输出。如在端口 4 接输出滤波器，则被滤波器所反射的主要寄生频率分量信号返回到二极管进行二次变频，二次变频产生的新的频率分量信号在端口 4 互相抵消，在端口 1 互相叠加。因此，二次变频产生的输出频率分量信号不会干扰一次变频产生的输出频率分量信号，变频器的幅频特性得到了改善。

图 3-29(b)中二极管 VD_1、VD_2 反极性接入电路，泵浦输入与和频输出合到一个端口。二极管 VD_1、VD_2 连接方向相反，变频后的输出频率分量信号被端口 2 和端口 3 反射，

在端口 1 互相叠加，在端口 4 互相抵消，因此从端口 1 输出。二次变频产生的输出频率分量信号被端口 4 的匹配负载所吸收，故不影响变频器的幅频特性。

图 3-30 给出了混合环平衡式功率上变频器的电路结构。该变频器由一个 3 dB 电桥、两个变容二极管 VD_1、VD_2 和一些用于阻抗变换及直流偏置的传输线段组成。图中未包括泵浦端口的隔离器和输出端口的带通滤波器。两个中频输入端的引线接到同一中频放大器（图中未包括），中频接地线由 $\lambda_g/4$ 高阻线和扇形短路块构成。根据 3 dB 电桥特性，可分析得出端口 3 有和频输出。由相位叠加可知，二次变频产生的输出频率分量信号不会干扰一次变频的输出频率分量信号，因此变频器的幅频特性得到了改善。微带线的损耗较大，这种电路以线性好作为主要指标，但变频效率很低，只有 1％。

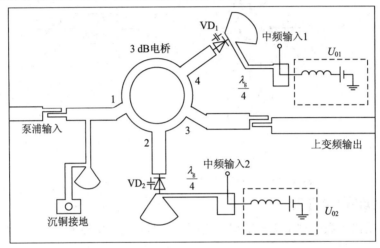

图 3-30 混合环平衡式功率上变频器的电路结构

3.4 倍 频 器

微波倍频器也是微波、毫米波系统中常用的部件，在一些微波设备如频率合成器和微波倍频链中，它更是不可缺少的关键部件之一。近年来，在毫米波超外差接收机的本振源中，也常常用到倍频器。原则上，各种半导体元件只要具有非线性，就可以用来构成倍频器。但实际上，最常用的是变容二极管倍频器和阶跃恢复二极管倍频器。变容二极管倍频器适用于低次倍频场合，其效率较高，如果忽略损耗电阻等寄生参量的影响，其效率可以达到 100％。而阶跃恢复二极管倍频器多用于高次倍频场合，其结构相对简单，倍频次数可达 100 以上。本节将介绍倍频器的基本工作原理及典型电路。

3.4.1 倍频器概述

当用大信号正弦电流或正弦电压激励变容二极管时，由于变容二极管的非线性容抗的作用，将会产生各次谐波，提取所需频率分量信号即可完成倍频功能。同时变容二极管的损耗极小，因此倍频效率很高。如图 3-31(a) 所示，微波倍频器可以等效为一个两端口网络。图 3-31(a) 中，在非线性元件的输入端加上角频率为 ω_1 的信号，此信号经过非线性元件的非线性变换，在输出端产生 ω_1 的各次谐波频率的信号，如按照需要取出角频率为 $\omega_2 = N\omega_1$ 的信号，即可完成倍频，其中 N 称为倍频次数。频谱搬移示意图如图 3 - 31(b) 所示，图中省略了各种寄生谱线。

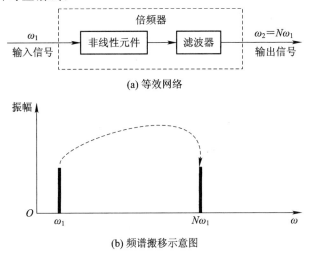

(a) 等效网络

(b) 频谱搬移示意图

图 3 - 31　倍频器的等效网络及频谱搬移示意图

3.4.2　倍频器的主要技术指标

倍频器的主要技术指标有以下几个。

(1) 倍频转换效率：射频/微波倍频器的主要技术指标，定义为输出倍频信号功率与输入信号功率之比，即

$$\eta = \frac{P_{\text{out}}}{P_{\text{in}}} \tag{3 - 32}$$

式中，P_{out} 为输出倍频信号功率，P_{in} 为输入信号功率。

倍频器采用电抗性非线性器件实现倍频，理论上倍频效率为 100%，但由于电路损耗等因素，效率往往很低。

(2) 输出功率：倍频器的最大输出功率。

(3) 输入信号频率及功率：要求的输入信号的频率和要求的输入信号功率电平。

(4) 输出倍频信号频率及倍频次数：要求的输出倍频信号的频率及倍频的次数。

(5) 输入电阻：信号输入端的输入电阻。

(6) 输出电阻：倍频信号输出端的输入电阻。

3.4.3　倍频器的工作原理

1. 变容二极管倍频原理

将适当的直流偏压和一定频率的交流电压加到变容二极管的结电容上，由于结电容的非线性，因此结电容上的电荷量必然呈现非线性变化，进而流过变容二极管上的电流也呈现非线性变化。且结电容的非线性特性斜率越大，则流过变容二极管的电流的非线性必然增加，从而谐波分量增多。突变结变容二极管的电容变化率比缓变结变容二极管的大，为了获得较高的倍频效率和较大的输出功率，变容二极管倍频器一般采用突变结变容二极管或超突变结变容二极管。

畸变的二极管电流中包含的谐波分量的多少、幅度的大小与变容二极管的非线性程度和激励电压的大小有关，如图 3-32 所示。

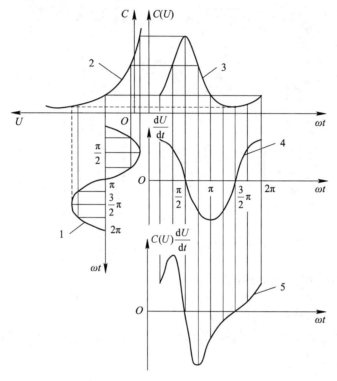

图 3-32　变容二极管倍频原理图

图 3-32 中，曲线 1 为加在变容二极管上的稳态正弦电压波形，曲线 2 为变容二极管的电压-电容特性曲线；曲线 3 为变容二极管的电容随时间变化的曲线；曲线 4 为正弦电压的微分波形；曲线 5 为变容二极管中流过的电流波形，即 $I = C(U)\dfrac{\mathrm{d}U}{\mathrm{d}t}$。由图 3-32 可见，流过变容二极管的电流波形不再是简谐振荡波形，而是一个畸变了的周期性波形，对它进行谐波分析可以求出各项高次谐波。由图 3-32 还可看出，增大变容二极管的电压-电容曲线的斜率，将使电流波形的畸变增大，因而可增加谐波含量和谐波幅度。

变容二极管倍频器的基本电路有两种，一种为并联型（又称为电流激励型），另一种为串联型（又称为电压激励型）。这两种类型的电路分别如图 3-33 和图 3-34 所示。

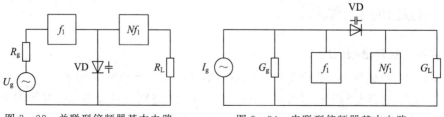

图 3-33　并联型倍频器基本电路　　　图 3-34　串联型倍频器基本电路

如果用并联谐振回路或串联谐振回路作为形式最简单的滤波器，图 3-33 和图 3-34

所示的电路又可以变为图 3 - 35 和图 3 - 36 所示的直观形式。这两种类型的电路是对偶的，都可以用于倍频器。并联型电路有利于变容二极管的安装和散热，常用于大功率倍频器；串联型电路在倍频次数较高时比并联型电路有较高的效率，较宜于安装微带结构的变容二极管。

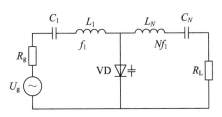

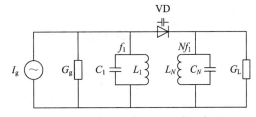

图 3 - 35　并联型倍频器电路示意图　　　　图 3 - 36　串联型倍频器电路示意图

变容二极管倍频器输入支路(回路)中，低通滤波器的主要作用是保证信号源阻抗和变容二极管的输入阻抗匹配，使信号功率能够最大限度地加到变容二极管上，同时隔离其他频率分量信号，防止其他频率分量信号传到信号源上而造成倍频效率降低，输出功率减小。

变容二极管倍频器输出支路(回路)中，带通滤波器的作用同输入支路(回路)中的类似，一方面用于匹配负载阻抗和变容二极管的输出阻抗，另一方面隔离频率分量信号和其他不在倍频分量上的各次谐波功率，防止其输出到负载上而造成功率浪费，输出功率减小，倍频效率降低。

由图 3 - 33 和图 3 - 34 可以看出，倍频器只有一个有源支路，一个倍频输出支路。实际上，为了增大倍频器的转换效率，可以增加一个或多个空闲支路(回路)，这些空闲支路(回路)不对外输出功率，只起到一个能量中转站的作用，将低次谐波分量能量转换为高次谐波分量能量，如图 3 - 37 所示。空闲支路(回路)的谐振频率是介于信号频率和输出的倍频信号频率之间的某个谐波频率，如 if_1。

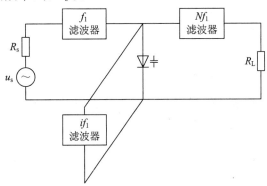

图 3 - 37　加空闲回路的变容二极管倍频器

倍频器可以只采用一个空闲电路。例如，常用的 1 - 2 - 3 倍频器，其输入信号频率为 f_1，输出信号频率为 $3f_1$，空闲频率为 $2f_1$，输入信号频率与空闲频率在变容二极管中变频得到输出信号频率 $3f_1$；又如，1 - 2 - 4 倍频器，将空闲频率 $2f_1$ 再次传送到二极管上倍频得到频率为 $4f_1$ 的输出信号。倍频器也可采用两个空闲电路。如 1 - 2 - 3 - 4 倍频器，二极管将频率为 f_1 与 $3f_1$ 的信号相加得到频率为 $4f_1$ 的信号，同时将 $2f_1$ 倍频得到 $4f_1$，然后再把两个频率为 $4f_1$ 信号的功率相加。利用空闲电路可以使效率得到提高，但是，整个倍频器的电路及倍频器的调试工作将因此变得复杂。

实际倍频器电路中，还要有直流偏置电路，用于为变容二极管提供一个合适的工作点。直流偏置电路提供直流通路，但要对包括基波在内的各次谐波分量开路，不能让直流偏置电路成为能量"漏斗"，同时也不能让直流偏置电路在某个频率谐振，从而形成所谓的负阻效应，增大倍频器的噪声。

2. 阶跃恢复二极管倍频原理

普通突变结、缓变结和超突变结变容二极管高次倍频效率不高。而阶跃恢复二极管能够用于十几次或几十次倍频，是一种特殊的变容二极管。阶跃恢复二极管的电压-电容特性曲线如图 3-38 所示。由于阶跃恢复二极管的结电容指数为 0，因此其结电容呈阶跃变化。

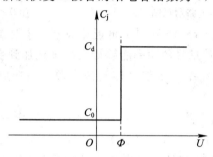

图 3-38 阶跃恢复二极管的电压-电容特性曲线

阶跃恢复二极管结电容具有微分效应，在正弦电压的激励下，阶跃恢复二极管的电压、电流波形如图 3-39 所示。电压波形呈现微分脉冲波形。窄脉冲波形中频谱分量相当丰富，可以利用这一特点将其应用于高次倍频器中，倍频次数可高达 100。

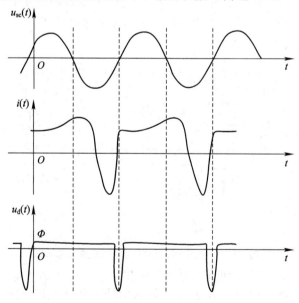

图 3-39 正弦电压激励下阶跃恢复二极管的电流、电压波形

图 3-40 给出了一种由阶跃恢复二极管构成的高次倍频器的原理框图。阶跃恢复二极管把每一个周期（T_1）输入的信号源能量转换为一个谐波丰富的大幅度窄脉冲信号；再利用

它激励一个谐振电路,得到频率为 $f_N = Nf_1$ 的衰减波振荡,最后通过带通滤波器在负载上得到 N 次谐波的等幅波。图 3-40 中谐振网络为高 Q 值谐振器,谐振于倍频信号频率,用于储存放大倍频信号能量;带通输出滤波器用于选出倍频分量信号输出,可将其看作对倍频信号的整形输出。

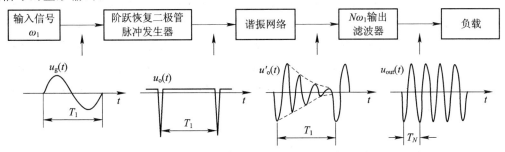

图 3-40 由阶跃恢复二极管构成的高次倍频器的原理框图

3.4.4 倍频器电路

1. 微带型 1-2-4 四倍频器

图 3-41 为微带型 1-2-4 四倍频器结构图。该倍频器采用突变结变容二极管,输入信号频率为 $f_1 = 2.25$ GHz,输出倍频信号频率为 $f_4 = 9$ GHz,空闲回路谐振频率为 $f_2 = 4.5$ GHz。输入回路为低通滤波阻抗变换电路,输出回路包括阻抗匹配电路和带通滤波器两部分,空闲回路为一四分之一波长的开路线,谐振于空闲频率。偏置电路由高低阻抗线构成,低阻抗线构成高频短路块,高阻抗线长度为输入信号波长的四分之一,对输入信号开路。这里采用自偏置,偏置电阻为 R。

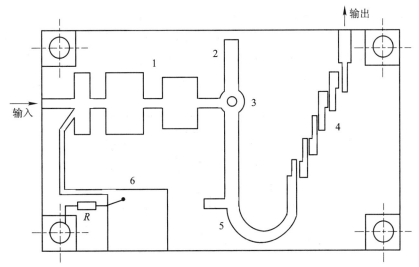

1—变阻低通滤波器;2—空闲回路;3—变容二极管;4—输出带通滤波器;5—阻抗匹配电路;6—偏置电路。

图 3-41 微带型 1-2-4 四倍频器结构图

2. 同轴腔三倍频器

图 3-42 为同轴腔三倍频器结构图。该倍频器输入信号频率为 $f_1 = 2$ GHz，输出倍频信号频率为 $f_3 = 6$ GHz，空闲回路谐振频率为 $f_2 = 4$ GHz。输入腔 2 为电容加载同轴谐振腔，谐振频率为 2 GHz，该同轴谐振腔通过耦合环和同轴输入口 1 相连。输入腔 2 通过隙缝电容将输入信号加到变容二极管 5 上。空闲腔 3 为电容加载同轴谐振腔，谐振频率为 4 GHz，该同轴谐振腔通过腔体和变容二极管相连。位于输入腔 2 内的空气同轴电容 C 和电阻 R 形成自偏置电路，为变容二极管 5 提供偏压。变容二极管 5 完成倍频作用。输出腔 4 为电容加载同轴谐振腔，其通过圆盘耦合装置和同轴输出口 6 相连。三个同轴腔体通过底部的调谐螺钉进行调谐。

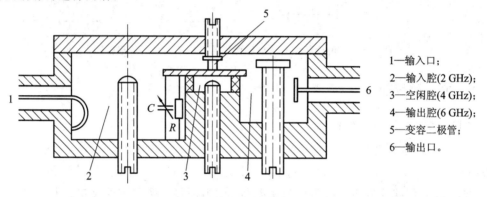

1—输入口；
2—输入腔(2 GHz)；
3—空闲腔(4 GHz)；
4—输出腔(6 GHz)；
5—变容二极管；
6—输出口。

图 3-42　同轴腔三倍频器结构图

3. 微带型阶跃恢复二极管六倍频器

图 3-43 为微带型阶跃恢复二极管六倍频器结构图。该倍频器输入信号频率为 $f_1 = 1$ GHz，输入功率为 30 dBm；输出倍频信号频率为 $f_6 = 6$ GHz，输出功率为 20 dBm。这是一个典型的采用阶跃恢复二极管倍频的例子，通过阶跃恢复二极管 4 生成周期为输入信号周期的脉冲波形，脉冲波形注入到谐振回路 6 中，谐振回路 6 谐振于倍频输出信号频率上。谐振回路 6 存储倍频频率信号能量，带通滤波器对倍频信号选频并整形后输出。

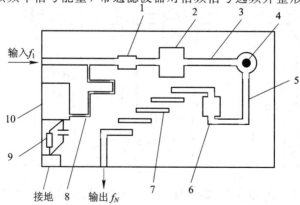

1—变阻低通滤波器；2—调谐电容；3—激励电感；4—阶跃恢复二极管；5—微带传输线；
6—四分之一波长谐振回路；7—输出带通滤波器；8—偏置线；9—偏置电阻与旁路电容；10—高频短路块。

图 3-43　微带型阶跃恢复二极管六倍频器结构图

4. 同轴-波导型六次倍频器

图 3-44 为同轴-波导型六次倍频器结构图。该倍频器输入信号频率为 $f_1 = 1\ \text{GHz}$，输入功率为 30 dBm，输出倍频信号频率为 $f_6 = 6\ \text{GHz}$，输出功率为 21.5 dBm。这是一个阶跃恢复二极管倍频器，输入腔 2 为电容加载同轴腔，输入阻抗匹配电路由同轴高低阻抗线构成，输入阻抗匹配电路左端通过圆盘耦合装置同输入腔 2 相连，右端直接和阶跃恢复二极管相连。阶跃恢复二极管处的一段同轴线形成输出谐振腔(长度为 $l_1 + l_2$)，其谐振频率的调谐通过调谐螺钉 4 来完成。输出谐振腔到输出波导的匹配靠调谐螺钉 4 和 5 共同实现。输出波导对于输入信号频率而言是截止的，输入滤波器和谐振腔同样阻止倍频信号传向信号源。这样就完成了信号端和输出端的隔离。

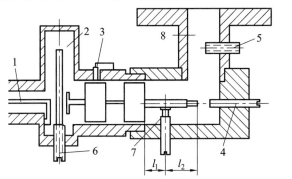

1—输入端；
2—输入腔；
3—偏置电阻；
4、5、6—调谐螺钉；
7—阶跃恢复二极管；
8—输出波导。

图 3-44　同轴-波导型六次倍频器结构图

小　结

(1) 频率变换器对信号的频谱进行搬移，对特定的输入信号按需要产生频谱变化了的输出信号。

(2) 接收机中采用下变频器将天线接收的回波信号变为中频信号。

(3) 频率变换器件产生新的频率分量的根源是采用了非线性元件。

(4) 倍频器电路中，常采用空闲回路提高倍频效率。

关键词：

混频器(下变频器)　　上变频器　　倍频器　　变频损耗　　非线性　　变容二极管

习　题

1. 肖特基二极管有哪几类？有何异同？

2. 简述非线性器件的混频原理。

3. 混频器的主要技术指标有哪些？

4. 混频器的变频损耗由哪几部分构成？

5. 单端混频器由几部分组成? 为什么说平衡混频器能够降低本振噪声的影响?

6. 采用何种结构的混频器可以抑制本振噪声?

7. 变容二极管有哪几类?

8. 写出门雷-罗威关系式并说明其物理意义。

9. 三频和频上变频器的功率关系是什么? 为什么泵浦频率越高,增益越大?

10. 倍频器的主要指标是什么?

11. 变容二极管倍频器通常由哪几部分构成?

12. 阶跃恢复二极管倍频器由哪几部分构成? 其基本工作原理是什么?

第 4 章　固态振荡器及频率合成器

微波振荡器把直流功率转换为微波信号功率，作为各种微波系统的微波能源，成为各种微波系统的重要部件之一，其性能优劣直接影响着微波系统的性能指标。本章介绍采用微波半导体管的固态振荡器及多种场合所需的高性能频率综合技术。

4.1　概　　述

微波振荡器是用来产生微波电磁信号的。微波振荡器可以分为电真空振荡器和固态振荡器。

电真空振荡器具有高功率、高可靠性、抗核辐射能力强的优点，但也具有辅助设备庞大、重量大、成本高等缺点。正因为其具有的优势，在一些场合是不可或缺的，其详见第7 章。

固态振荡器又可以分为两类：一是二极管负阻振荡器，包括雪崩管振荡器、体效应管振荡器等；二是晶体三极管振荡器，包括双极晶体管振荡器、场效应管振荡器等。固态振荡器具有功耗低、重量轻、成本低的优点，但也具有功率小、可靠性低、抗核辐射性能弱的缺点。随着科技的进步，固态振荡器得到了极大的发展，也逐渐克服了一些缺点、弱点。

随着频率源应用范围的拓展及对其需求的增多，出现了以锁相技术、频分技术、倍频技术所构成的频率合成技术，形成了高效、高性能的频率综合源，满足了许多新型高要求场合应用的需求。

4.2　固态振荡器

4.2.1　振荡器的主要指标

振荡器的主要指标包括工作频率、频率准确度、频率精度、频率稳定度、相位噪声、调谐范围等。

1. 工作频率

工作频率是指振荡器的标称频率，是振荡器最重要的指标之一。

2. 频率准确度

振荡器实际输出的振荡信号频率总是和标称工作频率有差异，这种差异和工作频率的比值就是频率准确度，即

$$A = \frac{|f_1 - f_0|}{f_0} \qquad (4-1)$$

式中 f_1 为振荡器实际输出信号频率，f_0 为振荡器标称工作频率。由于一般高性能振荡器输出频率的差异很小，所以频率准确度的数值通常很小。为了更直观和清晰地表示频率准确度，可采用三种表示方法。第一种表示方法为 ppm 法，1 ppm 代表百万分之一，即 10^{-6}，相当于频率准确度的单位是 ppm。第二种表示方法为 ppb 法，1 ppb 代表十亿分之一，即 10^{-9}，相当于频率准确度的单位是 ppb。第三种表示方法是科学表示法，即直接用 10 的负指数幂来表示，如 5.2×10^{-9}，简写为 5.2e-9。

3. 频率精度

频率精度有绝对精度和相对精度之分。频率绝对精度就是指振荡器实际输出信号的频率（f_1）与标称工作频率（f_0）的差异，单位就是频率的单位，一般用 Hz、kHz、MHz 等。频率绝对精度计算公式如下：

$$\Delta f = |f_1 - f_0| \qquad (4-2)$$

频率相对精度的定义与频率准确度的定义相同。

4. 频率稳定度

频率稳定度是指振荡器在各种环境因素、电路因素、元件因素等影响下实际输出信号频率的稳定情况，常用频率精度来描述。

影响振荡器输出信号频率稳定的因素包括：环境温度、振荡器内部噪声、元件老化、机械振动、电源纹波等。

频率稳定度分为长期频率稳定度、短期频率稳定度和瞬时频率稳定度三种。长期频率稳定度主要由器件、电路的老化特性等长期因素决定；短期频率稳定度主要由环境温度变化、电压变化、电路参数不稳定等相对短暂因素决定；瞬时频率稳定度主要由振荡器内部噪声决定。

描述长期频率稳定度常采用年老化率，单位为 ppm/年。

描述环境温度引起的短期频率稳定度常采用频率温漂系数，单位为 MHz/℃ 或 ppm/℃。

描述瞬时频率稳定度常采用相位噪声。

5. 相位噪声

振荡器输出信号频率不稳定，会造成输出信号的时域抖动，使信号的频谱不再是一个特定频率的谱线，时域抖动使谱线的下端变宽。所有实际应用的信号源都存在着不稳定性，即存在信号幅度、频率或相位起伏。通常将这些无用的频率或相位的起伏描述为相位噪声。

相位噪声的存在引起射频/微波载波频谱的扩展，其范围可以从偏离载波小于 1 Hz 一直延伸到数十 MHz。图 4-1 给出了一个典型的信号频谱。图中离散（确定的）是指信号中的确定频率，说明信号源不纯净，不是单频率信号。图中随机（连续的）是指信号源频率不稳定所形成的相位噪声。

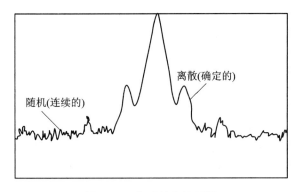

图 4 - 1　典型的信号频谱

相位噪声是指在相对于载波某一频偏处，相对于载波电平的归一化 1 Hz 带宽的功率谱密度，单位为 dBc/Hz。定量描述相位噪声的公式如下：

$$L(f) = \frac{1\ \text{Hz 带宽内的噪声功率}}{\text{载波信号功率}} = \frac{P_{\text{n}}}{P_{\text{s}}} \qquad (4-3)$$

$$L(f)(\text{dBc/Hz}) = P_{\text{n}}(\text{dBm/Hz}) - P_{\text{s}}(\text{dBm}) \qquad (4-4)$$

图 4 - 2 给出了相位噪声的示意图。

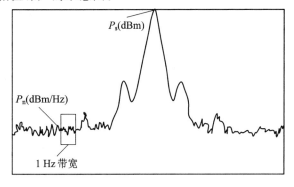

图 4 - 2　相位噪声示意图

6. 调谐范围

调谐范围是指振荡器的输出信号频率的调整范围。调谐方法有机械式调谐、电调谐两类。电调谐一般采用变容管或 YIG 小球调谐。

7. 调谐线性度

调谐线性度是指电调谐过程中输出信号频率随电调参数的变化量。如采用变容管调谐时，调谐线性度是指单位调谐电压输出信号频率的变化量，单位为 MHz/V。采用 YIG 小球调谐时，调谐线性度是指单位调谐电流输出信号频率的变化量，单位为 MHz/mA。

8. 调谐速度

调谐速度是指调谐时单位时间内振荡器输出信号频率的变化量，单位为 MHz/s 或 GHz/s。

9. 其他指标

振荡器除以上一些指标外，还有其他一些指标，如供电电源、结构尺寸、重量、工作环境、输出形式等。

4.2.2 固态振荡器的结构及原理

1. 微波二极管负阻振荡器

1）负阻特性

电阻消耗功率，在电流不变的情况下，电阻越大，消耗的功率就越大。如果有负电阻，那么负电阻不仅不消耗功率，而且会产生功率。负阻振荡器就是利用这个原理制成的。

这里所说的负阻并不是电压与电流的比值为负值。正电阻一定时，电压随电流线性变化，随电流的增大而增大，直线的斜率与电阻值的大小直接相关，如图 4-3 所示。而负电阻的伏安特性是电压随电流的增大而减小，如图 4-4 所示的 AB 段。负阻特性是一种动态电阻特性，表示电压和电流的变化关系相反。在图 4-4 中，OA 段为正电阻的伏安特性，AB 段为负电阻的伏安特性，AB 段的斜率为负值。

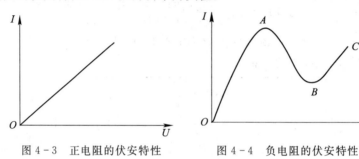

图 4-3 正电阻的伏安特性　　　图 4-4 负电阻的伏安特性

2）负阻振荡器的工作原理

负阻振荡器的电路形式有两种，一种是并联型，另一种是串联型，如图 4-5 所示。图中 $-G_d$ 表示负电导，$-R_d$ 表示负电阻。负阻振荡器的振荡条件就是回路消耗的功率要小于回路产生的功率。

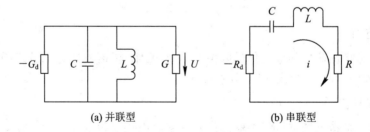

(a) 并联型　　　　　　　　(b) 串联型

图 4-5 负阻振荡器电路

并联型和串联型负阻振荡器的起振条件分别为

$$G_d > G \text{（并联）} \tag{4-5}$$
$$R_d > R \text{（串联）} \tag{4-6}$$

振荡回路能够稳定输出射频/微波振荡信号，必须满足平衡条件，即回路消耗的功率等于回路产生的功率。

并联型和串联型负阻振荡器的平衡条件分别为

$$\begin{cases} G(\omega) - G_d(U) = 0 \\ B(\omega) + B_d(U) = 0 \end{cases} \text{ 或 } \quad Y(\omega) - Y_d(U) = 0 \text{（并联）} \tag{4-7}$$

$$\begin{cases} R(\omega)-R_d(I)=0 \\ X(\omega)+X_d(I)=0 \end{cases} \quad 或 \quad Z(\omega)-Z_d(I)=0 \text{（串联）} \tag{4-8}$$

式(4-7)适用于负载并联的情况，其中，$G(\omega)$表示并联的负载电导，$B(\omega)$表示并联的负载电纳，$-G_d(U)$表示有源器件的负电导，$B_d(U)$表示有源器件的电纳。$Y(\omega)$和$Y_d(U)$分别表示并联的负载导纳和器件的导纳。

式(4-8)适用于负载串联的情况，其中，$R(\omega)$表示串联的负载电阻，$X(\omega)$表示串联的负载电抗，$-R_d(I)$表示有源器件的负电阻，$X_d(I)$表示有源器件的电抗。$Z(\omega)$和$Z_d(I)$分别表示串联的负载阻抗和器件的阻抗。

式(4-7)和式(4-8)均可分别分解为实部等式和虚部等式两部分。实部等式对应幅度平衡条件，通过它可以确定振荡幅度即振荡器输出的信号功率。虚部等式对应相位平衡条件，通过它可以确定振荡相位即振荡器输出的信号频率。

平衡有两种，一种叫作不稳定平衡，如杂技演员表演刀尖上的平衡、平衡大师表演的平衡术等，都属于不稳定平衡。只要外界施加一点作用力，使之脱离平衡点，平衡系统就会坍塌。另一种平衡叫作稳定平衡，如置于碗中的小球，当外界施加一点作用力使之偏离平衡点后，系统本身就会产生一个将其拉向平衡位置的力，使之回到之前的平衡位置，使平衡状态得以保持，如图4-6所示。

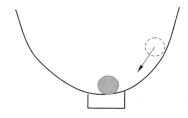

图4-6　碗中的小球

阻抗随频率变化的曲线称为阻抗线$Z(\omega)$，阻抗随电流变化的曲线称为器件线$Z_d(I)$，如图4-7所示。图中器件线$Z_d(I)$与水平线的夹角记为θ，阻抗线$Z(\omega)$与水平线的夹角记为α。从式(4-8)可以看出，平衡点就是器件线与阻抗线的交点(I_0, ω_0)，该点所对应的激励电流为I_0，对应的频率为ω_0。哪些点是稳定平衡点，哪些点是不稳定平衡点呢？稳定平衡条件即在交点处从器件线顺时针转到阻抗线，所转过的角度要小于180°，这样的交点就是稳定平衡点。

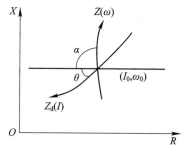

图4-7　器件线与激励线

稳定平衡点要满足的条件为

$$\theta+\alpha<180° \tag{4-9}$$

3）雪崩渡越时间二极管

碰撞雪崩渡越时间二极管简称雪崩二极管，其结构形式较多，最常用的是 $P^+ N N^+$ 型

和 N^+PP^+ 型。当外加电压增加到某一数值时，电场强度超过了击穿场强，产生雪崩击穿效应。雪崩效应不是在整个二极管内同时爆发，而是在 N^+ 重掺杂区，即正极附近，场强先达到临界值，首先发生雪崩效应，这时雪崩区电阻减小，压降减小，而临近雪崩区的场强就会变强，再次达到雪崩条件，发生雪崩，依次类推，雪崩区不断向负极扩展，直至整个二极管内全部变为雪崩状态，变为低阻大电流状态，这时电压下降，雪崩停止。此时电子以饱和漂移速度 (10^7 cm/s) 迅速到达正极，而空穴以较低的速度向负极运动，空穴运动到负极的时间称为渡越时间。当空穴都运动到负极复合后二极管回复到开始的小电流高电阻状态，进行下一个轮回，周而复始，形成射频/微波振荡，再用谐振腔或滤波器滤波输出，就可以得到射频/微波信号。振荡的周期和二极管的长度以及外加的调谐滤波电路有关。

雪崩二极管的这种工作特性，在射频/微波频段，表现为负电阻特性。

4）体效应二极管

体效应二极管是一种电子转移器件，是一种无结器件，又称为耿氏二极管。它是利用砷化镓等半导体特殊的导带能谷差异来工作的。电子都运行于不同的能级轨道上，不同的能级轨道称为能谷。砷化镓半导体的导带内有两个不同的能谷，一个是高能谷，一个是低能谷，二者之间的能量差为 0.36 eV。在室温状态下 $(T_0 = 290 \text{ K})$，砷化镓中的平均电子能量为 0.025 eV，绝大多数电子处于低能谷中。低能谷中的电子运动速度快，重量小，称为轻快电子，高能谷中的电子运动速度慢，速度为轻快电子的 0.14 倍，重量大，重量为轻快电子的 6 倍，称为重慢电子。

当有外加电场时，电子加速，电子能量升高（大于 0.36 eV），电子就会从低能谷跃迁到高能谷，随着越来越多的电子跃迁到高能谷，电子的平均速度下降，导致电流减小。这时就出现了有趣的现象，随着电压的升高，电流不增反降，表现出负阻特性，如图 4-4 所示。

随着外加电压的逐步升高，体效应二极管的这种电子跃迁效应首先发生在器件的负极附近，这时，由于电子跃迁后平均速度下降，使得在该区域两端电子运动速度快，因此造成后端电子出现堆积，前端电子出现抽离，形成所谓的高场畴。畴内电子运动速度慢，电阻大，畴外电子运动速度快，电阻小。在电场的作用下高场畴整体由负极向正极运动，直至运动到正极被吸收而消失，这时又会在负极附近形成新的高场畴，周而复始，使回路中的电流呈现周期性的变化，同样通过谐振腔或滤波器滤波输出，就可以得到射频/微波信号。改变谐振腔的谐振频率或滤波器的滤波频率就可以改变输出信号的频率。

2. 微波晶体管振荡器

微波晶体管功率放大器加上反馈回路就可以构成微波晶体管振荡器，其原理电路框图如图 4-8 所示。微波晶体管振荡器可看作自反馈的放大器。

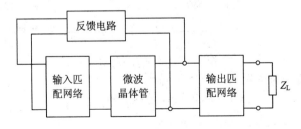

图 4-8　微波晶体管振荡器原理电路框图

微波晶体管振荡器必须有反馈电路，用以维持恒定振荡。由于共基极电路频率特性好，因此微波晶体管振荡器多采用共基极形式。图 4-9 中给出了三种最常用的共基极振荡电路形式，分别是考尔毕兹式、哈特莱式、克拉泼式。

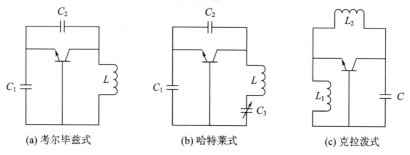

(a) 考尔毕兹式　　　　　(b) 哈特莱式　　　　　(c) 克拉泼式

图 4-9　三种共基极振荡电路

基于微波晶体管的振荡器，可以采用与微波晶体管放大器类似的分析、设计方法，只是平衡条件略有不同。微波晶体管振荡器的设计中采用的平衡条件如下：

$$\mathrm{Re}(Z_L) = -\frac{1}{3}\mathrm{Re}(Z_D) \tag{4-10}$$

$$\mathrm{Im}(Z_L) = -\mathrm{Im}(Z_D) \tag{4-11}$$

其中，Z_L 为负载阻抗，Z_d 为器件阻抗。

4.2.3　固态振荡器电路

1. 同轴腔振荡器

机械调谐同轴腔负阻振荡器由负阻器件(二极管)和同轴谐振腔、耦合输出电路等构成(见图 4-10)，同轴谐振腔、耦合输出电路和负载一起组成外电路，共同和负阻器件一起构成谐振回路，通过调谐活塞调谐谐振回路频率，从而改变振荡器输出信号的频率。

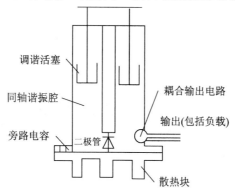

图 4-10　机械调谐同轴腔负阻振荡器结构图

2. 微带振荡器

图 4-11 为一常见的体效应管微带振荡器结构示意图，负阻器件右边为一段终端开路线(图中 1)，可以等效为一电感，用来调整振荡器输出信号频率。负阻器件可以采用体效应二极管或雪崩二极管。输出端的隙缝电容起到与其他电路隔离直流的作用。由图 4-11 可见微带振荡器电路的制作简单，成本低。

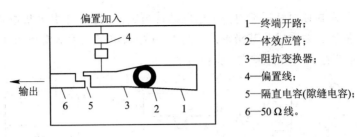

1—终端开路；
2—体效应管；
3—阻抗变换器；
4—偏置线；
5—隔直电容(隙缝电容)；
6—50 Ω线。

图 4-11 半波长谐振器调谐的体效应管微带振荡器结构

3. 波导腔振荡器

图 4-12 为波导腔振荡器结构剖面图。波导腔比同轴腔具有更高的品质因数和更好的频率稳定度及噪声性能，频率选择性更好，常用于比 X 频段频率更高的振荡器中。负阻器件位于矩形波导宽边中心，平行于波导电场放置。整个结构通过金属调谐棒等效的电容进行调谐，调谐机构采用 λ/4 同轴线和 λ/4 径向线形成的扼流连接，以减少调谐机构对矩形谐振腔体的不良影响。通过穿芯电容给负阻器件提供偏置电压。振荡信号通过耦合窗耦合到输出波导中输出。

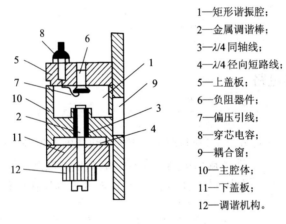

1—矩形谐振腔；
2—金属调谐棒；
3—λ/4 同轴线；
4—λ/4 径向短路线；
5—上盖板；
6—负阻器件；
7—偏压引线；
8—穿芯电容；
9—耦合窗；
10—主腔体；
11—下盖板；
12—调谐机构。

图 4-12 波导腔振荡器结构剖面图

4. 介质振荡器

图 4-13 给出了两种运用介质谐振器进行调谐的振荡器。图 4-13(a) 为并联反馈的情况，图 4-13(b) 为串联反馈的情况。图中 DR 表示介质谐振器，为贴于微带线旁边的一个圆柱形介质片，由于靠近微带线，和微带线之间形成耦合，用于调谐振荡器输出信号频率。

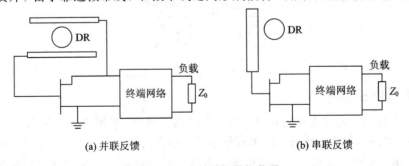

(a) 并联反馈　　　　　　　　　　(b) 串联反馈

图 4-13 介质谐振器振荡器

5．YIG 调谐振荡器

图 4-14 给出了 YIG 小球调谐振荡器的结构示意图和等效原理图。YIG 是一种单晶铁氧体材料，俗名为钇铁石榴石，通常被做成小球形状，在恒定磁场作用下表现出各向异性特性。如图 4-14(a)所示，通过扫描电源改变电磁铁中的电流，从而改变加于 YIG 小球上的恒定磁场，进而改变等效的谐振回路参数，使振荡器输出信号频率改变。采用这种调谐方法，可以大范围改变振荡器输出信号的频率，可达几个倍频程。实验仪器中常采用此方法。

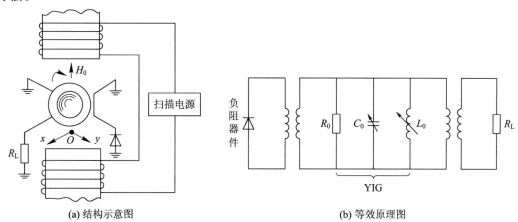

(a) 结构示意图　　　　　　　　　　　　　　　　(b) 等效原理图

图 4-14　YIG 小球调谐振荡器

6．变容二极管电调谐的晶体振荡器

图 4-15 给出了利用变容二极管进行电调谐的晶体管振荡器结构示意图和等效原理图。图中变容二极管和体效应二极管直接用管芯进行制作，避免了封装参数对电路的影响，可有效提高振荡频率和噪声性能。

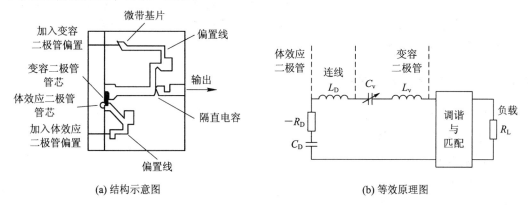

(a) 结构示意图　　　　　　　　　　　　　　　　(b) 等效原理图

图 4-15　变容二极管串联调谐的晶体管振荡器

图 4-16 给出了用变容二极管调谐的同轴腔负阻振荡器结构示意图及其调谐特性。振荡器由同轴谐振腔、变容二极管、转移电子器件、旁路电容、输出装置和散热装置等组成。其中，同轴腔的短路调谐活塞用来大范围调节谐振腔的谐振频率，属于机械调谐；改变变容二极管的电压，可以小范围改变谐振器的谐振频率，属于电子调谐。两种调谐方式都可以通过改变谐振腔的谐振频率来改变谐振器的输出频率。图 4-16(b)中，P 表示改变变容

二极管偏压时的输出功率变化曲线，Δf 表示改变变容二极管偏压时输出信号的频率变化曲线，可以看出，变容二极管偏压改变时，输出信号的频率发生改变，而输出功率电平变化不大。通过改变变容二极管的偏压，可以改变谐振回路的谐振参数，从而改变振荡器输出信号的频率。

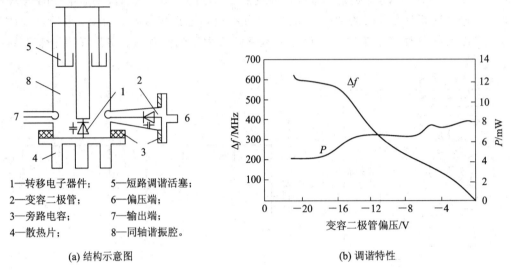

1—转移电子器件；　5—短路调谐活塞；
2—变容二极管；　　6—偏压端；
3—旁路电容；　　　7—输出端；
4—散热片；　　　　8—同轴谐振腔。

(a) 结构示意图　　　　　　　　(b) 调谐特性

图 4-16　变容二极管调谐的同轴腔负阻振荡器

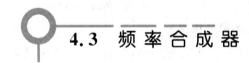

4.3　频率合成器

　　将一个高稳定度和高精度的标准频率信号经过加、减、乘、除的四则算数运算，产生有相同稳定度和精确度的大量离散频率，这就是频率合成技术。在现代雷达接收机中，本振及相干振荡器通常是采用具有高稳定性和宽频率范围的频率合成器来构成的。频率合成器是全相参雷达的重要组成部分。

4.3.1　频率合成器的主要指标

　　频率合成器的主要指标包括频率范围、频率间隔、频道数、频率转换时间、输出功率、功率波动、相位噪声、杂散等。

1. 频率范围

　　频率范围是指频率合成器输出信号频率的最小值和最大值之间的变化范围。频率合成器输出频率与频率控制码一一对应。

2. 频率间隔

　　频率间隔是指输出信号频率的步进长度。

3. 频道数

　　频道数是指频率合成器所能输出频点的个数。

4. 频率转换时间

频率转换时间是指变换不同频率的时间间隔，一般是从最低频率到最高频率或从最高频率到最低频率的变换时间中最长的时间。

5. 输出功率

输出功率同振荡器的输出功率，通常采用 dBm 作为功率单位。对于较大功率，也可采用 dBW 作为功率单位。

6. 功率波动

功率波动是指频率范围内各个频点的输出功率的偏差。

7. 相位噪声

相位噪声也是频率合成器的一个极为重要的指标，和组成频率合成器的每一部分都息息相关。

8. 杂散

杂散信号是由鉴相器、混频器等非线性器件产生的，杂散是一些离散的、非谐波的干扰信号。其指标定义为：离散频谱在频带范围内的最大值与信号幅度之比，一般用 dBc 表示。

9. 其他

控制码：一般指控制码的结构关系和其与输出频率的对应关系。

电源：频率合成器通常需要多组电源。

4.3.2　频率合成器的种类及基本原理

频率合成器有四类：直接式频率合成器、锁相环频率合成器(PLL)、直接数字式频率合成器(DDS)和 PLL＋DDS 混合结构。

1. 直接式频率合成器

直接式频率合成器是把一个或几个基准信号通过混频、分频、倍频、滤波等进行频率变换、组合，最后可获得大量的离散频率，选取所需要的频率即可。这是早期的一种频率合成技术，开始于 20 世纪 30 年代，属于第一代频率合成技术，广泛应用于全相参的现代雷达中。

典型的直接式频率合成器只用一个高稳定的晶体参考频率源，所需的各种频率信号都是由它经过分频、混频和倍频后获得的，因而这种频率合成器输出各种信号频率的稳定度和精度与参考源一致，所产生的各种信号之间有确定的相位关系。直接式频率合成器的优点是频率稳定度高、输出相位噪声低、工作稳定可靠、频率转换时间短且能够产生任意频率步进；缺点是频率范围受限，输出信号中谐波、噪声和其他寄生频率难以抑制。另外，直接式频率合成器结构复杂、难于集成、体积和重量大，给使用带来不便。

图 4-17 为典型的直接式频率合成器原理方框图，由基准频率振荡器、谐波发生器、倍频器、分频器、上变频发射激励和控制器等部分组成。其中基准频率振荡器输出的基准频率为 F。在这里，稳定本振频率 $f_L = N_1 F$；相参振荡器频率 $f_c = MF$；发射信号频率 $f_o =$

(N_iF+MF)，$i=1，2，\cdots，k$；触发脉冲频率 $f_r=F/n$。因为这些频率均为基准频率 F 经过倍频、分频及混频器合成而产生的，它们之间有确定的相位关系，因此是一个全相参系统。

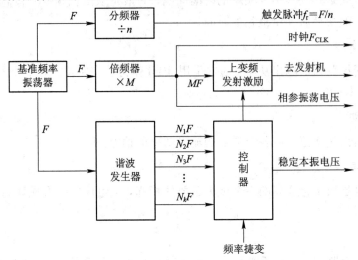

图 4-17 典型的直接式频率合成器原理方框图

图 4-17 中采用的频率合成技术适用于频率捷变雷达。基准信号频率 F 经过谐波产生器，就可以得到 N_1F，N_2F，$\cdots$，N_kF 等不同的频率。在控制器输出的频率捷变码的作用下，射频信号的载频 f_0 可以在 $(N_1+M)F$，$(N_2+M)F$，$\cdots$，$(N_k+M)F$ 之间实现快速跳变，与此同时，本振频率 f_L 也相应地在 N_1F，N_2F，$\cdots$，N_kF 之间同步跳变。二者之间严格保持固定的差频 MF（中频接收机的中频频率）。

2. 锁相环频率合成器

锁相环频率合成器利用了锁相环路（phase locked loop，PLL）实现频率合成的技术。锁相环频率合成器的原理框图如图 4-18 所示。图中 PD 代表鉴相器，LF 代表环路滤波器，VCO 代表压控振荡器。压控振荡器的输出信号与基准信号在鉴相器中进行相位比较，由相位差产生误差电压输出，误差电压经过环路滤波器滤波得到控制电压，控制电压加到压控振荡器上，使之产生频率偏移，来跟踪输入信号的频率，当锁相环路达到稳定后，输出信号频率等于输入信号频率。锁相环频率合成器电路结构简单，性能指标较高，还可以通过加入分频器和倍频器得到不同于基准信号频率的新频率信号，如图 4-19 所示。图 4-19 中的两个分频器中的一个或两个换为倍频器，就可形成不同频率输出信号的变换结构。

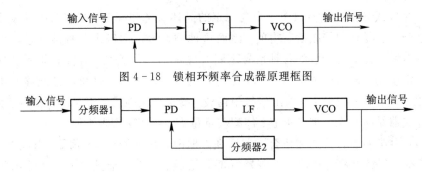

图 4-18 锁相环频率合成器原理框图

图 4-19 加入分频器的锁相环频率合成器原理框图

锁相环频率合成器主要分为三类：模拟 PLL 电路、数字 PLL 电路和数模混合 PLL 电路。数字 PLL 电路就是用数字分频器和数字鉴相器代替模拟电路。一般锁相环频率合成器的频率转换时间在微秒到毫秒量级。锁相环频率合成器属于第二代频率合成技术。

3. 直接数字式频率合成器

20 世纪 70 年代提出的直接数字式频率合成技术（direct digital synthesis，DDS）是新一代频率合成技术，属于第三代频率合成技术。

DDS 的基本组成框图如图 4 - 20 所示。DDS 技术是利用数字方式形成正弦波的离散数字序列，经数模转换形成模拟正弦波。DDS 频率合成器主要由相位累加器、正弦波形表存储器、D/A 变换器、低通滤波器等组成。

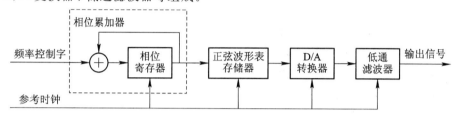

图 4 - 20　DDS 基本组成框图

DDS 的相位累加器在频率控制字的控制下，以参考时钟为采样频率，产生符合待合成频率信号的数字线性相位序列，再查询正弦波形表存储器，得到相应的频率信号波形数字序列，最后由低通滤波器平滑输出连续的相应频率的正弦波形信号。

DDS 技术具有可达 $1\ \mu Hz$ 的极高频率分辨率、小于 $0.1\ \mu s$ 的极短频率转换时间、集成度高、体积小及可方便产生多种频率信号等优点。DDS 也有其局限性：一是最高输出频率受限，一般在几十到 400 MHz 左右，采用 GaAs 工艺，可达 2 GHz 左右；二是输出杂散大。这两个方面限制了其应用。

4. PLL+ DDS 混合结构

要使 DDS 工作在微波频段，需要和锁相频率合成器结合。运用 PLL 和 DDS 相结合的方式可以克服二者的缺点，充分发挥二者的优点。用 DDS 作为 PLL 的可变参考源就是一种理想的方案。用 DDS 作为激励源激励 PLL 频率合成器的原理框图如图 4 - 21 所示。

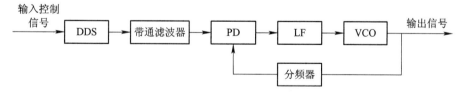

图 4 - 21　DDS 激励 PLL 频率合成器的原理图

小　　结

（1）微波振荡器是用来产生微波电磁信号的。微波振荡器可以分为电真空振荡器和固态振荡器。固态振荡器又可以分为二极管负阻振荡器和晶体三极管振荡器两类。

（2）将一个高稳定度和高精度的标准频率信号经过加、减、乘、除的四则算术运算，产生有相同稳定度和精确度的大量离散频率，这就是频率合成技术。根据这个原理组成的电路单元或仪器称为频率合成器或频率综合器。

关键词：

固态振荡器　　　频率合成器　　　频率准确度　　　频率稳定度

锁相环频率合成器（PLL）　　　直接数字式频率合成器（DDS）

习　题

1. 射频/微波振荡器分为哪几类？
2. 射频/微波固态振荡器分为哪几类？
3. 射频/微波振荡器的指标包括哪些？
4. 固态器件的负阻特性指的是什么？
5. 简述雪崩二极管振荡器的工作原理。
6. 简述体效应二极管振荡器的工作原理。
7. 微波晶体管振荡器和微波晶体管放大器相比必须包括哪部分电路？
8. 频率合成器分为哪几种？

第 5 章　微波固态放大器

　　微波放大器将直流能量转换成微波信号能量，使信号得以放大，在微波系统中发挥着重要作用，是微波系统的核心部件。随着雷达、通信等电子技术的发展应用，微波放大器的地位和作用日益凸显。本章主要介绍低噪声放大器的主要指标、结构及原理和功率放大器的主要指标及功率合成的基本概念。

5.1　概　　述

　　早期的微波放大器主要有速调管和行波管等电真空器件，以及基于隧道二极管或变容二极管负阻特性的固态反射放大器。自 20 世纪 70 年代以来，固态技术的进步使得今天大多数射频和微波放大器均使用晶体管器件，如 Si 或 SiGe BJT、GaAs HBT、GaAs 或 InP FET、或 GaAs HEMT。微波晶体管放大器具有价格低、可靠性高及容易集成在混合和单片集成电路上等优点，可以在频率低于 100 GHz、小体积、低噪声系数、宽频带和中小功率容量的应用范围内使用。

　　根据用途不同，微波放大器可以分为低噪声放大器和功率放大器。根据输出功率的大小，微波放大器可以分为小功率放大器、中功率放大器和大功率放大器。通常将输出功率小于 10 mW 的功率放大器称为小功率放大器，输出功率大于 10 mW 而小于等于 10 W 的功率放大器称为中功率放大器，输出功率大于 10 W 的功率放大器称为大功率放大器。

　　微波放大器还可按放大的信号带宽的不同分为窄带放大器和宽带放大器；按半导体放大管的结构不同又可以分为双极晶体管放大器、场效应管放大器和高电子迁移率放大器等。

　　微波放大器不同的分类是从不同角度看待同一器件，如称一个放大器为宽带、大功率、场效应管放大器，就是说该放大器为大功率放大器，是一个宽带信号放大器，是利用场效应管(FET)构建的。

5.1.1　微波双极晶体管

　　微波双极晶体管通常都是平面结构，和低频晶体管相比，其封装形式和内部结构区别很大。图 5-1 给出了微波双极晶体管的典型封装形式。其中同轴封装形式适用于同轴电路，多用于功率放大器和振荡器。平面封装形式多用于微带平面电路。平面封装的微波双极晶体管有四个极，一个基极(B)，一个集电极(C)，两个发射极(E)，实际封装外观如图 5-2 所示，标有点的位置 1 是基极(B)，与之相对的 3 是集电极(C)，另两个宽度较宽的 2、

4 为发射极(E)。微波双极晶体管电路符号如图 5-3 所示。

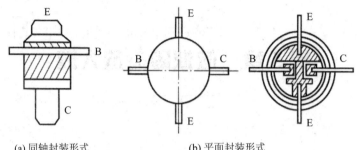

(a) 同轴封装形式   (b) 平面封装形式

图 5-1 微波双极晶体管的典型封装形式

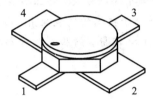

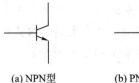

(a) NPN型   (b) PNP型

图 5-2 平面封装的微波双极晶体管   图 5-3 微波双极晶体管的电路符号

为了工作于微波频段，微波双极晶体管内部结构多采用交指型管芯结构，如图 5-4 所示。这种结构可以有效减小结电容，提高工作频率。低噪声管交指数目通常只有 3~5 条，而功率管交指数目可达 10~20 条。

微波双极晶体管的噪声主要有热噪声和散弹噪声两类。热噪声主要是由管子内部电阻的热损耗引起。散弹噪声主要由电流分配的随机性决定，在低频区表现为闪烁噪声，在高频区表现为分流噪声。微波双极晶体管的噪声特性如图 5-5 所示，图中纵坐标为噪声系数 F，横坐标为频率 f，f_{c1} 和 f_{c2} 分别为闪烁噪声区和分流噪声区的上下边界。由图 5-5 可见，在中间频率的热噪声区噪声系数最小。

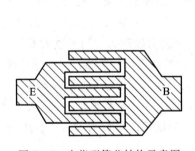

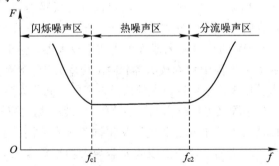

图 5-4 交指型管芯结构示意图   图 5-5 微波双极晶体管的噪声特性示意图

5.1.2 微波场效应晶体管

微波场效应晶体管(FET)是通过电场来控制半导体中电子流动而实现放大和通断功能的，它属于电子半导体器件。微波频段的场效应晶体管主要有 PN 结场效应晶体管(JFET)、金属-氧化物-半导体场效应晶体管(MOSFET)、金属-半导体场效应晶体管(MESFET)和高电子迁移率场效应晶体管(HEMTFET)。其中高电子迁移率场效应晶体管性能最好，广泛应用于雷达、通信、遥感、宇航通信、医学等领域中。用于制造微波场效应晶体管的半导体材料主要有硅(Si)、锗(Ge)、砷化镓(GaAs)等，其中砷化镓性能最好。

　　微波场效应晶体管的结构如图 5-6 所示。微波场效应晶体管和微波双极晶体管一样也有四个极，一个漏极(D)相当于微波双极晶体管的集电极(C)，一个栅极(G)相当于微波双极晶体管的基极(B)，两个源极(S)相当于微波双极晶体管的发射极(E)。已封装的微波场效应晶体管外观如图 5-7 所示，有切角的为栅极(G)，与之相对的是漏极(D)，另两个较宽的为源极(S)。微波场效应晶体管的电路符号如图 5-8 所示。

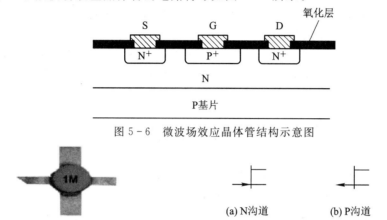

图 5-6　微波场效应晶体管结构示意图

图5-7　已封装的微波场效应晶体管　　　图 5-8　微波场效应晶体管的电路符号

　　微波场效应晶体管的工作原理如图 5-9 所示。当源极(S)和漏极(D)之间没有外加电压即 $U_{DS}=0$ 且栅极(G)上也没有外加电压时，整个器件处于平衡状态，所形成的沟道均匀，如图 5-9(a)所示。

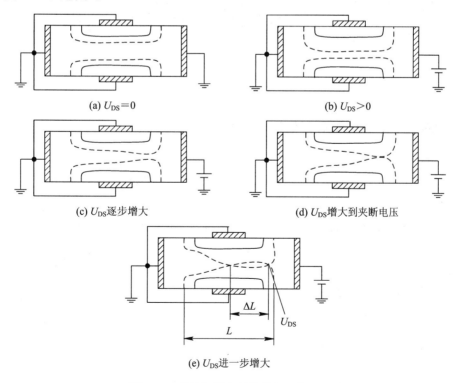

图 5-9　微波场效应晶体管的工作原理

当 $U_{DS} > 0$ 且值较小时，有电流 I_D 流过沟道，可以将沟道视为一个电阻，电流 I_D 和电压 U_{DS} 成线性关系，如图 5-9(b)所示。

当 U_{DS} 逐渐增大，电流 I_D 也会增大，这时沟道中压降随之增大，使沟道两端电压不同，以致靠近漏端沟道变窄，如图 5-9(c)所示。

当 U_{DS} 增大至某一值时，靠近漏端的沟道夹断，这时对应的电压称为夹断电压，同时流到漏端的电流变为 0，如图 5-9(d)所示。

若 U_{DS} 进一步增大，就会使沟道内夹断长度 ΔL 增大，使沟道夹断更彻底，如图 5-9(e)所示。

当栅极电压不为 0 时，也有类似的情况。栅极电压的改变可以整体改变沟道的宽度。控制栅极电压可以有效减小或增大沟道宽度，从而达到放大电流 I_D(信号)的目的。

5.2　低噪声放大器

雷达接收机中普遍采用低噪声放大器(low noise amplifier，LNA)来放大接收到的微弱的回波信号，如图 5-10 所示。低噪声放大器位于接收机前端，这要求它的噪声越小越好；为了抑制后面各级噪声的影响，还要求它有一定的增益，但为了不使后面的混频器过载，增益不能过高。此外，因为接收机接收的信号通常很微弱，所以低噪声放大器必须是一个小信号线性放大器。

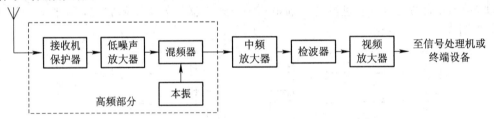

图 5-10　雷达接收机示意图

5.2.1　低噪声放大器的主要指标

低噪声放大器的主要指标有噪声系数与噪声温度、功率增益、相关增益与增益平坦度、工作频带、动态范围、端口驻波比、三阶交调系数与 1 dB 压缩点线性输出功率等。

1. 噪声系数与噪声温度

微波放大器接入电路如图 5-11 所示，图中 Z_S 为信号源内阻，U_S 为信号电压，U_n 为噪声电压。

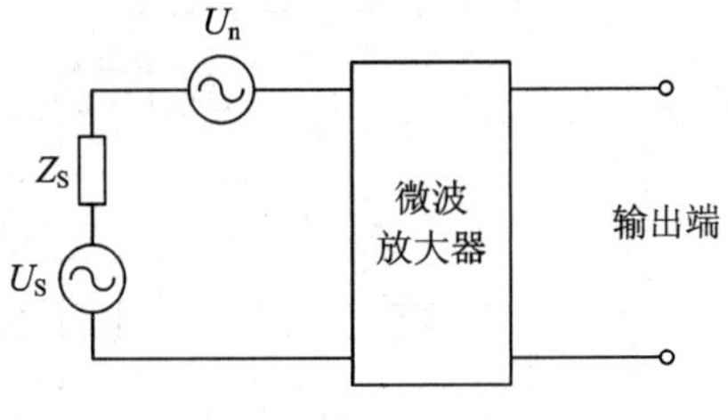

噪声系数为放大器的输入信号信噪比与输出信号信噪比的比值，用字母 F 表示，其定义为

$$F = \frac{S_{in}/N_{in}}{S_{out}/N_{out}} \qquad (5-1)$$

图 5-11　微波放大器接入电路示意图

噪声系数的分贝表示为 N_F，其计算式如下：

$$N_F(\text{dB}) = 10\lg F \qquad (5-2)$$

由式(5-1)可看出，噪声系数是指信号通过放大器后，由于放大器产生噪声，使信噪比变差，因此导致信噪比下降的倍数。

当放大器的噪声系数很小时，为了表示方便，采用等效噪声温度 T_e 来表示噪声系数，它与噪声系数的关系如下：

$$T_e = T_0(F-1) \tag{5-3}$$

式中，T_0 为环境温度，其值为 293 K。理想无噪声放大器的噪声温度为零。

噪声系数与等效噪声温度的对比如表 5-1 所示。

表 5-1　噪声系数与等效噪声温度对比表

N_F/dB	0.1	0.2	0.5	0.7	0.9	3	10
F	1.0233	1.047	1.122	1.175	1.23	1.995	10
T_e/K	6.82	20.96	35.75	51.24	67.47	291.6	2930

2. 功率增益、相关增益与增益平坦度

（1）功率增益。

功率增益表示在接入放大器后和接入放大器前负载上测得的功率比。设信号源内阻和负载阻抗都是 50 Ω 标准阻抗，采用插入法实测增益。设信号源输出功率为 P_1，将放大器接到信号源上，用功率计测放大器的输出功率为 P_2，则功率增益 G 定义为

$$G = \frac{P_2}{P_1} \tag{5-4}$$

当多个放大器级联时，其总的功率增益如下：

$$G = G_1 G_2 G_3 \cdots \tag{5-5}$$

$$G(\text{dB}) = G_1(\text{dB}) + G_2(\text{dB}) + G_3(\text{dB}) + \cdots \tag{5-6}$$

多个放大器级联时的噪声系数如下：

$$F = F_1 + \frac{F_2-1}{G_1} + \frac{F_3-1}{G_1 G_2} + \cdots \tag{5-7}$$

如图 5-10 所示采用低噪声放大器的接收机中，低噪声放大器（LNA）为第 1 级，混频器为第 2 级，由式（5-7）可知，LNA 增益需足够大才可以压制后级的噪声。一般低噪声放大器增益 $G = 20 \sim 50$ dB。

现代微波系统中的接收机高放几乎毫无例外地使用晶体管低噪声放大器。

（2）相关增益。

相关增益是指设计低噪声放大器时，其噪声最佳匹配情况下的增益通常比最大增益小 $2 \sim 4$ dB。

（3）增益平坦度。

增益平坦度是指低噪声放大器在工作频带 Δf 内功率增益的起伏，常用工作频带 Δf 内的最大增益与最小增益之差 $\Delta G(\text{dB})$ 表示，例如 Δf 内，$\Delta G(\text{dB}) \leqslant 2$ dB。

对于多路通信而言，每个信道频率只占数十兆赫兹。常用增益斜率来表示放大器增益，单位为 dB/MHz，例如 $\Delta G = (0.05 \sim 0.1)\text{dB}/10\text{MHz}$。

放大器的增益和噪声系数会随频率的变化而变化，某微波场效应管放大器增益及噪声系数的频响曲线如图 5-12 所示。增益以每倍频程 6 dB 的规律随频率升高而下降，噪声系

数随频率上升而增大。

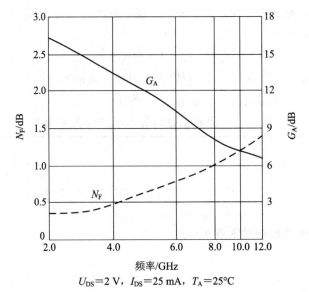

$U_{DS}=2$ V，$I_{DS}=25$ mA，$T_A=25℃$

图 5 - 12　某微波场效应管放大器增益及噪声系数频响曲线

3. 工作频带

工作频带是指低噪声放大器功率增益满足平坦度要求的频带范围，而且频带内噪声系数也要满足要求。

4. 动态范围

动态范围是指低噪声放大器输入信号允许的最小功率和最大功率之间的范围。

动态范围下限 P_{min} 受低噪声放大器的噪声性能限制，计算式如下：

$$P_{min}=N_{in}M=kT_0\Delta f_m M \tag{5-8}$$

式中：N_{in} 为放大器输入端的噪声功率；k 为玻尔兹曼常数，其值为 $1.380\ 650\ 5×10^{-23}$ J/K，T_0 为环境温度，其值取 293 K；Δf_m 为信号频带宽度；M 为系统允许的最小信噪比。

动态范围上限受低噪声放大器的非线性限制，如低噪声放大器输出功率呈现 1 dB 压缩点时的输入功率，基本上取决于放大器末级的功率容量。

5. 1 dB 压缩点线性输出功率

如图 5 - 13 所示，当低噪声放大器增益下降到比线性增益小 1 dB 时，所对应的输出功率定义为 1 dB 压缩点输出功率 $P_{out,1dB}$，这时所对应的输入功率称为 1 dB 压缩点输入功率 $P_{in,1dB}$。

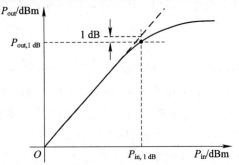

图 5 - 13　低噪声放大器的 1 dB 压缩点

6. 端口驻波比

端口驻波比通常是指低噪声放大器输入端口的驻波比。为了保证放大器的噪声最低，输入端往往采用最佳噪声匹配，因此驻波不好。另外，由于低噪声放大器频率低端增益高，频率高端增益低，为了获得工作频带内相对平坦的增益，端口驻波比常常随频率降低而升高，一般为 1.5～3。为了改善端口驻波比，通常加隔离器使驻波比达到 1.2 左右。但加隔离器使低噪声放大器的噪声系数略有增大。

7. 三阶交调系数

放大器由有源器件构成，具有较强的非线性，会产生很多新的频率分量信号。若这些新的频率分量信号落入信号的频带内，就会对原信号形成干扰。对于窄带信号而言，当相邻信道的两个不同信号同时进入放大器后，就会产生如 $mf_1 \pm nf_2$ 的众多新的频率信号，称为交调信号，其中 $m+n$ 称为交调信号的阶数。随着交调信号阶数的升高，交调信号会迅速减小。其中三阶交调信号由于和原信号频率相近，因此会落入信号频带内形成较强干扰。三阶交调信号是干扰最强的交调信号。如图 5-14 所示，设 P_3 为三阶交调分量 $2f_1-f_2$ 和 $2f_2-f_1$ 的功率，P_1 是频率为 f_1 的信号功率，同时设频率为 f_1 的信号功率大于频率为 f_2 的信号功率，则三阶交调系数定义为

$$M_3 = 10 \lg \frac{P_3}{P_1} \quad \text{（dBc）} \tag{5-9}$$

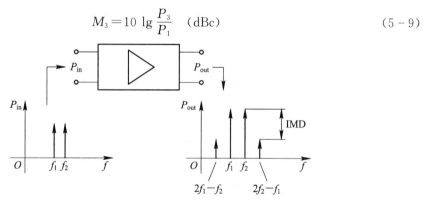

图 5-14　放大器三阶交调失真示意图

对模拟微波通信来说，三阶交调失真产物会产生邻近通道之间的串扰；对数字微波通信来说，三阶交调失真产物会降低系统的频谱利用率，并使误码率增大。

系统的通信容量越大，要求放大器的三阶交调系数值越低，通常为 −30 dBc 甚至 −40 dBc，而低噪声放大器的非线性要求远比功率放大器的高，其三阶交调系数至少要小于 −50 dBc。

5.2.2　低噪声放大器的结构及原理

低噪声固态放大器采用微波晶体管作为主要部件，其电路结构如图 5-15 所示，共有四个基本组成部分，包括微波晶体管（放大管）、输入匹配网络（电路）、输出匹配网络（电路）、直流偏置电路。输入匹配网络和输出匹配网络的设计要使放大器的噪声系数和增益满足要求。直流偏置电路提供晶体管合适的工作点及供给直流能量，最终转换成微波功率输出。

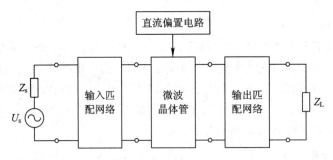

图 5-15 微波晶体管放大器电路结构

一般晶体管放大器采用共发射极电路，场效应管 FET 采用共源极电路。晶体管共发射极放大器原理电路如图 5-16 所示。

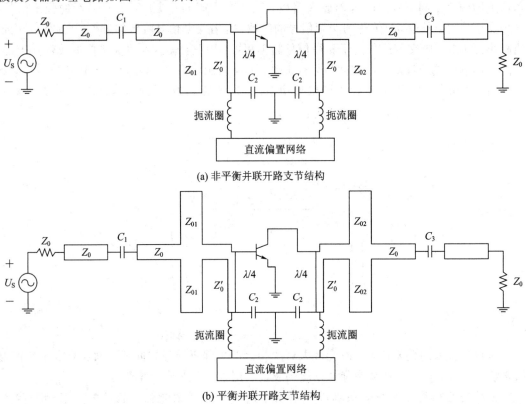

(a) 非平衡并联开路支节结构

(b) 平衡并联开路支节结构

图 5-16 晶体管共发射极放大器原理电路

图 5-16 中，直流偏置电路给微波放大管提供直流偏置，使微波放大管工作在合适的工作点，即合适的基极电压、集电极电压和发射极电流，对于场效应管而言是合适的栅极电压、漏极电压和源极电流。选取微波放大管的工作点的目的：一是要获得较高的放大倍数；二是要使信号放大时，放大器本身产生的噪声小。放大器的偏置电路与射频电路之间的正确连接很重要，应尽量减小相互间的影响，同时尽量保证由信号源端向负载端传输的射频/微波信号不泄漏，即直流通路与射频/微波信号的通路应完全隔离，以消除交流信号与直流源及地之间的耦合。为此，常采取以下几种方法：

（1）在直流源与射频/微波电路之间连接一个电感，即通常所说的射频扼流圈（RFC）。使用"铁氧体"小环便可实现一个简单的射频扼流圈。

（2）在直流源与射频/微波电路之间连接一个四分之一波长的阻抗变换器。其变换段的特性阻抗 Z_0' 应很高（即 $Z_0' \gg Z_0$），使其对射频/微波信号产生一个很高的阻抗。

（3）将一个大电容（作为负载）接于四分之一波长变换器的终端，以有效地短路可能泄漏到直流电路中的射频/微波信号。接于四分之一波长变换器终端的大电容作为负载在微波频率下呈现短路，在其输入端相当于开路，从而隔断了直流与射频/微波电路之间的通路。

实际电路的设计中综合利用以上三种方法，既可保证直流电路与射频/微波电路的良好隔离，又可保证放大器的正常工作。

输入匹配网络完成信号源的内阻抗和微波放大管的输入阻抗的共轭匹配，使微波信号源输出最大功率。输出匹配网络完成微波放大管和负载阻抗的匹配，使放大后的信号能够有效输出到负载上。

图 5-15 中，输入匹配网络、输出匹配网络均采用单支节匹配器。图 5-16（a）中，采用非平衡并联开路支节结构，为获得更好的输入电压驻波比，可以使用如图 5-16（b）所示平衡或对称并联开路支节结构，这种结构可减小串、并联传输线之间的相互影响。为了实现直流通路和射频通路的隔离，图 5-16 中采用了扼流圈和旁路电容（C_2）的方式。图 5-16 中，为了将直流偏置信号仅限定在该放大器内部，在放大器的输入、输出端均接有隔直电容（C_1、C_3）。

5.3　功率放大器

微波功率源是雷达发射设备的重要组成部分，它的性能指标在一定程度上决定了整个系统的性能。通过微波功率放大器，可以把直流电源供给的能量转换成微波功率，从而把小功率的微波输入信号放大。因此，对微波功率放大器，要求有大的输出功率和高的效率。

5.3.1　功率放大器的主要指标

功率放大器主要关注功率，它除有低噪声放大器的端口驻波比、功率增益、功率平坦度、动态范围、工作带宽、1 dB 压缩点线性输出功率等指标外，还有功率放大器特有的技术指标，如输出功率、效率、谐波失真等。

1. 输出功率

功率放大器一般工作于饱和状态，输出的是最大功率。功率放大器所能输出的最大饱和功率称为功率放大器的输出功率。

2. 效率

功率放大器输出的功率包含两个方面：一是信号的输入功率；二是从直流电源输入转化而来的射频/微波功率，这是主要部分。在从直流电源输入转化成射频/微波功率的过程中，还有一部分功率转化为热能消耗掉了。消耗功率的电路包括微波放大管、匹配电路、直流偏置电路等。

功率放大器的效率定义如下：

$$\eta = \frac{P_{\text{out}}}{P_1 + P_{\text{DC}}} \approx \frac{P_{\text{out}}}{P_{\text{DC}}} \qquad (5-10)$$

式中，P_{out} 代表功率放大器的输出功率，P_1 代表功率放大器的输入功率，P_{DC} 代表功率放大器的直流偏置提供的功率。

功率放大器依据其工作状态类别，可以分为甲类、甲乙类、乙类、丙类、丁类等功率放大器，其效率有较大差别。一般甲类功率放大器的效率小于 15%，甲乙类功率放大器的效率在 40%～60%，乙类功率放大器效率可达 75%，丙类及丁类功率放大器效率可达 80% 以上。

3. 谐波失真

谐波失真又称交调失真，对于小信号低噪声放大器注重的是三阶交调失真的影响，对于功率放大器就要关注各次谐波信号和各阶交调信号的影响。

假设两频率相近信号输入功率放大器中，其频率分别为 f_1 和 f_2，则功率放大器输出的信号中必然包括如下频率分量：

二次谐波——$2f_1$、$2f_2$；

三次谐波——$3f_1$、$3f_2$；

⋮

二阶交调——$f_1 \pm f_2$；

三阶交调——$2f_1 \pm f_2$、$f_1 \pm 2f_2$；

四阶交调——$f_1 \pm 3f_2$、$2f_1 \pm 2f_2$、$3f_1 \pm f_2$；

五阶交调——$f_1 \pm 4f_2$、$2f_1 \pm 3f_2$、$3f_1 \pm 2f_2$、$4f_1 \pm f_2$；

⋮

这些谐波信号和交调信号的频率分量称为谐波失真或交调失真，相应各阶谐波或交调失真的系数 M_n 定义为各谐波信号或交调信号频率分量和最强基波信号分量的功率之比，即

$$M_n = 10 \lg \frac{P_n}{P_1} \quad (\text{dBc}) \quad (5-11)$$

式中，P_n 为 n 阶谐波或交调信号频率分量的功率，P_1 为最强基波分量的功率。

可见各阶谐波和交调信号频率分量的功率越大，一方面，功率放大器输出的功率中，有用的基波频率分量的功率占比就会越小，造成功率放大器的功率增益下降；另一方面，会造成放大信号的严重失真。

选用功率管来设计制作功率放大器时，应基于管子动态输入和输出阻抗设计相应的输入匹配电路和输出匹配电路。

5.3.2 功率合成的基本概念

在众多射频/微波系统中，微波晶体管功率放大器已逐步取代中等功率的行波管等电真空放大器，但若需要更大的功率则要采用功率合成技术。所谓功率合成技术就是将多个单管输出的功率，经过一定的电路处理后叠加起来，最后得到比单管输出功率大得多的功率，从而满足射频/微波系统的功率要求。通常利用功率混合电路将多路放大器并联来完成功率合成。

图 5-17 为利用多路功率分配器（电路）和功率合成器（电路）进行功率合成的示意图。

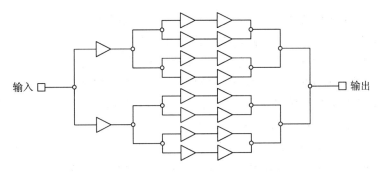

图 5-17　多路功率放大器合成示意图

图 5-17 中每一个小"○"代表一个功率分配器或一个功率合成器,每一个"▷"代表一个单管功率放大器。图 5-17 所示多路功率放大器中有七个功率分配器、七个功率合成器以及多个单级功率放大器,组成了三级级联、八路功率合成的功率放大器。在完全理想情况下,总的输出功率等于每一路最后末级单管功率放大器输出功率之和。若其中一路损坏,则只是使总输出功率减小并不会影响其他各路的输出功率合成。整个多路功率放大器合成的功率增益等于其中一路的增益,但实际输出功率要扣除功率合成器的功率损耗,故使得输出功率会降低较多。因此,多路功率合成的设计要考虑每一路的损耗,才能在输出端得到想要的功率。

图 5-18 为利用微波谐振腔进行功率合成的示意图。将多路微波功率同时注入(辐射)微波谐振腔中,功率合成后输出或直接辐射到自由空间中。

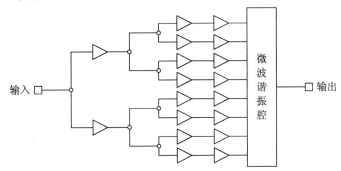

图 5-18　微波谐振腔功率合成示意图

将单管或单路的射频/微波信号利用天线单元直接辐射到空中,在特定的方向上进行合成,称为空间功率合成,如图 5-19 所示。有源相控阵天线就是空间功率合成的例子。

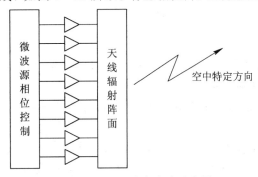

图 5-19　空间功率合成示意图

图 5-20 为一个输出功率为 120 W 的功率放大器多路合成方案框图。该方案由驱动放大器、8 路功分器、末级放大器、8 路混合器组成。驱动放大器提供 27 dB 的功率增益，由 8 路功分器、末级放大器、8 路混合器组成的功率放大和混合电路提供 4 dB 的功率增益。该功率放大器输入端输入功率为 0.1 W 的微波信号，经过两级增益为 20 dB 的小功率放大器放大，使微波信号的功率电平达到 10 W，再经过两路总共增益为 7 dB 的放大器放大合成，使微波信号功率达到 50 W，功率电平达到后续放大电路的驱动功率电平。最后一级放大电路提供 4 dB 的增益，使功率电平达到要求的 120 W。最后一级放大电路首先通过 8 路功分器将 50 W 功率的微波信号平均分配到 8 路放大支路上，使每一路输入功率下降为 6.25 W，微波信号经每一路末级放大器放大后，再经 8 路混合器合成，扣除 8 路功分器和 8 路混合器的损耗，最后输出的微波信号功率正好达到 120 W 的输出功率电平要求。

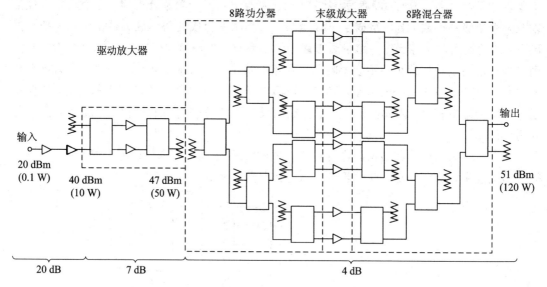

图 5-20　功率放大器多路合成方案框图

由图 5-20 可知，功率合成中并联通路数目的增多，仅仅增大输出功率，而其功率增益并不增大。功率合成器的总功率增益始终等于其中任何一条通路的功率增益。因此，为了提高功率合成的有效性和可靠性，在功率管的功率容量许可的条件下，尽量采用单路功率增益高及并联通路少的方案。

小　结

（1）雷达系统中，低噪声放大器(LNA)在接收机中用来放大微弱的回波信号，功率放大器(PA)在发射机中将发射信号放大。

（2）微波晶体管放大器由四个部分组成：微波晶体管、输入匹配网络、输出匹配网络及直流偏置。

（3）LNA 主要技术指标有噪声系数与噪声温度、功率增益、相关增益与增益平坦度、工作频带、动态范围、端口驻波比、三阶交调系数及 1 dB 压缩点线性输出功率。

（4）功率合成指的是将多个单管输出的功率，经过一定的电路处理后叠加起来，最后得到比单管输出功率大得多的功率，从而满足系统功率要求。

关键词：

低噪声放大器(LNA)　　功率放大器(PA)　　噪声系数　　功率增益　　工作频带

动态范围　　端口驻波比　　1 dB 压缩点(功率)

习　　题

1. 依据半导体放大管的结构不同，微波放大器分为哪几类？
2. 微波双极晶体管的噪声分为哪几类？
3. 微波双极晶体管的噪声分为哪几个噪声区？哪个噪声区噪声系数最小？
4. 微波场效应晶体管有哪几种？有哪几个极？
5. 低噪声放大器的主要技术指标有哪些？
6. 微波晶体管放大器的结构由哪几部分构成？画出组成示意图。
7. 射频/微波功率放大器有哪些特殊的指标？
8. 请列举几种常见的射频/微波功率合成技术。

第6章 微波控制器件

用低频的电压或电流控制微波信号的通断(转换)、大小及相位的器件称为微波控制器件。微波控制器件广泛用于相控阵雷达、微波通信、卫星通信以及微波测量等系统中。本章重点介绍 PIN 管控制器件,主要包括 PIN 管开关、PIN 管移相器、PIN 管电调衰减器和限幅器等。

6.1 概 述

微波控制电路及器件的端口包括输入/输出射频(微波)信号的射频端口及输入低频控制信号的控制端口,如图 6-1 所示。

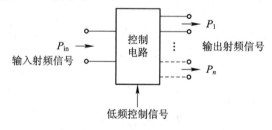

图 6-1 微波控制电路原理图

对应不同的用途,微波控制器件的种类有以下三种:

(1)控制微波信号传输路径通断或转换的器件,如微波开关、脉冲调制器等。

(2)控制微波信号大小的器件,如电调衰减器、限幅器、幅度调制器等。

(3)控制微波信号相位的器件,如数字移相器、调相器等。

对应控制信号的不同来源,微波控制电路及器件可分为它控和自控两种。它控是指由外加控制功率来改变微波固态器件的工作状态,进而改变电路的参量,如电调衰减器、开关、电控移相器等。自控是指由微波信号功率本身的大小来改变微波固态器件的工作状态,从而对电路进行控制。自控时,图 6-1 所示原理图中的控制信号可以没有。

微波控制电路的各种控制功能是通过控制元件实现的。目前采用的控制元件主要是微波半导体器件和微波铁氧体器件。由于半导体器件具有控制功率小、控制速度快以及体积小、重量轻等优点,因此它在微波控制电路中的应用要比铁氧体器件广泛得多。微波半导体器件主要有 PIN 二极管(简称 PIN 管)、变容二极管和肖特基二极管等。由于 PIN 管具有可控功率大、损耗小以及在正反向偏置下都能得到近似短路和开路的特性,所以在绝大多数的控制电路中都采用 PIN 管。鉴于这种情况，本章只讨论 PIN 管控制器件。而各种类型的 PIN 管控制器件，就其本质来讲，都是利用 PIN 管的阻抗变化特性实现控制功能的，故本章首先介绍 PIN 管的特性，然后介绍用 PIN 管构成的几种微波控制器件。

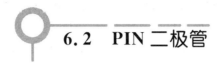

6.2　PIN 二极管

PIN 二极管是微波控制器件中常用的二极管。PIN 管的管芯结构如图 6-2 所示。它是在重掺杂的 P^+ 型和 N^+ 型半导体中间夹一层电阻率很高的本征半导体 I 层，故名 PIN 管。实际上由于材料和工艺的原因，中间层不可能做成理想的本征半导体，所以真正的 I 层是不存在的，它含有少量的杂质，常用的 I 层是低掺杂的 N 层。I 层使二极管极间电容减小，击穿电压提高。

图 6-2(a) 所示是台式结构 PIN 管，通常封装在圆柱形管壳中，适用于微带电路中的并联结构，需在微带基片上打孔镶嵌，也有的封装成平面引线结构，适用于串联结构。梁式引线平面结构 PIN 管如图 6-2(b) 所示，也适用于串联结构，它属于无封装结构，没有管壳分布参数的有害影响，可以用于微波高频段。

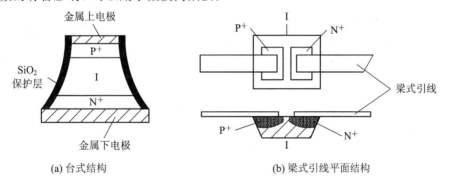

(a) 台式结构　　　　　　　　　　(b) 梁式引线平面结构

图 6-2　PIN 管的管芯结构

1. 不同外加电压作用下 PIN 管的特性

1) 直流电压作用下 PIN 管的特性

PIN 管的直流伏安特性与 PN 结二极管的类似。PIN 管的阻抗随外加偏置电压（偏压）而变化，直流电压作用下 PIN 管的伏安特性曲线如图 6-3 所示。由图 6-3 可见，当偏压为正时，PIN 管的电流增加，阻抗降低；当偏压为负时（即反向偏压时），PIN 管的电流很小，阻抗变大。

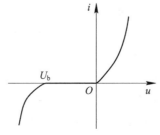

图 6-3　直流电压作用下 PIN 管的伏安特性曲线

2）交流电压作用下 PIN 管的特性

PIN 管在交流电压作用下的特性与频率有关。

在低频段，由于交流信号的周期很长，载流子进出 I 层的渡越时间与之相比可以忽略，因此，PIN 管在交流信号正半周的特性与施加正向直流偏压时的特性相同，呈现低阻抗特性，在交流信号负半周的特性与施加反向直流偏压时的特性相同，呈现高阻抗特性。所以，PIN 管在低频段类似于普通 PN 结二极管，具有明显的单向导电性，可作为整流元件。PIN 管在低频交流电压作用下的单向导电性如图 6-4 所示。

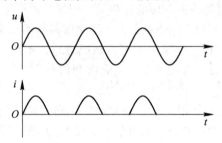

图 6-4　PIN 管的低频交流电压作用下的单向导电性

随着信号频率的升高，PIN 管的单向导电性逐渐降低，整流作用逐渐变弱。最后，当信号频率足够高时，如 100 MHz，PIN 管在交流信号正半周的阻抗与负半周时的基本相同，此时整流作用完全消失，PIN 管类似一个线性元件。这是因为信号频率足够高时，周期很短，当正半周电压加在 PIN 管上时，正负载流子由 P^+、N^+ 层向 I 层流入，当正负载流子还未复合时，外加电压极性已经改变，即外加电压变成了负半周，在反向电压作用下，正负载流子又从 I 层返回 P^+、N^+ 层，即有大的反向电流流过 PIN 管，由于外加电压周期很短，载流子注入 I 层和返回 P^+、N^+ 层很快，但是注入和返回过程又都不是完全的，I 层始终含有相当数量的载流子，因此 PIN 管既不是完全导电也不是完全截止的。在高频交流电压作用下 PIN 管整流失效示意图如图 6-5 所示。

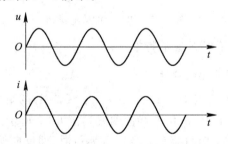

图 6-5　在高频交流电压作用下 PIN 管整流失效示意图

3）交直流电压作用下 PIN 管的特性

下面讨论 PIN 管在直流偏压和微波信号同时作用下的特性。PIN 管作为微波控制元件时，基本上都属此类情况。

由于 I 层的总电荷主要是由直流偏置电流产生，而不是由微波电流瞬时产生的，所以对微波信号只呈现一个线性电阻，电阻值由直流偏置电压决定：正偏压时阻值小，PIN 管接近短路；负偏压时阻值大，PIN 管接近开路。因此 PIN 管对微波信号不产生非线性整流作用，这是 PIN 管和一般二极管的根本区别。正偏压时，即使外加信号幅度已进入负电压区，但由于微波信号使 I 层电荷移出量只占原积累电荷的一小部分，所以 PIN 管仍有电流，而没有整流现象；负偏压时，即使微波信号幅度大到进入正电压区，但由于短暂时间内正向注入到 I 层的载流子不多，载流子在 I 层渡越尚未来得及构成复合电流时，微波电压已变为反向并"吸出"电荷，因此 PIN 管也不产生正向电流。

图 6-6 所示为微波信号作用在正偏 PIN 管的情况。下面结合图 6-6 分情况讨论。

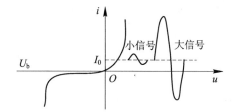

图 6-6　微波信号作用在正偏 PIN 管的情况

首先，考虑只有正向偏置（正偏）的情况。PIN 管正偏时，呈低阻抗状态，其量值决定于偏置电流 I_0。

其次，考虑加入微波信号后的情况。设微波信号电流为 $i_1 = I_1 \sin\omega t$，则总的瞬时电流为 $i_1 = I_0 + I_1 \sin\omega t$。

当微波信号电流的振幅小于偏置电流（$I_1 < I_0$）时，无论微波信号处于正半周还是负半周，i 始终大于零。因此，PIN 管在小信号工作时，呈低阻抗的导通状态。

PIN 管在大信号工作时，微波信号电流的振幅可远大于直流偏置电流，即 $I_1 \gg I_0$，此时从图 6-6 表面看来，似乎在微波信号的负半周，PIN 管内无电流通过，而处于截止状态，其实不然。因为在 I_0 的作用下，I 层内已有储存电荷 Q_0，只要微波信号的频率足够高，在信号负半周，I 层减少的电荷量可远小于 Q_0。换句话说，在信号负半周，尽管由于反向电压的作用，将有部分载流子从 I 层中被"吸出"，使 I 层的储存电荷有所减少，但只要微波信号频率足够高，I 层仍有足够多的储存电荷可以维持 PIN 管的导通状态。

可以证明只要很小的正向偏置电流，就可使很大的微波信号工作在 PIN 管的正向状态（低阻抗导通状态）。反之，在较小的反向直流偏压作用下，即使微波信号电压的振幅很大，也能保证 PIN 管始终工作在反向状态（高阻抗截止状态）。

因此可以得出如下结论：

（1）在微波信号与直流偏置同时作用时，PIN 管所呈的阻抗大小主要取决于直流偏置的大小和方向，而几乎与微波信号的幅度无关。

（2）PIN 管能以很小的控制功率来控制很大的微波信号功率。

2. PIN 管的阻抗变化特性

PIN 管是可变阻抗器件，其阻抗变化特性完全由 I 层决定。当 PIN 管处于零偏压或反向偏压时，由于 I 层中载流子极少，是一个高阻层，这时管子呈现高阻抗特性（截止状态）。当加上一定的正向偏压时，从 P^+、N^+ 层来的大量载流子注入 I 层，使其电阻率大大下降，这时管子呈现低阻抗特性（导通状态）。当正向偏压从零逐渐增大时，I 层内储存的载流子逐渐增多，其电导率逐渐增大，可使 PIN 管的阻抗在几兆欧姆至零点几欧姆之间连续变化，因此可利用这种阻抗变化特性来实现各种控制功能。例如，电调衰减器利用的是 PIN 管阻抗的连续调变特性；而微波开关、数字移相器则主要利用的是 PIN 管的导通和截止两个极端状态。

PIN 管的等效电路如图 6-7 所示。当 PIN 管分别处于零偏压和反向偏压时，其等效电路均可简化为一个小电容和一个小电阻串联，如图 6-7(a)、(b)所示，这时 PIN 管处于高阻抗状态。当 PIN 管处于正向偏压时，随着电流的增加，I 层中载流子浓度增高，这时 PIN 管呈现低阻抗特性，等效电路可简化为一个小的正向微分电阻 R_f，如图 6-7(c)所示。然而，在正向电流较小时，R_f 的阻值较大，当改变正向电流时，可连续改变此阻值，依据该特性可以制作电调衰减器。

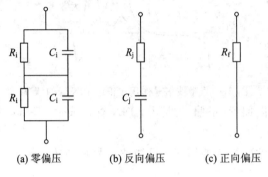

图 6-7   PIN 管的等效电路

6.3   PIN 管开关

6.3.1   PIN 管开关概述

利用 PIN 管在正反向偏置下的不同阻抗特性，可控制电路的通断，组成开关电路。按功能来分，常用的开关电路有两种：一种是通断开关，如单刀单掷（single pole single throw，SPST）开关，其作用是控制传输系统中信号的通断；另一种是换接开关，如单刀双掷（single pole double throw，SPDT）开关、单刀多掷（single pole multiple throw，SPMT）开关，其作用是使信号在两个或多个传输系统中换接。单刀单掷、单刀双掷及单刀多掷开关示意图如图 6-8 所示。

图 6-8   开关示意图

微波信号源中的脉冲调制器一般采用单刀单掷（SPST）开关，雷达发射机和接收机共用天线的收发转换开关多为单刀双掷（SPDT）开关，雷达多波束的转换控制电路中多采用单刀多掷（SPMT）开关。图 6-9 所示为雷达天线收发转换开关。当发射机产生射频脉冲信号时，收发转换开关接通天线与发射机，射频脉冲信号经天线发射出去。发射脉冲结束后，收发转换开关断开发射支路，天线接收到的回波信号全部经收发转换开关进入接收机。

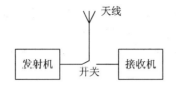

图 6 - 9　雷达天线收发转换开关

开关状态的切换是通过低频的控制信号实现传输通道的切换的。图 6 - 10 所示为开关
实物图。

图 6 - 10　开关实物图

6.3.2　PIN 管开关的主要技术指标

PIN 管开关的主要技术指标有插入损耗、隔离度、开关时间、功率容量等。

1. 插入损耗和隔离度

PIN 管开关导通时，传输能量的衰减要尽可能小；PIN 管开关断开时，传输能量的衰
减要尽可能大。开关导通时的损耗称为插入损耗；开关断开时的损耗称为隔离度。理想情
况下开关导通时没有损耗，但实际中有损耗，用插入损耗描述；理想情况下开关断开时输
出端无输出，隔离度为无穷大，但实际中会有泄露，用隔离度描述。插入损耗和隔离度均用
输入功率与输出功率之比的分贝数表示，即

$$L = 10\lg \frac{P_{in}}{P_{out}} \quad (dB) \tag{6-1}$$

2. 开关时间

开关时间是指 PIN 管从截止到导通以及从导通到截止所需要的时间。通常情况下，断
开时间大于导通时间。高性能 PIN 管的开关时间约为 2～5 ns。开关时间既和 PIN 管的性
能有关，又和 PIN 管开关的控制电流有关。

3. 功率容量

PIN 管开关的功率容量(或称最大开关功率)是指开关所能承受的最大微波功率。它与
PIN 管的功率容量和开关电路的结构有关。PIN 管的功率容量主要受到两方面的限制：一
是管子导通时所允许的最大功耗；二是管子截止时所能承受的最大反向电压(即反向击穿
电压)。如果超越了这些限制，前者会导致管内温升过高(约 200～300℃)而烧毁，后者会导
致 I 层的雪崩击穿。

上面讨论的都是连续波功率。若 PIN 管开关工作在脉冲状态，开关的脉冲功率容量仍
然受到 PIN 管的最大功耗和反向击穿电压的限制。不过，由于此时通过 PIN 管的功率是不
连续的，所以 PIN 管在导通时所能承受的脉冲功率容量要大于在连续波工作时的功率容
量，其增大的倍数与脉冲宽度和占空比有关。但 PIN 管截止时的反向电压仍然不能大于击

穿电压。因此，一般情况下，开关的脉冲功率容量主要受到反向击穿电压的限制。

总之，PIN 管开关的功率容量不仅与 PIN 管的性能有关，而且与开关电路的类型（串联还是并联）和工作状态（连续波工作还是脉冲工作）有关。因此，同一个 PIN 管在不同开关电路中以及不同工作状态下所能承受的最大功率是不同的。此外，功率容量还与 PIN 管开关的具体结构有关：PIN 管开关结构的散热性能较好，功率容量就大一些；散热性能较差，功率容量就小一些。

6.3.3 PIN 管开关电路

1. PIN 管单刀单掷开关

PIN 管单刀单掷开关一般用于在单一传输线中控制电路的通断。PIN 管在电路中有两种接法：一种是并联型，另一种是串联型，如图 6-11 所示。并联型 PIN 管单刀单掷开关中 PIN 管并联于电路中，当反向偏置（反偏）时，PIN 管呈现高阻抗特性，对传输功率影响很小，插入损耗小，相当于开关导通状态；在正向偏置时，PIN 管呈现低阻抗特性，信号功率大部分被反射回去，插入损耗很大，相当于开关断开状态。串联型 PIN 管单刀单掷开关恰好相反。

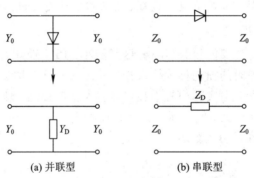

(a) 并联型   (b) 串联型

图6-11　PIN 管单刀单掷开关结构图及等效电路

并联型 PIN 管单刀单掷开关的 PIN 管易于和微波传输线连接，散热好，因此实际上并联型 PIN 管单刀单掷开关用得较多。下面以并联型 PIN 管单刀单掷开关为例讨论其工作原理。

PIN 管单刀单掷开关的等效电路如图 6-11 所示。其中，Y_D 和 Z_D 分别为 PIN 管的等效导纳和等效阻抗；Y_0 和 Z_0 分别为传输线的特性导纳和特性阻抗。以并联型为例，此时可把 PIN 管单刀单掷开关的等效电路看成二端口网络，当开关接匹配负载时，开关插入损耗为

$$L = 10\lg \frac{P_{in}}{P_{out}} = 10\lg \left[\left(1 + \frac{G_D}{2Y_0}\right)^2 + \left(\frac{B_D}{2Y_0}\right)^2 \right] \tag{6-2}$$

式中，G_D 和 B_D 分别为 PIN 管的等效电导和等效电纳。若已知 PIN 管的正反向偏置参数及传输线特性阻抗，则可按式（6-2）算出 PIN 管单刀单掷开关的插入损耗和隔离度。

当考虑 PIN 管寄生参量时，并联型 PIN 管单刀单掷开关的等效电路如图 6-12 所示。由图 6-12 可见，PIN 管的等效导纳中包含有寄生参量 L_s 和 C_p，因此，G_D 和 B_D 为频率的函数。图 6-12(a)、(b)中虚线框内分别为反偏和正偏时管芯的等效电路。下面定性分析 PIN 管单刀单掷开关插入损耗 L 随频率的变化规律。

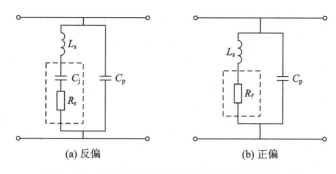

图 6-12　并联型 PIN 管单刀单掷开关的等效电路

当 PIN 管反向偏置时，PIN 管单刀单掷开关的等效电路如图 6-12(a)所示。在频率较低的情况下，由于 C_j、C_p 的存在，$X_j = -\dfrac{1}{\omega C_j}$，$X_p = -\dfrac{1}{\omega C_p}$ 很大，从而 Y_D 很小，即 G_D、B_D 很小，故开关插入损耗 L 也很小。随着频率的升高，Y_D 增大，L 也增大，当频率升高到使 $j\omega L_s - j\dfrac{1}{\omega C_j}$ 为零时，Y_D 出现极大值，因而 L 也最大。当频率再升高时，$j\omega L_s$ 增大，Y_D 又逐渐减小，L 也随之减小，这一过程如图 6-13 中实线所示。

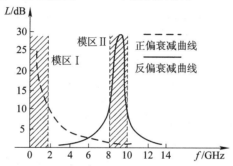

图 6-13　并联型 PIN 管单刀单掷开关衰减的频率特性

当 PIN 管正向偏置时，PIN 管单刀单掷开关的等效电路如图 6-12(b)所示。在频率很低的情况下，Y_D 很大，L 亦大。随着频率的升高，Y_D 逐渐减小，因而 L 亦减小，这一过程如图 6-13 中的虚线所示。

由图 6-13 可见，由于寄生参数的存在，实际上并联型 PIN 管单刀单掷开关能实现开关作用的区域有两个，即模区Ⅰ和模区Ⅱ。在模区Ⅰ中，PIN 管反偏时 L 较小，因而呈现开关导通状态，PIN 管正偏时 L 增大，呈现开关断开状态，与前述分析相同。而模区Ⅱ工作状态恰好相反。

由图 6-13 还可以看出，这种开关有很大的局限性，即只有固定的、较窄的频率区间能实现开关作用，而在其他频率范围，PIN 管正反向偏置等效导纳变化很小，因而不能起到开关作用。之所以如此，就是因为 PIN 管有寄生参量存在。为了克服这一缺点，可采用以下几种方法：① 去掉封装，只用管芯；② 采用其他电路元件(如谐振式开关、阵列式开关、滤波器式开关等)来改善单管的开关特性。

2. 其他形式的 PIN 管单刀单掷开关

1) PIN 管谐振式开关

为了克服单管开关的局限性，在给定的频率范围获得好的开关特性，PIN 管单刀单掷开关可采用并联谐振式开关电路,其等效电路如图 6 - 14 所示。在 PIN 管(虚线框内)支路中,加串联调谐元件,其电抗为 jX_s,同时在传输线间加并联元件,其电抗为 jX,在给定微波频率信号作用下,当 PIN 管反偏时,管子电抗与 jX_s 产生串联谐振,使传输阻抗接近于短路,此时开关处于"断"状态,如图 6 - 14(a)所示;当 PIN 管正偏时,加并联电抗 jX,使其在相同微波频率信号作用下产生并联谐振,传输阻抗接近于开路,开关处于"通"状态,如图 6 - 14(b)所示。由于谐振式开关在 PIN 管正反偏置时阻抗变化很大(从接近于短路到接近于开路),因此,谐振式开关具有高的隔离度和低的插入损耗。如某波导型谐振式开关隔离度可达 30 dB,插入损耗为 0.2 dB,但频带窄,只有 5% 左右的相对带宽。

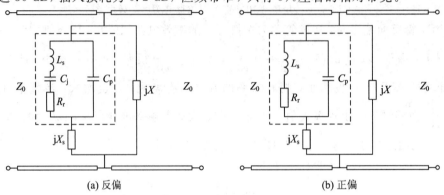

图 6 - 14　并联谐振式开关的等效电路

图 6 - 15 为谐振式开关的微带电路结构示意图。在主微带线(特性阻抗 Z_0)上搭接微带封装 PIN 管。在 PIN 管的一端串接一段长为 l_1 的终端开路微带线,它提供了 X_s,改变 l_1 可改变终端开路微带线的有效长度,从而改变 X_s;在 PIN 管与主微带线连接处,另并接一段长为 l_2 的终端开路微带线,它提供了 X,改变 l_2,得到可变的 X。PIN 管的偏置电路由一段高阻 $\lambda/4$ 微带线和一片高频短路电容组成,通过偏置电路给 PIN 管加偏压。

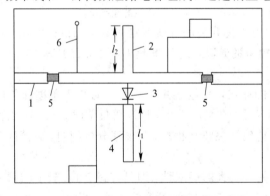

1—主微带线(特性阻抗为 Z_0);
2—并联调谐分支微带线;
3—PIN 管(附带封装);
4—串联调谐分支微带线;
5—隔直流电容;
6—PIN 管偏压线。

图 6 - 15　谐振式开关的微带电路结构示意图

2) PIN 管阵列式开关和 PIN 管滤波器式开关

用一个 PIN 管制成的开关,其隔离度通常只有 25 ~ 30 dB 左右,频带窄,只有 5% ~ 10% 的相对带宽。如果要求更高的隔离度和更宽的带宽,则可采用数个 PIN 管组成的阵列式开关和滤波器式开关。

(1) PIN 管阵列式开关。

如图 6 - 16 所示,在传输线上相隔一定距离安装多个 PIN 管即可组成 PIN 管阵列式开关。图 6 - 16(a)为并联型结构，图 6 - 16(b)为串联型结构，可以将它们看成若干单管开关的级联。

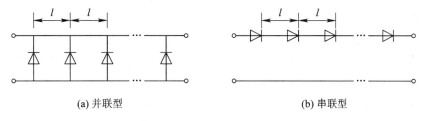

(a) 并联型　　　　　　　　　　(b) 串联型

图 6 - 16　PIN 管阵列式开关示意图

多管阵列式开关与单管开关相比具有隔离度高和频带宽的优点；缺点是用管多，插入损耗大，不便于调试。

图 6 - 17 所示为微带型四管串联的阵列式开关，偏置线由宽带 $\lambda_p/4$ 变换段组成。微带电路右边的 $\lambda_p/4$ 高阻分支线，在其终端打孔使直流接地。隔直电容采用耦合微带线交指结构，该结构的带宽可达百分之几十。为了减少寄生参量的影响，PIN 管阵列用 4 个管芯串联而成，管子间距按最大隔离选取。该开关的插入损耗为 2 dB，隔离度为 40 dB 左右。

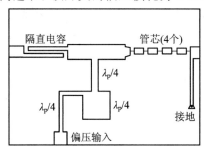

图 6 - 17　微带型四管串联的阵列式开关

（2）PIN 管滤波器式开关。

把 PIN 管与滤波器结合起来就可构成频带较宽的 PIN 管滤波器式开关。

图 6 - 18 所示为由 PIN 管和低通滤波器构成的微带型低通滤波器式开关。在低通滤波器电容块中心，打孔嵌入 PIN 管。当 PIN 管反向偏置时，其结电容 C_j 和滤波器电容块的电容 C_1、C_2 一起，与串联电感 L_1、L_2、L_3 组成低通滤波器，这时只要信号频率低于滤波器的截止频率，信号功率就可以顺利通过，且插入损耗很小，开关处于导通状态。当 PIN 管正偏时，其阻抗很低，近似短路，输入信号几乎全部被反射，隔离度很大，开关处于断开状态。

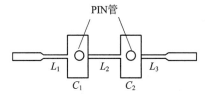

图 6 - 18　微带型低通滤波器式开关

3. 换接式开关

1）PIN 管单刀双掷开关

PIN 管单刀双掷开关可把信号来回换接到两个不同设备上，形成交替工作的两条微波通道。最简单的 PIN 管单刀双掷开关结构如图 6-19 所示。其中，图 6-19(a)为并联型结构，图 6-19(b)为串联型结构。不难看出，图 6-19(a)、(b)所示开关分别由两个并联型和两个串联型单刀单掷开关并接构成。

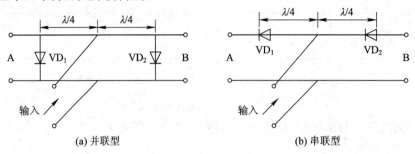

(a) 并联型　　　　　　　　　　　　　　(b) 串联型

图 6-19　PIN 管单刀双掷开关结构示意图

在图 6-19(a)所示的并联型 PIN 管单刀双掷开关中，两个 PIN 管 VD$_1$ 和 VD$_2$ 分别并接于距分支接头点四分之一波长处。如果 VD$_1$ 处于正向导通状态(近似短路)，VD$_2$ 处于反向截止状态(近似开路)，则通道 A 无信号功率通过，因为接头参考面向通道 A 的视入阻抗为无限大，而由于 VD$_2$ 处于截止状态，故不影响信号功率通过通道 B，这时，输入端的微波信号全部从通道 B 输出。反之，当 VD$_2$ 导通、VD$_1$ 截止时，输入信号全部从通道 A 输出。

在图 6-19(b)所示的串联型 PIN 管单刀双掷开关中，当 VD$_1$ 导通、VD$_2$ 截止时，通道 A 为导通通道，通道 B 为断开通道；当 VD$_2$ 导通、VD$_1$ 截止时，通道 B 为导通通道，通道 A 为断开通道。

由此可见，只要控制 VD$_1$、VD$_2$ 的工作状态，就能使信号在两条不同通道中换接，实现单刀双掷开关的功能。

图 6-20(a)所示为微带型单刀双掷开关电路，图中，PIN 管、调节电容与调节电感一起构成谐振开关。PIN 管的安装如图 6-20(b)所示，调节电容是通过金属压环下面的介质薄膜来实现的，金属压环的面积和介质薄膜的厚度可根据调节电容量的要求来设计。调节电感采用板路线结构，长度尽可能在 $\lambda_p/8$ 以内，线宽尽量窄，可实现等效集总参数的电感。限流电阻用来防止 PIN 管过载，减少两管之间的相互耦合。

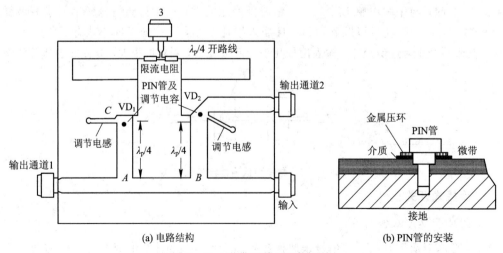

(a) 电路结构　　　　　　　　　　　　　(b) PIN 管的安装

图 6-20　微带型单刀双掷开关

图 6-20(a)所示微带型单刀双掷开关电路中，当 3 处偏置电压为正时，VD_1 和 VD_2 两个 PIN 管都处于正偏置，因此 VD_1、VD_2 处阻抗很低，输出通道 2 处于"断开"状态，没有能量输出。VD_1 阻抗很低，由于 $CA \approx \lambda_p/4$，所以从 A 点向 VD_1 看去的阻抗很大，从 B 点向 VD_2 看去的阻抗也很大，对输出通道 1 的能量传输没有影响，因此通道 1 处于"导通"状态。如果偏置由止变负，则情况正好相反，通道 2 处于"导通"状态，通道 1 处于"断开"状态。

偏置线采用 $\lambda_p/4$ 低阻开路线，再经过一段 $\lambda_p/4$ 高阻线接于 PIN 管正端，偏置馈电点加在高低阻抗偏置线转接点上。注意，VD_1 不是直接接在距离分支点 B 为 $\lambda_p/4$ 处的 A 点上，而是接在距 A 点 $\lambda_p/4$ 外的 C 点上，这是因为如果 VD_1 接在 A 点，则两管工作时偏置状态相反，偏置需要各自独立供给；若把 VD_1 接在 C 点上，则只需一路偏置。偏置由 3 接入后，虽然 VD_1 和 VD_2 处于同一偏置状态，但经过 $\lambda_p/4$ 微带线 C 点阻抗与 A 点阻抗倒置，因而与两管偏置状态相反且 VD_1 接在 A 点的情况是等效的。

2) PIN 管单刀 N 掷开关($N>2$)

在一些微波系统中，往往需要把信号换接到 N 个不同设备，形成交替工作的 N 条微波通道，这时需要用到 PIN 管单刀 N 掷开关。PIN 管单刀 N 掷开关可由 N 个单刀单掷开关组成，如图 6-21 所示。图 6-21 中各单刀单掷开关均为并联型结构，它们互相并接于开关接头 P 处。如果每只开关中的 PIN 管安置在离接头参考面 $\lambda/4$ 处，则对理想导通的通道，接头参考面的视入阻抗为传输线的特性阻抗(设各通道终端匹配)；对理想断开的通道，接头参考面的视入阻抗为无限大。如果在每一瞬间控制各通道的 PIN 管，使只有一个通道处于导通状态，而其余($N-1$)个通道处于断开状态，那么输入端的信号在每一瞬间只在导通通道输出，而在其余($N-1$)端无输出。这样，依次控制各单刀单掷开关的导通、断开状态，就能把信号换接到各个通道中。

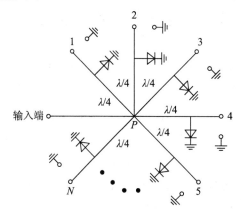

图 6-21　PIN 管单刀 N 掷开关原理图

6.4　PIN 管移相器

在相控阵雷达中，对辐射单元相位的控制是通过 PIN 管移相器进行的。通过控制 PIN 管移相器的相移量，天线口面的相位发生了变化，从而实现天线波束的电扫描。

6.4.1 PIN管移相器概述

图6-22所示为PIN管移相器示意图。在控制信号作用下，移相器切换到状态1时传输相移为φ_1，如图6-22(a)所示；在控制信号作用下，移相器切换到状态2时传输相移为φ_2，如图6-22(b)所示。因此，可以将PIN管移相器看作是一种二端口微波网络，加入控制信号（一般为直流偏置电压）使得网络的输入和输出信号之间产生相位的移动。

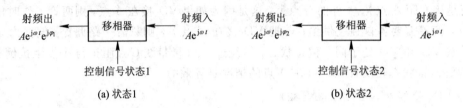

图6-22　PIN管移相器示意图

1. 分类

微波移相器主要有两大类：模拟式和数字式。模拟式移相器相移量可在0°~180°或0°~360°内连续变化；数字式移相器的相移量只能按一定量值作步进改变，如0°/22.5°或0°/45°等。数字式移相器只有两个相移状态，很容易用二进制数码电路进行控制，因此其与电子计算机可建立密切的联系。当前，数字式移相器用得非常多。

为了实现相移量的步进变化，数字式移相器通常由几个移相器单元级联组成。每个移相器单元构成数字式移相器的一个"位"。例如，由3个移相器单元级联组成的数字式移相器称为3位数字式移相器，由4个移相器单元级联组成的数字式移相器称为4位数字式移相器。

图6-23所示为4位数字式移相器原理图，这种移相器由0°/22.5°、0°/45°、0°/90°、0°/180°等4个移相器单元级联而成，可以使输入信号到输出信号的相移量从0°到360°每隔22.5°作步进相移。例如，起始时4个移相器单元控制信号为"0000"，相移量都置为0°，需要135°相移量时，可控制0°/45°和0°/90°两个移相器单元的状态，分别产生45°、90°相移。因此，输出的微波信号就比4个移相器单元都置0°状态时输出的微波信号相位变化了135°，控制信号为"0110"。这样分别控制各移相器单元的状态，一共可获得16种相移量，即0°、22.5°、45°、67.5°、90°、112.5°、135°、157.5°、180°、202.5°、225°、247.5°、270°、292.5°、315°、337.5°，每种相移量对应不同的控制信号。

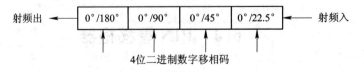

图6-23　4位数字式移相器原理图

移相器位数越多，可控的相移量数目就越多，对应的步进"台阶"也就越小。对N位数

字式移相器来说，可控的相移量有 2^N 种，最小相移间隔为

$$\Delta\varphi = \frac{360°}{2^N} \tag{6-3}$$

因此，对于 3 位、4 位、5 位及 6 位数字式移相器来说，可控的相移量分别有 8 种、16 种、32 种和 64 种，而最小相移间隔分别为 45°、22.5°、11.25° 和 5.625°。所以，移相器位数越多，对信号的相位控制就越精细。

2. 应用

PIN 管移相器在相控阵天线系统中得到了广泛的应用。相控阵雷达通过电控方式控制天线孔径面上各辐射单元的相位，以实现波束的快速扫描。图 6-24 所示为一维相扫天线阵原理图，在每个天线单元后面，都接有一个移相器（每个天线单元后面可接一个 3 位数字式移相器、4 位数字式移相器等）。对图 6-24 所示的 N 元天线阵来说，若每个天线单元后面都接一个 4 位数字式移相器，则每个天线单元就可获得从 0° 到 360° 每隔 22.5° 作步进相移的激励相位。对 N 元天线阵来说，需要 N 个 4 位控制信号控制移相器相位，使天线波束在空间进行扫描。若要获得更精细的激励相位，则需要更高位数的数字式移相器，控制信号的位数也要相应增加。在有源相控阵系统中，移相器常常集成在 T/R 组件中作为 T/R 组件的关键元件。

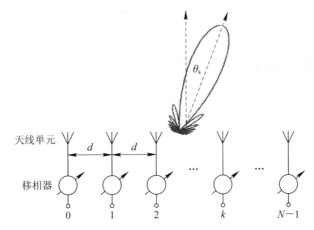

图 6-24　一维相扫天线阵原理图

PIN 管移相器还可用于移相法多波束形成系统中。与相控阵天线产生波束扫描原理类似，在多波束形成系统中，用一组相移量一定的移相器，使相邻阵元的激励电流之间引入一个固定的附加相位差。如用多组相移量各不相同的移相器并联工作，构成多波束形成网络，便可同时形成指向不同的多个波束。图 6-25 所示为移相法多波束形成系统原理框图。图 6-25 中以 3 个波束为例，共有 3 个阵元。相邻阵元之间引入的相位差分别为 $-\Delta\varphi$、0、$\Delta\varphi$。若相位差 $\Delta\varphi$ 不变，则 3 个波束指向是固定的；若 $\Delta\varphi$ 可变，则波束可以在空间扫描。

PIN 管移相器还广泛用于多通道接收机中，用来调整通道间的相位平衡。

PIN 管数字式移相器常用于数字通信系统中，作为相位调制器（简称调相器）。例如，双相相移键控（BPSK）和四相相移键控（QPSK）就是常用的相位调制编码系统的基本部件。

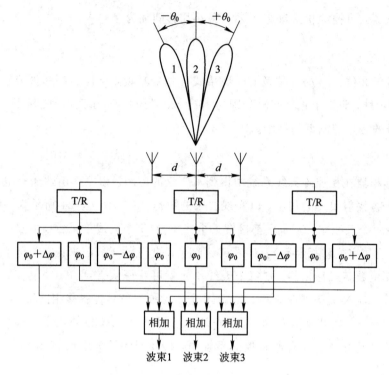

图 6-25　移相法多波束形成系统原理图

6.4.2　PIN 管移相器的主要技术指标

PIN 管移相器的主要技术指标有工作频带、相移量、移相精度、开关时间、承受功率、插入损耗、驻波比、寄生调幅等。

1. 工作频带

PIN 管移相器的工作频带是指移相器各项技术指标满足要求时的频率范围。PIN 管数字式移相器大多是利用不同长度的传输线构成的，同样物理长度的传输线对不同频率呈现不同的相移，因此其工作频带大多是窄频带的。

2. 相移量

PIN 管数字式移相器的相移量指的是移相器不同状态时相对的传输相移，通常要给出相位步进值，如 4 位数字式移相器，从 0° 到 360° 每隔 22.5° 作步进相移。

3. 移相精度

对于一个固定频率点，相移量各步进值围绕各中心值有一定偏差；在频带内不同频率时，相移量又有不同数值。在相控阵系统中，移相精度决定着天线波束的位置精度。

4. 开关时间

PIN 管移相器的开关时间基本上取决于 PIN 管开关的转换时间。

5. 承受功率

承受功率即 PIN 管移相器所能承受的最大功率。如在相控阵雷达的每一个单元中，均分配有一定的功率。PIN 管移相器中的二极管既要能够承受平均功率引起的发热而不被烧毁，又要承受脉冲功率的高电压作用而不被击穿。此外，还应维持相移的稳定，尽量减少输入功率的影响。

6．插入损耗

插入损耗即 PIN 管移相器作为一个插入元件引起电路的额外损耗。此损耗由二极管及传输电路引起，应尽量将其减小。

7．驻波比

对应 PIN 管移相器端口的反射程度，驻波比越小越好，通常驻波比应该在 1.5 以下。如果移相单元驻波比过大，则每个移相位之间将因来回反射而降低其移相精度。

8．寄生调幅

PIN 管移相器是由微波开关和传输网络组合而成的，在两种状态下，传输路径不同以及控制元件不同状态的损耗不同等，都会造成两种移相状态时的插入损耗不同，这就使输出信号产生幅度调制。寄生调幅定义为

$$M = \frac{U_+ - U_-}{U_+ + U_-} \tag{6-4}$$

式中，U_+ 和 U_- 分别代表两种移相状态时的输出信号电压幅度。

表 6-1 所示为某型 6 位数字式移相器的指标。该移相器为一款 X 频段 6 位数字式移相器，6 个移相器单元的相移量分别为 5.625°、11.25°、22.5°、45°、90°、180°，能够提供从 0°到 360°每隔 5.625°作步进的共 64 个相移状态，在 9～12.5 GHz 频带内，64 个相移状态下插入损耗≤4 dB，移相精度≤3°，64 个相移状态之间切换时间≤50 ns，移相器端口驻波比≤1.4。

表 6-1　6 位数字式移相器的指标

指　标	值	指　标	值
工作频率	9～12.5 GHz	开关时间	≤50 ns
位数	6	驻波比	≤1.4
插入损耗	4 dB	工作温度	−50～+55℃
移相精度	3.0°	重量	≤50 g

6.4.3　PIN 管移相器电路

在 PIN 管数字式移相器中，移相器单元的电路形式主要有开关线型、加载线型、3 dB 定向耦合器型等。下面进行详细介绍。

1．开关线型移相器

图 6-26(a)所示为开关线型移相器原理图。当开关接通 1-1′时，输出信号比输入信号相位滞后 $\varphi_1 = \frac{2\pi}{\lambda} L_1$；当开关接通 2-2′时，输出信号比输入信号相位滞后 $\varphi_2 = \frac{2\pi}{\lambda} L_2$。这两种状态的相位差为 $\Delta\varphi = \varphi_2 - \varphi_1 = \frac{2\pi}{\lambda}(L_2 - L_1)$。如果 L_1 为参考通道，相位定为 0°，则此开

关线型移相器的相移量为 $\Delta\varphi = \dfrac{2\pi}{\lambda}\Delta L$，其中 $\Delta L = L_2 - L_1$，即调整长度差就可以得到不同的相移量。

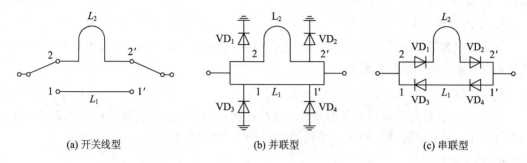

(a) 开关线型   (b) 并联型   (c) 串联型

图 6 - 26   开关线型移相器

由于这种移相器是利用开关接通不同长度的传输线来改变信号相移量的，所以称为开关线型移相器。

在一个实际开关线型移相器中，开关用 PIN 管来实现，如图 6 - 26(b)、(c)所示。

图 6 - 26(b)为并联型开关线型移相器，VD_1 和 VD_3 两个开关管距离左分支点 $\lambda/4$，VD_2 和 VD_4 两个开关管距离右分支点 $\lambda/4$。当 VD_3 和 VD_4 正偏置，VD_1 和 VD_2 反偏置时，VD_3 和 VD_4 阻抗很小，L_1 通道在左、右分支点的阻抗变得很大，而 VD_1 和 VD_2 由于阻抗很大，对 L_2 通道几乎没有影响，于是信号能量由 L_2 传送到输出端。如果开关偏置与上述情况相反，则信号能量通过 L_1 通道传送到输出端。

图 6 - 26(c)为串联型开关线型移相器，它的工作原理和图 6 - 26(a)所示类似。当 VD_3 和 VD_4 反偏置，VD_1 和 VD_2 正偏置时，L_2 连通，L_1 断开，能量由 L_2 传送。当 VD_3 和 VD_4 正偏置，VD_1 和 VD_2 反偏置时，L_2 断开，L_1 连通，能量由 L_1 传送。

图 6 - 27 为微带开关线型移相器结构图。PIN 管并联于微带线，当信号从左输入端输入时，如果左偏置加正偏压，右偏置加负偏压，则 VD_3 和 VD_4 正偏阻抗都很小，由于 VD_3 到输入拐角点的距离是 $\lambda_g/4$，因此从拐角点向 VD_3 看去的阻抗很大；而 VD_1 和 VD_2 反偏阻抗都很大，从输入拐角点向 VD_1 看去阻抗接近于传输线特性阻抗 Z_0（负载一般为 50 Ω），于是信号能量从 L_2 通道传送到右输出端。如果偏置电压与上述情况相反，则信号能量由 L_1 通道传送到输出端。隔直电容可保证左偏置只控制 VD_3 和 VD_4，右偏置只控制 VD_1 和 VD_2。

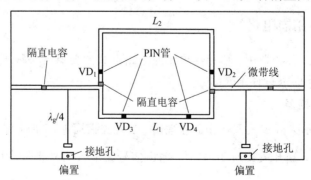

图 6 - 27   微带开关线型移相器结构图

2. 加载线型移相器

开关线型移相器虽然有结构简单、便于制作的优点，但是，它需要两个通道，需用 PIN 管数目较多且频带较窄。

加载线型移相器是指在传输能量通道内加载 PIN 管和传输线后组成的网络，其利用 PIN 管的两种阻抗状态来控制传输信号的相移量。图 6-28(a)所示为加载线型移相器的等效电路，其中，Y_0 为传输线特性导纳，jB 为加载网络的等效并联电纳，Y_{01} 为移相器加载网络的等效电纳之间传输线的特性导纳。图 6-28(a)可以等效为如图 6-28(b)所示特性导纳为 Y、电长度为 Φ 的传输线。

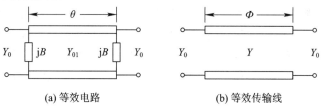

(a) 等效电路　　　　　　　　(b) 等效传输线

图 6-28　加载线型移相器

由于等效并联电纳 jB 是由 PIN 管和传输线组成的，因此，当 PIN 管在两种不同偏置下阻抗变化时，并联电纳在两种偏置下也有两个不同值，从而使传输信号的相位得到了步进式的变化。加载并联电纳可以是两个，也可以是多个。

对于频带要求比较窄的移相器来说，并联电纳可以用一段长度为 $l=\lambda_g/8$ 并且端接谐振式开关的传输线来实现，如图 6-29(a)所示。谐振式开关近似于理想开关，而 PIN 管在两种偏置条件下，近似于短路和开路，因此用 PIN 管可以代替理想开关，如图 6-29(b)所示。图 6-29(b)中，当 PIN 管导通时，相当于长度为 $\lambda_g/8$ 的短路线，而当 PIN 管截止时，相当于长度为 $\lambda_g/8$ 的开路线。由传输线理论可知，两种情况下的并联电纳大小相等、符号相反，符合加载线型移相器的要求。

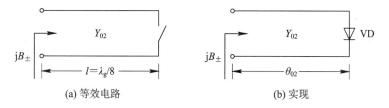

(a) 等效电路　　　　　　　　(b) 实现

图 6-29　并联电纳的实现

双分支加载线型移相器的等效电路如图 6-30(a)所示，微带电路结构如图 6-30(b)所示。图 6-30(b)中，两个 PIN 管一端连在特性导纳为 Y_{02} 的微带线上，另一端与低阻抗开路线相接，以实现 RF 接地。管子直流偏置由偏置点馈入，主线上并接的四分之一波长高阻线终端打孔接地，形成直流接地。当微波信号由输入端输入时，两个性能相同的 PIN 管 VD_1 和 VD_2 有两种工作状态。VD_1 和 VD_2 反向偏置时，特性导纳为 Y_{02} 的两分支微带线在主微带分支点上形成并接电纳 jB_-，输入信号在输出端输出后，信号相移为 φ_-；VD_1 和 VD_2 正向偏置时，特性导纳为 Y_{02} 的两分支微带线在主微带分支点上形成并接电纳 jB_+，输入信号在输出端输出后，信号相移为 φ_+；φ_+ 与 φ_- 的差就是此加载线型移相器的相移量。

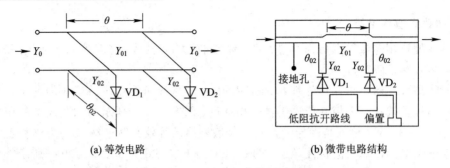

(a) 等效电路　　　　　　　　(b) 微带电路结构

图 6-30　双分支加载线型移相器

双分支加载线型移相器适用于小相移量的场合。因为随着相移量的增大，jB 变化会很大，这将引起信号分流增加并使匹配变差。同时 PIN 管不是理想无损耗的，因而移相器的插入损耗也会增加。这些因素都将使移相器性能恶化。为了增大相移量，例如 90°相移量，可用三分支加载线型移相器，它可以分解成两个 45°双分支加载线型移相器的级联，如图 6-31 所示。

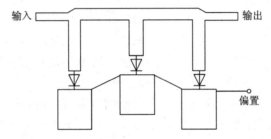

图 6-31　90°加载线型移相器示意图

3. 3 dB 定向耦合器型移相器

图 6-32 所示为 3 dB 定向耦合器型移相器结构图。四分之一波长高阻抗微带线一端接输出微带线，另一端接接地孔，提供直流通路；3 dB 分支线定向耦合器的②臂、③臂与 PIN 管之间接阻抗变换网络，把 PIN 管的等效电纳变换成 $jB_{\pm}$（其中，"＋""－"分别对应 PIN 管正反偏两种情况下的等效电纳），图 6-33 所示为 3 dB 定向耦合器型移相器的等效原理图。

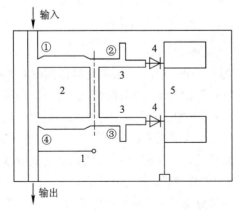

1—四分之一波长高阻抗微带线；
2—3 dB 分支线定向耦合器；
3—阻抗变换网络；
4—PIN管；
5—偏置电路。

图 6-32　3 dB 定向耦合器型移相器结构图

由图 6-33 可知，3 dB 定向耦合器型移相器是由 3 dB 分支线定向耦合器及其两臂并接

完全相同的电纳 jB 组成的。并接电纳由传输线网络和 PIN 管组成。当 PIN 管由正偏变到负偏时，jB 由 jB_+ 变到 jB_-。

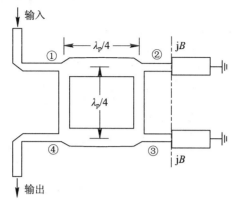

图 6-33　3 dB 定向耦合器型移相器的等效原理图

下面从三个方面说明其工作原理。

（1）输入端的匹配。

当输入信号由①臂输入时，信号功率一分为二分别传输到②臂和③臂，并被②臂和③臂所接纯电抗 jB 全反射，两个反射波反射回①臂后叠加，由于它们所经路程相差半个波长，相位相反，互相抵消，故①臂无反射，实现匹配。

（2）④臂有输出。

当输入信号由①臂输入时，被②臂和③臂所接纯电抗 jB 全反射后，两个反射波反射回①臂，互相抵消，而反射回④臂时，由于它们所经路程长度相同，同相叠加，故④臂有输出。

（3）相移原理。

②臂和③臂所接纯电抗 jB 由阻抗变换网络和 PIN 管共同实现，PIN 管在正反偏置状态下，纯电抗具有不同的值即 jB_+ 和 jB_-，由传输线理论可知，不同电抗值提供不同反射波的相位，所以在正偏和反偏两种状态下④臂输出的信号具有不同的相移，即 φ_+ 和 φ_-，两者之差即为移相器的相移量。

4. 4 位数字式移相器

如前所述，4 位数字式移相器可用 4 个移相器单元级联而成。原则上讲，上述 3 种移相器都可作为移相器单元，将其级联即可构成数字式移相器。但是，开关线型移相器要求管子多，插入损耗大；加载线型移相器结构简单，但相移量小；而 3 dB 定向耦合器型移相器相移量较大且管子少，但结构复杂。综合各种移相器的特点，在数字式移相器中，一般用 3 dB 定向耦合器型移相器来实现 180° 移相，用加载线型移相器来实现 22.5°、45°、90° 相移（其中 90° 相移可用三分支加载线型移相器来实现）。

图 6-34 所示为一种微带型 4 位数字式移相器结构图。图中圆孔为接地孔；PIN 管负极接低阻抗四分之一波长开路线，使其高频接地，同时通过它与偏置线相接构成偏置通路；左端 4 根引线为加偏置电压的位置。图 6-34 中，从左至右依次为 22.5° 加载线型移相器单元、45° 加载线型移相器单元、90° 加载线型移相器单元、180° 3 dB 定向耦合器型移相器单

元。这样，通过控制 4 个移相器单元中 PIN 管的偏置状态，使各移相器单元获得一定的相移量，即可组成在 0°～337.5°内以 22.5°、45°、90°、180°及它们的组合为步进的相移量。

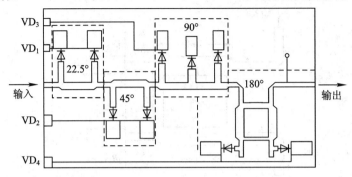

图 6-34　微带型 4 位数字式移相器结构图

6.5　PIN 管电调衰减器

6.5.1　PIN 管电调衰减器概述

用电信号控制衰减量的衰减器称为电调衰减器，或称电控衰减器。它与开关电路及限幅电路（详见 6.6 节）不同。开关电路的电控信号是从一个极值跳变到另一个极值，以实现开关电路的通与断；限幅电路中的输出信号电平是一个取决于所用器件及电路形式的固定值；而在电调衰减器中，电控信号大多是连续可变的，以实现衰减量的连续可调。电调衰减器多用于自动增益控制、功率电路的电平控制、放大器增益变化的温度补偿以及收发电路的隔离保护、信号发生器的自动稳幅等各种电路中。

利用 PIN 管正向电阻随偏置电流变化的特性，可制成各种类型的电调衰减器。电调衰减器按产生衰减的物理原因可分成两类：反射型和吸收型。在反射型电调衰减器中，衰减主要由 PIN 管的反射形成；在吸收型电调衰减器中，衰减主要由 PIN 管的损耗形成。

6.5.2　PIN 管电调衰减器的主要技术指标

PIN 管电调衰减器的主要技术指标有以下几个。

1. 工作频带与衰减平坦度

工作频带的确定意味着电调衰减器应当在工作频带内各频率点处都保持基本一致的衰减量，并且当衰减量改变时，仍能保持均匀衰减，这样才能保证信号频谱不失真。工作频带与衰减动态范围存在一定折中关系，当要求电调衰减器的衰减动态范围较大时，需要多级的控制元件，这样就难以做到宽频带。衰减平坦度是指工作频带内衰减量的起伏，经常用最大起伏来表示平坦度的优劣。

2. 插入损耗

电调衰减器根据控制信号的变化可以提供不同的衰减量，即处于不同的工作状态。电调衰减器处于其最小衰减量时的状态称为参考态,这时电调衰减器给系统引入的损耗称为插入损耗。插入损耗的大小取决于参考态下控制元件自身的衰减和反射衰减。一般来说,为了降低电调衰减器对系统增益的影响,应使电调衰减器的插入损耗尽可能低。单个衰减位的插入损耗较小,但是当多个衰减位级联时,每一位的插入损耗累积起来,将使总的插入损耗变大。

3. 衰减动态范围

衰减动态范围是指电调衰减器的最大衰减量与最小衰减量(插入损耗)之差,它表征电调衰减器衰减能力的强弱。

4. 衰减步进和衰减精度

衰减步进是指最小可控衰减单元的衰减量大小。例如对于 5 位电调衰减器,若步进为 1 dB,则它处于衰减态时的衰减量有 1 dB, 2 dB, 3 dB, …, 31 dB 等。衰减精确度是指每个衰减位的准确度。一般情况下,电调衰减器对衰减精度的要求比较高。

5. 衰减附加相移

衰减附加相移是指某一衰减态下信号传输相移和参考态下信号传输相移的差值。理想情况下,要求在所有可能的衰减状态下,通过电调衰减器的传输相位是不变的。这种相位不变性使每次改变电调衰减器的衰减设定时无须重新调整系统的插入相位,从而使电调衰减器的应用更加方便。

6. 输入/输出端口回波损耗

为了描述输入/输出端口的匹配情况,引入了输入/输出端口回波损耗的概念,其定义如下:

$$R(\mathrm{dB}) = -20\lg|\varGamma| \tag{6-5}$$

式中,$\varGamma$ 为输入或输出端的反射系数。电路的匹配越好,输入/输出端口回波损耗越小。

吸收型电调衰减器将信号功率耗散在电阻元件当中,因而可以获得较好的匹配特性。目前使用的电调衰减器基本上都是吸收型的。对于级联的吸收型电调衰减电路,由于级间的失配将影响整体衰减电路在衰减精度和附加相移等方面的性能,因此必须确保每个衰减位都能达到良好的端口匹配。

7. 功率容量

电调衰减器的功率容量主要是指衰减器中开关元件所能承受的最大功率。开关的最大功率取决于开关导通状态时允许通过的最大导通电流和截止状态时两端能够承受的最大电压。

6.5.3　PIN 管电调衰减器电路

PIN 管电调衰减器电路的工作原理及结构形式与 PIN 管开关电路的类似,都是利用 PIN 管阻抗随偏置变化的特性,它们之间有如下不同:

(1) 偏置情况不同。在 PIN 管开关电路中,偏置是从正偏的某一个极值跳到负偏的某一个极值(或反之),以实现开关的"通""断"。而在 PIN 管电调衰减器电路中,正偏电流则是连续可变的，以实现衰减量的连续可调。

（2）采用的 PIN 管不同。在 PIN 管开关电路中，为了缩短开关时间，一般选用 1 层较薄的 PIN 管；而在 PIN 管电调衰减器电路中，为了获得较大的衰减量动态范围，一般采用 1 层较厚的 PIN 管。

从原理上讲，前面讲过的 PIN 管单刀单掷开关基本上都可以作为反射型电调衰减器，只要选择合适的 PIN 管并连续改变其偏置，就可以在一定范围内获得连续变化的衰减量，不过这些反射型电调衰减器有一个共同的缺点，就是它们的输入驻波比都很大，所以在实际中，很少将其直接作为电调衰减器应用。

图 6-35 所示为 PIN 管电调衰减器的等效电路。图中 P_{in} 为输入的微波功率，当改变 PIN 管的偏置电流时，PIN 管等效的微波阻抗 Z_D 也跟着变化，于是传到负载上的功率 P_{out} 和返回电源的功率 P_r 也跟着变化，这样就得到 P_{out} 随 PIN 管偏置电流改变而变化的电调衰减器。

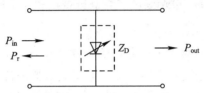

图 6-35 PIN 管电调衰减器的等效电路

下面讨论几种较为常用的 PIN 管电调衰减器。

1. 三路混合器型电调衰减器

图 6-36 所示为三路混合器型电调衰减器的微带型电路，它由两个 3 dB 三路混合器和两个特性相同的 PIN 管组成。左边的三路混合器作为功率分配器使用，右边的三路混合器作为功率合成器使用，R 是隔离电阻，两个 PIN 管分别在 A、B 处与微带线并接，其间距为中心频率的四分之一波长。当 PIN 管为零偏置时，管子的阻抗远大于微带线的特性阻抗 Z_0，此时 PIN 管对传输特性没有影响，输入功率经功率分配器分成两路后，几乎无损耗地通过 A、B 点，然后经功率合成器输出，这时 $P_{in} = P_{out}$，系统的衰减接近于零。当 PIN 管加上正偏电流时，管子的阻值减小，A、B 点向右的视入阻抗不再等于传输线的特性阻抗，输入功率的一部分分别在 A、B 处反射回去，消耗在隔离电阻 R 中，一部分耗散在 PIN 管中，其余的则经功率合成器输出。这时，输出功率小于输入功率，系统产生一定的衰减。若连续改变 PIN 管的偏置电流，则系统的衰减量也会连续改变。

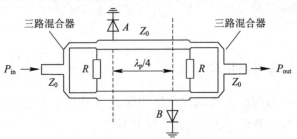

图 6-36 三路混合器型电调衰减器的微带型电路示意图

2. 3 dB 定向耦合器型电调衰减器

图 6-37 所示为 3 dB 定向耦合器型电调衰减器原理图。在定向耦合器的平分臂②、③端都接有 PIN 管和阻值等于传输线特性阻抗 Z_0 的电阻。当 3 dB 定向耦合器各端接特性阻抗 Z_0 时，①端输入的信号功率在②、③端平分输出，而④端无输出；如果接在②、③端的阻抗不等于 Z_0，则进入②、③端的信号功率将被部分地反射回去；对于理想 3 dB 定向耦合器，反射功率全部在④端输出，而不进入①端，所以输入端始终是匹配的，如图 6-37 所示，在②、③端分别连接受正向偏置电流控制的 PIN 管和阻值为 Z_0 的电阻。当 PIN 管的电阻随偏置电流改变时，④端的输出功率便随之改变，偏置电流越大，PIN 管的等效电阻 R_f 越小，②、③端越接近匹配，在④端输出的功率就越小，系统的衰减也就越大，由此便构成了电调衰减器。

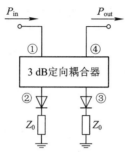

图 6-37　3 dB 定向耦合器型电调衰减器原理图

图 6-38 所示为微带型 3 dB 定向耦合器型电调衰减器电路图。图中微带型 PIN 管的一端与定向耦合器相接，另一端经 50 Ω 电阻与电容块相连，形成射频接地。偏置电流由低通滤波器馈入，经分支线定向耦合器加到 PIN 管上，并经高阻抗线后通过接地孔接地。隔直电容的作用是避免偏置电流经外电路短路。

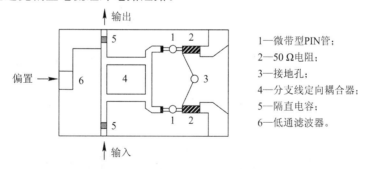

1—微带型PIN管；
2—50 Ω电阻；
3—接地孔；
4—分支线定向耦合器；
5—隔直电容；
6—低通滤波器。

图 6-38　微带型 3 dB 定向耦合器型电调衰减器电路图

3. 吸收型阵列式电调衰减器

图 6-39(a) 所示为吸收型阵列式电调衰减器结构图。该电调衰减器是通过 PIN 管吸收功率来实现衰减的。所有 PIN 管都并联安装在特性阻抗为 Z_0 的传输线上，管间距离为中心频率的四分之一波长。在频率不高时，各 PIN 管加正向偏置电流且都等效为电阻，因此该阵列式电调衰减器可等效为级联的电阻阵，如图 6-39(b) 所示。显然这是一个电阻衰减器电路，其衰减量随偏置电流改变而变化。若电路中采用特性相同的 PIN 管，且各 PIN 管偏置相同，则称为等元件阵列式电调衰减器。若电路中采用特性相同但偏置不同的 PIN 管，或采用不同特性但偏置相同的 PIN 管，并使 PIN 管阵的电阻从输入端至输出端逐渐变小，

则称为渐变元件阵列式电调衰减器。

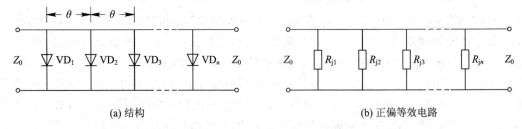

(a) 结构   (b) 正偏等效电路

图 6-39　吸收型阵列式电调衰减器及其等效电路

图 6-40 所示是一种较为常用的波导型阵列式电调衰减器结构示意图，它由一段脊波导和若干个(图中为 5 个))PIN 管组成。为了减小管壳封装参量的影响，这里采用了未封装的 PIN 管芯。PIN 管芯直接焊在铜棒(称为电感棒)的一端，并将波导插入后紧压在波导脊上，铜棒作为管芯的引线与偏置电路相连。由于铜棒的直径(约为 1～2 mm)远比一般封装 PIN 管引线的直径大，所以其电感量很小。铜棒与管芯相接的一端通常做成锥形，以减小铜棒端面与波导脊之间所形成的并联电容。这种结构的寄生电抗分量很小，故该电调衰减器可用于较高频段。每个 PIN 管的偏置电流由同一偏置源供给。为形成渐变元件阵列，在最前面 3 个 PIN 管的偏置电路中，分别串接电阻 R_1、R_2、R_3，调节它们的阻值可达到驻波比和较宽频带的要求，从而使电调衰减器具有较低的输入驻波比。

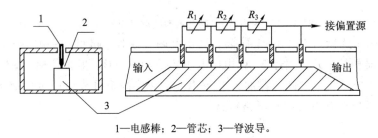

1—电感棒；2—管芯；3—脊波导。

图 6-40　波导型阵列式电调衰减器结构示意图

图 6-41 所示为微带型阵列式电调衰减器。图 6-41(a)中：5 个封装的 PIN 管按中心频率的四分之一波长等间距地并接在微带线上；PIN 管两边的细微带段形成补偿电感，以补偿 PIN 管电抗分量的影响；两端的隔直电容用来防止偏置电压经外电路短路。偏置电路的结构如图 6-41(b)所示。

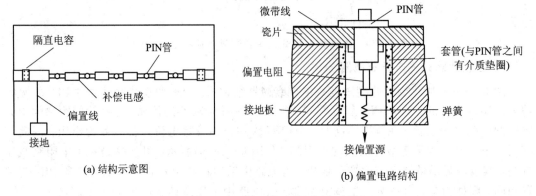

(a) 结构示意图   (b) 偏置电路结构

图 6-41　微带型阵列式电调衰减器

这种微带型阵列式电调衰减器的优点是工作频率范围宽，输入驻波比小，衰减动态范围大，但用的 PIN 管较多。

6.6　PIN 管限幅器

6.6.1　限幅器概述

利用外加偏压来控制微波电路通断的器件是开关。在某些情况下，要求微波信号通过控制电路时能自动控制电路的衰减。当信号较微弱时，控制电路的衰减很小，而当信号超过某一门限值后，电路的衰减显著增加，以致能近似保持输出功率不变（如图 6 - 42 所示），此种衰减只受输入微波信号能量大小的控制而不受外加偏压控制的器件称为微波限幅器。

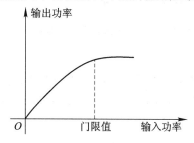

图 6 - 42　微波限幅器特性

雷达接收机的前端往往有高灵敏的低噪声放大器，而低噪声放大器是小信号线性器件，它能接收的信号是非常微弱的，但是整个系统又必须能够承受较大的功率，为了保护器件免遭烧毁，可在接收机前端加入微波限幅器。输入小信号时，限幅器仅仅呈现很小的损耗，输入大信号时，限幅器对其进行大幅度衰减，即对小功率信号几乎无衰减地通过，而对大功率信号却产生大的衰减，信号越强，衰减越大。限幅器在雷达接收系统中用于保护雷达接收机低噪声放大器或混频器不被烧毁。限幅器也可用于微波扫频信号源中，使扫频信号输出保持恒定。

6.6.2　限幅器的主要技术指标

限幅器的主要技术指标有以下几个。

1. 限幅电平

当输入功率超过某值时，由于限幅器衰减显著增加，输出功率趋于一个稳定值，这个稳定值称为门限值或限幅电平。

2. 插入衰减

插入衰减也称插入损耗。当输入功率小于限幅电平时，传输信号的损耗很小，这个损耗称为限幅器的插入衰减。

3. 频带宽度

频带宽度是指满足限幅电平和插入损耗指标的频带范围。例如要求用于扫频仪上的限幅器为宽带限幅器,即其在所要求宽频带范围内满足限幅电平和插入损耗指标要求。

4. 平坦泄漏功率

当限幅器输入信号为脉冲信号时,其输出脉冲信号波形如图 6-43 所示。输出脉冲前沿有一个功率很强的尖峰,然后转入平坦区,平坦区功率电平称为平坦泄漏功率,也称为限幅器的门限电平。图中 τ 是脉冲宽度。

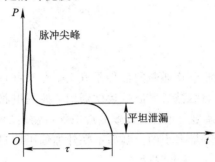

图 6-43 通过限幅器后的输出脉冲

5. 尖峰能量

微波混频晶体管和微波放大晶体管的烧毁往往是由于微波脉冲尖峰能量造成的。脉冲尖峰极窄,只要尖峰的总能量不太大,晶体管只是瞬时击穿,就仍然可以恢复。因此,常用漏过的尖峰能量大小作为安全标志。

6. 恢复时间

在脉冲信号刚结束时,即图 6-43 中 $t>\tau$ 的时刻,PIN 二极管中 I 区的空穴和电子浓度不会马上消失,而是呈指数衰减,在这段时间内,限幅器隔离度仍然很大。将隔离衰减量恢复到比低电平插入损耗值大 3 dB 以内的这段时间称为恢复时间。显然,恢复时间要尽量短。对于雷达信号来说,如果恢复时间过长,将无法检测到近距离目标的回波信号。

6.6.3 PIN 管限幅器电路

PIN 管限幅器的电路形式与 PIN 管电调衰减器的基本相同,只是不需要偏置电路。前面讨论的 3 dB 定向耦合器型电调衰减器,只要去掉偏置电路,就可作为 PIN 管限幅器。

图 6-44(a)所示为微带型双管限幅器电路结构图。当微波功率传到限幅器时,如果微波功率很小,那么限幅器插入衰减也很小,微波功率通过限幅器;当微波功率较大时,如果超过限幅器的限幅电平,则微波功率被限制在限幅器电平内并通过限幅器。图 6-44(b)所示为微带型双管限幅器的等效电路。两个管芯也可反接。反接时,若有大的微波功率输入,则对微波能量正负半周都能限幅。

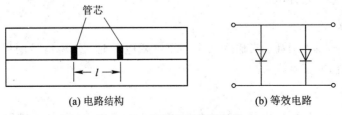

(a) 电路结构   (b) 等效电路

图 6-44 微带型双管限幅器

小　　结

（1）用低频的电压或电流控制微波信号的通断(转换)、大小及相位的器件称为微波控制器件。

（2）微波控制器件按控制功能的不同，可分为三种：控制微波信号传输路径通断或转换的微波开关及脉冲调制器，控制微波信号大小的幅度调制器、电调衰减器及限幅器，控制微波信号相位的数字移相器及调相器。

（3）PIN 管对微波信号的控制仅取决于幅度很小的偏压极性，几乎与微波信号的幅度无关。对 PIN 管施加较小的低频控制功率，就可以使它控制很大的微波功率。

（4）PIN 管移相器大量用于相控阵天线中。目前相控阵雷达中用得较多的是由 4 个单元组成的 4 位数字式移相器。它有 4 路控制信号，可控的相移量分别为 $0°$，$22.5°$，$45°$，…，$337.5°$，$360°$。

关键词：

微波开关　　　单刀单掷(SPST)开关　　　单刀双掷(SPDT)开关

单刀多掷(SPMT)开关　　　电调衰减器　　限幅器　　　移相器

4 位数字式移相器　　　6 位数字式移相器

习　　题

1. 什么是微波控制器件？
2. 能实现通断或转换功能的微波开关有哪几种？
3. 什么是电调衰减器？
4. 分别计算 5 位、6 位数字式移相器相移步进值。
5. 结合 4 位数字式移相器的原理图，给出相移量为 $67.5°$、$112.5°$时的 4 位控制信号。

第7章 微波电真空器件

工作在微波频段，用于产生和放大微波信号的真空电子器件称为微波电真空器件，简称微波管(microwave tube)。广泛用于雷达、通信及高能物理等系统中，尤其是要求功率大、频率高的场合。本章主要介绍雷达系统常用的三种微波电真空器件——速调管、行波管和磁控管的分类、结构及工作原理等。

7.1 概　述

7.1.1 微波电真空器件的概念

微波电真空器件是在电子管的基础上发展起来的，是通过电子在真空中的运动将电子所携带的直流电能转换成微波能量的器件，其主要组成部分有产生电子流的电子枪，将直流能量转换成高频能量的高频系统，收集电子流的收集极以及输入和输出高频能量的输能装置等。在大部分微波管中，为了维持电子流的形状和正常运动，还需要一套聚焦系统。

微波管需要良好的真空环境才能正常工作。微波管的各种零件吸附着大量的气体，如果让它存留在微波管内，在微波管工作时，这些气体便会破坏管内正常的真空环境。

当微波管内真空度不够高时，在微波管阳极和阴极之间就存在许多气体分子。电子在阳极和阴极之间运动时，难免要与气体分子发生碰撞。如果电子在电场作用下获得了足够高的速度，那么它们将从气体分子中打出其他电子来，使微波管内出现许多新生的自由电子，而失去电子的气体分子就变成了正离子，这个过程称为电离。电离出的正离子会使阳极电流大幅度地增加，从而破坏微波管并损坏阴极及产生噪声等。因此，需要用泵或者吸气剂等维持微波管处于比较好的真空状态，或者采用合适的制管材料制造微波管。

在发明固态器件以前，微波管是仅有的有源器件，它适用于整个微波频段和所有的功率电平。现在，微波管和固态器件的应用范围如图 7-1 所示，微波管在高功率、高频率的应用中占统治地位，而在中小功率及较低频率器件中，半导体器件已经代替了早期的微波电真空器件，两者的应用范围并没有很清楚的分界线。

虽然半导体功率器件的功率电平不断提高，但对雷达发射机功率电平的要求也日益提高。因此，在雷达高功率发射机中，电真空器件仍然是主要功率器件之一。随着隐身技术的发展，雷达目标有效反射面积若降低两个数量级，那么雷达发射机功率需提高两个数量级（如不采用其他措施），才能使雷达作用距离提高，例如观察作用距离在 30 000 km 以上的

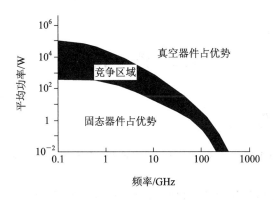

图 7-1　微波管和固态器件的应用范围

外太空目标时的雷达发射机功率比观察距离 300 km 的同样目标(如不采用其他措施)时的雷达发射功率增加一万倍。国土防空三坐标引导雷达、战术防空雷达、多目标精密跟踪测控雷达等都要求跟踪多批目标。采用相控阵天线,只是在体制上提供了可能性,但在能量上,还需要提高发射机功率。因此,提高发射机功率电平仍将是一个长久的发展趋势。

微波半导体器件与微波管是两种性质完全不同的电子器件。它们各有所长,也各有短处。

微波管具有频率高、功率大、效率和增益高、频带宽、耐高低温、抗核辐射、性能稳定、可靠性高等优点。但微波管也具有体积大、笨重、制造工艺复杂、成本高、辅助设备庞大、不利于整机小型化等缺点。

相比之下,微波半导体器件具有体积小、重量轻、寿命长、耐冲击震动、制造工艺简单、成本低、工作电压低、利于整机小型化等优点。但其频率和功率不易提高,稳定性和抗辐射性能差。

7.1.2　微波电真空器件的分类

按电子运动和换能的特点,微波电真空器件分为两大类:线性注微波管(又称"O"型器件)与正交场微波管(又称"M"型器件)。

1. 线性注微波管

电子运动轨迹是直线的微波电真空器件称为线性注微波管,其外形通常被设计成直线形,电子流将其动能转换成高频能量,所加磁场方向与电子运动方向平行,不参与能量交换。这类微波管有速调管、反射速调管、螺旋线行波管(TWT)等,主要应用于广播电视、卫星通信、雷达、电子对抗、加速器等领域。

2. 正交场微波管

电子运动轨迹不是直线,且有恒定磁场,恒定磁场与直流电场方向相互垂直的微波电真空器件称为正交场微波管。其外形通常被设计成圆形,所加直流电磁场方向与电子运动方向是相互垂直的,电子流将位能转换成高频能量。当电子流逐渐向阳极运动并最后到达阳极时,剩余能量已经很少,因此这类微波管的效率很高,一般可达 $80\% \sim 90\%$。这类微波管有各种磁控管、前向波放大管、M 型返波管、增辐管等,主要应用于雷达发射机、电子对抗技术、线性加速器、微波加热等领域。

7.2 速 调 管

7.2.1 速调管的分类

从 1937 年美国 Varian 兄弟研制出第一个速调管至今，速调管的发展已有 80 多年的历史。

速调管是以电子流作为媒介质，利用电子渡越时间效应，以高频信号对电子流进行速度调制并转化成密度调制为基本理论基础，将电子流从直流电场获得的动能转换成高频信号能量的微波电子管。速调管是微波电真空器件中脉冲功率和平均功率最高的器件，其频率覆盖整个微波频段并扩展到毫米波和太赫兹频段，其最大脉冲功率达 200 MW，最大平均功率达兆瓦级。

速调管分为直射式速调管和反射式速调管两种。直射式速调管用于功率放大，可以输出很高的脉冲功率和连续波功率；反射式速调管用作振荡器，产生微波信号。

1. 直射式速调管

直射式速调管是利用直线运动的电子流与高频电场进行能量交换的。由于电子流的产生和形成、电子流与微波场的相互作用、电子剩余能量的耗散和微波能量的输出是在相互分离的空间中进行的，而且其高频互作用系统是分离的谐振腔，因而直射式速调管具有高功率、高增益、高效率、高稳定性和长寿命等优点。其输出功率无论是脉冲功率或是平均功率，都是现有其他类型的微波管中最大的，脉冲输出功率可达百余兆瓦，平均功率可达兆瓦级。当然，直射式速调管整管体积也较大，长度从十几厘米到几米。速调管的增益也是所有微波管中最高的。

直射式速调管主要用于雷达、通信、电视等发射设备的末级功率微波源和医疗设备中的微波功率源。在高能物理研究中，电子直线加速器使用上百只大功率直射式速调管作为微波功率源。

根据不同的使用条件及结构特点，直射式速调管分为不同类型。按管子的电子流数目分为单电子流速调管和多电子流速调管；按工作方式分为脉冲速调管和连续波速调管；按聚焦方式分为电磁聚焦、永磁聚焦、静电聚焦和空间电荷聚焦速调管；按谐振腔的数目分为双腔速调管和多腔速调管；按结构特点分为内腔速调管和外腔速调管以及某种特殊结构的速调管(行波速调管、分布作用速调管等)。

2. 反射式速调管

反射式速调管用作振荡器，产生微波信号。它只有一个谐振腔，利用返回电子进行能量交换，可用作小功率振荡器，其机械调谐带宽能达到 30%，电调谐带宽可达 1% 左右。

7.2.2 电子与电场间的能量交换

为了便于理解速调管的工作原理，下面介绍电子在电场中运动的能量交换关系。

1. 电场能量转换为电子动能

电子在电场中会受到电场的作用力，如果电子在均匀电场中逆着电场方向运动，如图 7-2(a)所示，因电子受到电场吸引力，电子的运动速度会越来越快，即电子加速，电子的动能增大，电子所增加的动能是由电场供给的，故电场给出电能。

2. 电子动能转换为电能

若电子顺着电场方向运动，如图 7-2(b)所示，由于电子受到电场的排斥力，电子的运动速度会越来越慢，即电子减速，电子的动能减小。根据能量守恒定律，此时，电子失去动能而放出电能，交还给电场。电子在电场中运动并进行能量交换，电场愈强，电子数量愈多，电子运动路程愈长，则相互交换的能量也就愈多。速调管振荡器就是利用电子在电场中的能量交换来工作的。

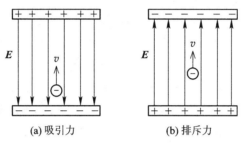

图 7-2　电子在电场中的运动

设电子运动时间为 t，漂移距离为 z，则电子运动速度可由斜率为 z/t 的直线表示，如图 7-3 所示。从图中可以看出，直线 2 比直线 1 斜率大，直线 2 对应的单位时间电子运动距离更远，所以对应的速度更快。

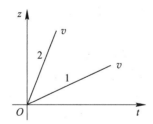

图 7-3　电子运动速度表示

7.2.3　双腔速调管的结构及工作原理

虽然现在已不使用双腔速调管，但是分析它的工作原理对了解速调管工作中的速度调制、群聚和能量交换等基本概念仍然有用，因此本节简要介绍双腔速调管放大器的结构及工作原理。

1. 结构

图 7-4 为双腔速调管放大器结构示意图。它由电子枪、输入谐振腔(简称输入腔)和输出谐振腔(简称输出腔)、漂移空间以及收集极等几个部分组成。在输入腔、输出腔之间不存在任何外加电场，是个等位空间。由阴极发射的电子经电子枪加速而进入这一段空间时

将保持已有的速度漂移，故称此空间为漂移空间。在电子束通过的谐振腔部分，一般将谐振腔的壁做成栅网状，称为高频隙缝（图7-4中虚线所示）。这个金属网可以屏蔽电场，而对电子来说是可以穿透的。

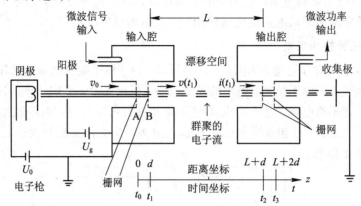

图7-4　双腔速调管结构示意图

电子枪能产生具有一定速度和密度均匀的电子流，由灯丝和能够发射一定密度电子流的阴极、能把电子流聚焦成束的聚焦电极和对电子流进行加速的加速电极组成。灯丝用来加热氧化物阴极，便于发射足够的电子。聚焦电极为一金属筒状物，它与阴极一起构成电子聚束系统，使阴极发射出来的电子流聚成细束状；加速电极上加有较高的直流电压 U_0，其作用是提高电子流的速度，以便具有较大的动能，为了能让电子流顺利通过，通常做成网状。

输入谐振腔为空腔谐振器，腔的中心用金属细丝做成栅网状，便于电子流通过。输入微波信号通过耦合装置进入输入谐振腔，在高频隙缝上激励起高频电场，对电子进行速度调制。输入高频小信号 u_s 经输入耦合装置加到输入谐振腔，形成高频电场，当电子流进入输入谐振腔隙缝 d 时，电子流的速度便受到高频电场的调制。一般将谐振腔做成圆柱形或角柱形方腔，采用电感调谐、电容调谐或电感-电容复合调谐方式。

漂移管又称漂移空间，是一段圆柱形金属管，其直径大于电子流平均直径。速度不均匀的电子流在此空间做惯性运动，形成群聚电子流。漂移管内不存在任何外加电场，是一个等位空间。漂移管除提供一段供电子流做漂移运动的空间，使已经在输入谐振腔中受到速度调制的电子流在向前运动的过程中发生群聚外，还要使速调管各谐振腔之间在高频不能相互耦合。只要适当设计漂移空间的长度，就可以使密度不再均匀（群聚成堆）的电子流到达输出谐振腔时，正好发生在最大高频减速场的时刻。

输出谐振腔的结构与输入谐振腔相同。密度不均匀的电子流与高频电场在隙缝内进行能量交换，放大后的微波信号经耦合装置输出。群聚的电子流到达输出谐振腔隙缝时就会产生感应电流，从而在输出谐振腔的隙缝 L 处激励起与信号频率相同的高频减速电场，使群聚的电子流做减速运动。电子流把其动能的一部分交给高频电场，在输出腔中可得到与输入调制信号频率相同的被放大了的高频信号，经输出耦合装置输出。

收集极的作用是收集交换能量后的电子，使它们通过外电路又回到阴极，构成直流通路。收集极通常被做成瓶状空心结构的圆筒，以便电子在其中发散开来，尽可能均匀地打在收集极表面以便散热。虽然电子流在输出谐振腔被减速，但到达收集极的电子流的速度仍然很高，并且它的动能转换成热能，使收集极温度升高。因此必须考虑收集极散热问题，应采用导热性能好的材料制作收集极。对于大功率速调管，其收集极应采用强制风冷或水冷。

2. 工作原理

1）速度调制

由电子枪发出的电子束进入输入腔隙缝时，具有一定的速度 v_0，如忽略电子初速，则 v_0 完全由直流加速电压 U_0 决定。根据能量守恒定律，电子到达输入腔时的动能等于直流源加速电子所做的功，即

$$\frac{1}{2}mv_0^2 = eU_0 \tag{7-1}$$

由此可得电子进入栅网 A 的速度为

$$v_0 = \sqrt{\frac{2eU_0}{m}} \tag{7-2}$$

式中：e 是电子电荷；m 是电子质量。

假定输入腔栅网 A、B 之间已存在高频电压 $u_1 = U_1 \sin\omega t$，则速度为 v_0 的均匀电子束进入栅网后，若受到高频电场的作用就会改变它原来的速度。设电子束离开栅网 B 的速度为 v，如不考虑电子的初速和空间电荷的影响，在忽略电子通过栅网隙缝的渡越时间的情况下，则电子离开输入腔隙缝时具有的动能为

$$\frac{1}{2}mv^2 = e(U_0 + U_1 \sin\omega t_1) \tag{7-3}$$

所以

$$v = v_0 \sqrt{1 + \frac{U_1}{U_0} \sin\omega t_1} \tag{7-4}$$

式中：t_1 是电子通过栅网隙缝中心的时间；$v_0 = \sqrt{\dfrac{2eU_0}{m}}$ 是只有直流电压时电子的速度。

通常 $U_1 \ll U_0$，则上式可近似写成：

$$v \approx v_0 \left(1 + \frac{1}{2}\frac{U_1}{U_0} \sin\omega t_1\right) \tag{7-5}$$

事实上，电子从进入栅网隙缝到离开栅网隙缝不可能是瞬时的，若考虑电子在栅网隙缝中渡越的时间，则电子束离开栅网的速度为

$$v = v_0 \left(1 + \frac{1}{2}M\frac{U_1}{U_0} \sin\omega t_1\right) \tag{7-6}$$

式中：$M = \dfrac{\sin\theta/2}{\theta/2}$ 是调制系数或耦合系数；$\theta = \dfrac{\omega d}{v_0}$ 是电子在隙缝里的直流渡越角；d 是栅网隙缝距离。

由式(7-5)和式(7-6)可以看出，电子离开输入腔隙缝时，速度有了交变分量，不同时刻进入隙缝的电子，飞出隙缝的速度不同，也就是说电子束的速度受到了高频电场的调制。由于进入隙缝的电子流密度是均匀的，故在交变电场的正、负半周内被加速的电子数与被减速的电子数基本上是相等的，因此，在速度调制过程中，电子流与交变电场的净能量交

换为零。

2）密度调制

下面介绍受到速度调制的电子流进入漂移空间后是怎样转化为密度调制的。

经过速度调制后的电子流进入到无电场的漂移空间（漂移管）后将做惯性运动，由于各电子的运动速度不同，运动过程中会发生电子追赶现象。经过一段距离后，出发晚、速度快的电子将赶上出发早而速度慢的电子，出现在不同时刻以不同速度进入漂移空间的电子将在某处汇聚在一起，从而形成了电子流的密度调制。电子流由速度调制转变为疏密不均的密度调制的过程称为"群聚"。电子密集的区域称为电子块（或群聚块）。

图 7-5 是漂移空间电子流的密度调制与群聚示意图，表示了电子的时间-空间的群聚过程。图 7-5(a)中，横坐标 t 表示时间，纵坐标 z 表示谐振腔的位置，$z=0$ 是阴极的位置，直线斜率表示电子的速度。观察 4 种典型电子在不同时刻穿过输入腔调制隙缝的运动情况：

②号电子是在交变电场由负变正过零时的 t_2 时刻穿过调制隙缝的；①号电子是在交变电场由正变负过零时的 t_4 时刻穿过调制隙缝的，①号电子和②号电子均不受隙缝电场影响，故电子的速度不变，二者的直线斜率相同；③号电子是在交变电场为最大负值的 t_1 时刻穿过隙缝的，电子在减速场中运动，其速度比①、②号电子要小，图中直线斜率减小；④号电子是在交变电场为最大正值的 t_3 时刻穿过隙缝的，电子在加速场中运动，其速度要高于①、②号电子，在图 7-5(a)中直线斜率增大。

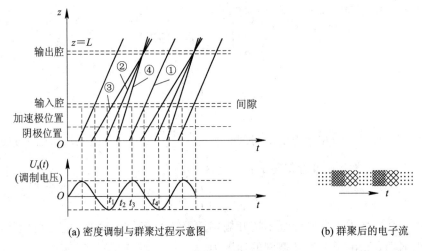

(a) 密度调制与群聚过程示意图　　(b) 群聚后的电子流

图 7-5　电子流的密度调制与群聚

从图 7-5(a)可以看出，在不同时刻以不同速度出发的②、③、④号电子在漂移空间运动一段路程 L 后，②号电子追上③号电子，④号电子也正好追上②号电子，在②号电子附近（图中直线交叉处）形成电子块，把②号电子称为群聚中心。而处在④号与③号电子之间位置的其余电子也都分别向②号电子靠拢，从而实现了电子流的群聚。$z=L$ 处称为最佳群聚距离。实际上，不仅只有处在④号与③号电子范围内的电子参与群聚，群聚范围还可以拓宽，即还可以把比 t_1 时刻略早和比 t_3 时刻略晚离开调制隙缝的一些电子也包括在参加群聚的电子之内。

①号电子在 t_4 时刻离开调制隙缝，速度与②号电子相同，但却追不上 t_4 时刻之前以较大速度离开调制隙缝的电子，也不会被 t_4 时刻之后以较小速度离开调制隙缝的电子追上，

所以，在①号电子前后一段时间内离开调制隙缝的电子不参加群聚。可见，在一个调制周期内，多数电子参加了群聚，只有少数电子不参加群聚。上述群聚现象具有周期性，每隔一个交变电压周期，群聚的电子块就在 $z=L$ 处出现一次，如图 7-5(b)所示。

3）密度调制电子流与高频电场的相互作用

根据感应电流原理，经群聚的电子流在接近或通过输出谐振腔隙缝时，会在输出腔内壁(两栅网的外电路)上产生感应电流。由于群聚电子流是与输入调制信号周期性地到达输出谐振腔隙缝，因此感应电流波形为一串脉冲电流。当输出谐振腔调谐在输入高频信号的频率时，在感应电流的激励下，输出谐振腔对感应电流的基波发生谐振，并呈现纯电阻 R，感应电流的基波就在输出谐振腔隙缝处建立起高频电场。先期到达的电子流一旦在输出腔隙缝处建立起高频电场，该高频电场就要与后续到达并受到密度调制的电子流发生相互作用。当群聚中心电子块通过输出腔隙缝为最大高频减速场时，大量的电子将失去动能，使高频电场的能量增大；当稀疏的电子流通过输出腔隙缝为最大高频加速场时，少量的电子将从高频电场得到能量，高频电场有所减弱；但在一个调制信号周期内，高频电场从密度调制的电子流得到的能量要比失去的能量大得多，高频电场获得了净能量增量，从而使高频电场得到加强，此过程周而复始地进行，高频电场不断得到加强，由于腔内热损耗和供给输出耦合装置的功率也不断增大，最后达到动态平衡状态。

电子流与输出谐振腔进行能量交换后，把大量的动能转换成高频电磁能，而剩下的部分动能促使电子流继续向前运动，最后到达收集极而被收集极所吸收。

综合上述分析，速调管放大器的工作原理可以总结为下面 4 个步骤：

第一步：电子枪灯丝产生的电子受到直流电压加速获得动能，从而电子枪发射出速度、密度均匀的电子流；

第二步：电子流在隙缝受到输入腔高频电场作用而加速和减速，电子流速度受到调制；

第三步：受到速度调制的电子流在漂移空间形成疏密不均的电子流，即密度调制；

第四步：群聚电子块在输出腔减速交出动能，高频信号被放大。

由于双腔速调管中，谐振腔隙缝的栅网对电子不是"全透明"的，总有部分电子被栅网截获；且只有一次电子群聚，群聚不充分；空间电荷的库仑斥力也会影响电子的群聚；因此，双腔速调管中交换的能量很有限。双腔速调管放大器的增益小(15 dB 左右)，电子效率也不高(15%～30%)，已很少使用。

7.2.4　多腔速调管

由于双腔速调管的增益和效率都很有限，为进一步改善管子的特性，在双腔速调管的基础上研制出了多腔速调管。图 7-6 为三腔速调管示意图，它将两个双腔速调管级联起来，即把第一个双腔速调管的输出腔与第二个双腔速调管的输入腔合并，共用一束电子流。三腔速调管的工作过程与双腔速调管基本相同。当电子流穿过输入腔后，产生了速度调制，经过一段漂移管后电子流受到密度调制并产生群聚。当群聚电子块穿过中间腔时，感应出电流并在隙缝上产生高频电压。该电压反过来又对电子流进行速度调制。但与双腔速调管不同的是三腔速调管的中间腔没有加负载，因而品质因数 Q 很高，所以中间腔电压比输入腔电压高很多。这样，在第二漂移管中电子流的群聚不仅取决于中间腔和输入腔的速度调制，也取决于中间腔隙缝的电压值及感应电流与感应电压的相位。可见，在第二漂移管中电子流受到更深的密度调制,当群聚得更充分的电子块穿过输出腔时,交给高频电场的能量就更多,因而也就提高了管子的增益和效率。由于增加谐振腔数目可以增加速调管的增益,于是就出现了四腔管、五腔管以至八腔速调管。多于三腔的速调管,其工作过程与三腔速调管基本相同。多腔速调管放大器的连续波功率可达 100 kW,增益可达 70~80 dB,工作频率可达 10 GHz,被广泛用作末级功率放大器。

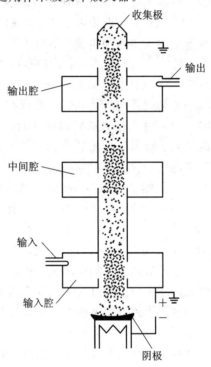

图 7-6 三腔速调管示意图

大功率多腔速调管是一种全金属陶瓷(或玻璃)结构的高真空密封管。图 7-7 所示为典型速调管的整管结构和实物图,它的轴向(沿电子流)尺寸长,谐振腔和漂移管沿轴向分布。使用时一般将其竖直放置,对于线包聚焦速调管,管体放在磁场线包或磁铁中,电子枪朝下,收集极朝上。速调管由电子枪组件、高频互作用段组件(高频输入和高频输出)、输入窗组件、输出窗组件、收集极组件以及图中未示出的收集极绝缘段组件、钛泵组件和排气管组件等部分组成。这些组件由金属零件或由金属和陶瓷零件通过高温钎焊的方法焊接而成,再通过钎焊、点焊、激光焊和氩弧焊等方法将各个零件和组件装配并焊接成速调管整管。组件均处于真空状态,要求真空气密。此外还包括不处于真空状态的一些管外组件和部件,如冷却组件和聚焦系统等。

对于小型速调管可以采用任意安装方式,对于长度特别长的低频速调管可采用水平安装方式。

如图 7-7 所示,输出窗也是大功率速调管的重要组件,其主要功能是将速调管产生的微波功率通过矩形波导等传输线传输到天线等负载,同时保持速调管的真空密封性能。目前常用于大功率速调管输出窗的介质材料有氧化铝(Al_2O_3)陶瓷、氧化铍(BeO)陶瓷和氮化硼(BN)陶瓷。

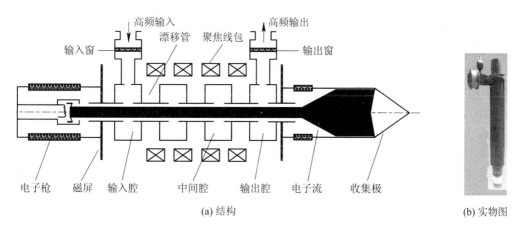

(a) 结构　　(b) 实物图

图 7 - 7　多腔速调管

由于大功率速调管体积大，所用材料种类多，在部件处理和烘烤排气过程中不可能完全去除材料吸附的气体。此外，速调管输出功率大，电子流轰击管体和收集极，以及谐振腔、输出窗等微波元件在大功率微波信号作用下会释放出气体，故一般大功率速调管均带有钛泵，以保证速调管在工作和储存期间的高真空度。对于频率高、体积小的速调管可以采用吸气剂使速调管保持高真空。

7.2.5　多注速调管

多注速调管是一种大功率微波器件，由单注速调管发展而来，运用了多电子流技术，主要由阴极组件、高频互作用段(由谐振腔和多注漂移管段组成)、收集极以及功率输入/输出电路四部分组成，电子流在管内由磁场约束。图 7 - 8 所示为典型的多注速调管结构图。相比单注速调管，多注速调管具有工作频带宽、电压低、重量轻、体积小、效率高、增益高的优点，广泛应用于雷达、粒子加速器、武器装备、航空探测等领域。

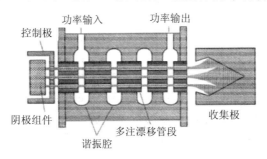

图 7 - 8　多注速调管结构图

7.2.6　速调管的工作方式

速调管的工作方式包括调制方式、聚焦方式、冷却方式、输入和输出方式、安装方式等，速调管的性能与其工作方式密切相关。

1. 速调管调制方式

速调管调制方式可分为阴极调制、阳极调制、控制极调制和栅极调制，如图7-9所示，图7-9(a)所示为阴极调制，图7-9(b)所示为阳极调制，图7-9(c)所示为控制极调制，图7-9(d)所示为栅极调制。阴极调制是大功率速调管最常用的调制方式，它通过控制加在阴极和阳极间的电压，实现脉冲工作。阳极调制是在第一阳极（与速调管管体相连）和阴极间插入第二阳极（调制阳极），在阴极与第一阳极间加直流高压，在阴极与第二阳极间加控制脉冲高压，以此控制电子流的产生。这种调制方式也称为电流调制，阴极、第一阳极和第二阳极可等效为一个三极管。在一些连续波速调管中，也采用具有调制阳极的电子枪结构，其主要目的是控制电子流导流系数和抑制离子返流。控制极调制方式大多应用于多注速调管，它利用控制极（聚焦电极）控制电子流的产生，也是一种电流调制方式。栅极调制方式与控制极调制方式相似，也是电流调制，采用带有阴影栅的栅极结构，可以实现无截获工作。其主要优点是栅极截止负偏压低，调制器的体积和质量轻。

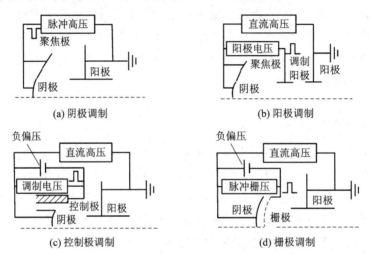

(a) 阴极调制 　　(b) 阳极调制 　　(c) 控制极调制 　　(d) 栅极调制

图7-9　速调管的调制方式

2. 速调管聚焦方式

速调管聚焦方式有均匀电磁聚焦、均匀永磁聚焦、周期反转永磁聚焦、周期永磁聚焦和周期静电聚焦等方式。均匀电磁聚焦方式也称线包聚焦方式，是大功率速调管最常用的一种聚焦方式，聚焦电子流的磁场由线包提供，其主要特点是整个互作用区的磁场方向一致，磁场幅度基本均匀。均匀永磁聚焦方式与线包聚焦方式相似，其互作用区具有均匀的磁场分布，而聚焦磁场由永磁铁产生。通常永磁聚焦方式适合于工作频率高、高频互作用区较短的速调管。周期反转永磁聚焦（PRPM）方式通过磁场的多次反转，减小了永磁聚焦系统的体积和质量，增加了聚焦长度，它在多注速调管中得到广泛应用。周期永磁聚焦（PPM）方式采用具有正弦波形的磁场分布实现电子流的聚焦，使聚焦系统的体积和质量大大减小。但是，由于受到速调管谐振腔尺寸的限制，PPM聚焦方式很难应用于工作频率低的速调管。近年来，PPM聚焦方式已成功应用于高频段速调管。周期静电聚焦（PEM）方式是采用在速调管互作用区放置多个静电透镜实现电子流聚焦的。通常静电透镜的电压与电子流电压相等，其耐压问题非常突出，因而限制了它在高峰值功率速调管中的应用。该聚焦方式已用于连续波功率1～2 kW的散射通信用S频段速调管。

3．冷却方式

速调管作为一种大功率器件，需要对收集极、高频互作用段（谐振腔和管体）、输出窗和电子枪进行冷却，其冷却方式主要有强迫液冷、蒸发冷却、强迫风冷和自然冷却。强迫液冷方式是大功率速调管最常用的一种冷却方式，一般用于高平均功率和高连续波功率速调管。对于环境温度高于 0℃（室内）的发射系统，采用蒸馏水或去离子水作为冷却液，对于环境温度低于 0℃的发射系统，采用乙二醇-水溶液（防冻液）作为冷却液。强迫液冷方式的冷却部位为收集极、管体、输出窗和磁聚焦系统。蒸发冷却方式利用冷却液的汽化热，对大功率速调管收集极进行冷却。强迫风冷方式适合于平均功率较低的速调管。对于采用强迫液冷方式的速调管，其电子枪一般采用强迫风冷或油冷。在空间应用场合，可通过辐射的自然冷却方式或采用热管对速调管相关部位进行冷却。

图 7-10(a)所示为速调管收集极风冷结构图。为了增加散热面积，风冷收集极由收集极体和多个散热翼片组成。水冷方式是速调管最常用的冷却方式，图 7-10(b)所示为单层水套冷却结构，图 7-10(c)所示为双层水套冷却结构。

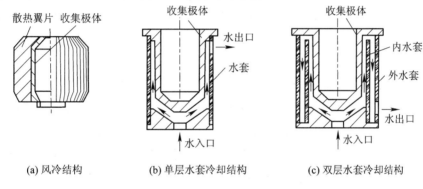

(a) 风冷结构　　　(b) 单层水套冷却结构　　　(c) 双层水套冷却结构

图 7-10　收集极的冷却

4．输入和输出方式

低频段速调管一般采用同轴输入方式，高频段速调管采用波导输入方式。除工作频率很低（如 P 频段）的速调管外，大部分速调管采用波导输出方式。

图 7-11 为典型速调管电路示意图，图中包括了射频输入及输出端口、灯丝电源、上下磁场电源、加速电源及钛泵电源等。

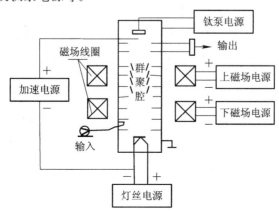

图 7-11　典型速调管电路示意图

7.2.7 反射速调管

反射速调管只有一个谐振腔，只能作为振荡器使用，电子两次穿过谐振腔隙缝，当电子第一次穿过谐振腔隙缝时，被隙缝处的高频电场速度调制。随后，电子在不同时刻以不同速度离开谐振腔隙缝后进入反射空间，在直流减速电场的作用下，电子又返回谐振腔并第二次穿过隙缝。如果反射空间的直流负电场合适，返回的电子就会群聚成团，且群聚中心刚好在谐振腔隙缝处的高频电场为最大减速场的时刻返回谐振腔隙缝，这样，电子就把从直流电场中获得的部分动能交给高频电场，最终维持稳定的振荡。完成能量交换后的电子流，被谐振腔壁或加速极所收集，经过电源构成直流通路。反射速调管振荡器在 $1 \sim 25$ GHz 的频率范围内输出功率约为 $10 \sim 500$ mW，它被广泛用作雷达接收机的本机振荡器和参量放大器的泵浦源等。

厘米波频段的反射速调管可分为外腔式和内腔式两大类，如图 7-12（a）、7-12（b）所示。外腔式反射速调管用在厘米波低端（如 10 cm），一般为玻璃外壳，使用时需外加谐振腔；内腔式反射速调管用在厘米波高端（如 3 cm），谐振腔内附，往往做成金属管壳结构。

内、外腔式反射速调管均由电子枪、谐振腔及栅网、反射极和能量输出装置等构成，其内部结构示意图如图 7-12（c）所示。电子枪由灯丝、阴极和加速极构成，用以产生均匀的电子流。空腔栅网分上、下两个，间距很小，金属部分以盘状形式露出玻璃外壳与外加谐振腔构成完整的空腔，谐振腔不仅对第一次穿过空腔栅的电子进行速度调制，还对由反射空间返回而第二次穿过空腔栅的电子进行减速，以实现电子动能与高频电场进行能量交换。反射极是一个金属圆盘，位于空腔栅的上部。反射速调管正常工作时，通常是加速极和空腔栅接地，阴极接负电压 U_0，反射极接比阴极更负的电压 U_L。反射极至上空腔栅的空间称为反射空间，它的作用是使受到速度调制后的电子流进入反射空间后往返运动，最终使电子流发生群聚。

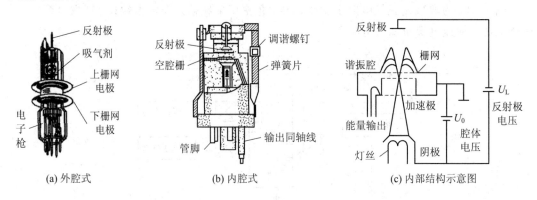

(a) 外腔式　　　　　　　(b) 内腔式　　　　　　　(c) 内部结构示意图

图 7-12　反射速调管外形结构及内部结构示意图

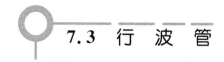

7.3　行　波　管

7.3.1　行波管概述

多腔速调管采用多级群聚段作为电子流的控制机构，可以得到很高的增益和效率，但是它是一种驻波器件。多腔速调管采用了多个谐振腔，其品质因数 Q 很高，因而频带很窄，相对带宽一般只有百分之几。即使采用参差调谐或降低腔体 Q 值的方法加宽频带，也不能改变速调管在根本上频带窄的特性，而且增益将会降低，谐振腔功率损耗也会增加。

可以设想，如果电子流和一个行波电场同向行进，而且在较长距离上都保持相位同步，从而有效地进行相互作用，那么就可以取消高 Q 腔，频带窄的问题也就得到了根本的改善。这种基于电子与行波场的相互作用而建立起来的微波管，就称之为行波管放大器，简称行波管。由于它没有谐振腔，电子流无需通过一道道的栅网，因此电流分配噪声很小；同时由于采用了特殊设计的低噪声电子枪，因此可获得很低的噪声系数。

行波管放大器利用电子渡越时间，使电子在渡越的过程中与信号行波电场同向行进，相互作用，电子不断地把从直流电源获得的能量交给信号行波电场，使信号得到放大。因此，行波管放大器的工作频率范围很宽，可从 200 MHz 直至 100 GHz 以上，功率容量从几瓦到几兆瓦，同时还具有增益高、噪声系数低、动态范围大等优点。它既可用于发射机的功率输出级，也可用于接收机的高放级，还在通信、电视、广播、遥测、电子对抗等设备中得到了广泛的应用。

按用途不同行波管可分为两类：一类是低噪声行波管，它具有很低的噪声系数（1～10 dB），同时具有频带宽、过载能力强、稳定可靠、寿命长等优点，因此在微弱信号接收中占有重要的地位；另一类是功率行波管，它具有高效率、高可靠、长寿命的特点，可作为发射机的末级或中间级功率放大器，其效率可以高达 70%。按结构不同行波管也可分为两类：一类是宽带应用的螺旋线行波管；另一类是高功率应用的耦合腔行波管，它的最大脉冲功率在 P 频段达 100 MW，S 频段达 13 MW，C 频段达 4.5 MW，X 频段达 1.2 MW。螺旋线行波管的带宽可以高达 2 个倍频程或者更高，而耦合腔行波管的带宽通常在 10%～20% 的范围内。

7.3.2　行波管的结构

图 7-13 是行波管的结构示意图。它主要由电子枪（包括阴极、灯丝、聚束极和加速极）、磁聚焦系统、慢波系统、高频输入/输出装置、收集极、真空密封壳六个部分组成。

1. 电子枪

电子枪由灯丝、阴极、聚焦电极和阳极组成。它的作用是产生一束符合要求的电子束，并将电子束加速到比在慢波结构上行进的电磁波的相速稍微快一些的速度，以便和电磁场交换能量，从而实现对信号的放大。

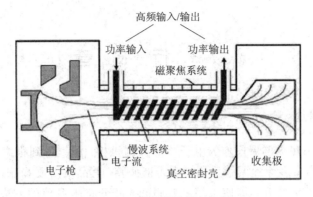

图 7-13　行波管结构示意图

2. 磁聚焦系统

电子束从电子枪出来后要穿过细长的慢波结构，但在密集的电子束内电子之间相互排斥力很大，电子束很快发散变粗，打到慢波结构上去，因而无法穿过细长的慢波结构，失去把能量交给电磁场的机会。因此，需要一个磁聚焦系统，产生强大而均匀的轴向磁场。轴向磁场对于轴向运动的电子没有作用，但对于径向发散的电子却能把它拉回来聚成细束，这样就能使电子束顺利通过慢波结构而不发散。而且，为了保证电子与慢波结构高频电磁场的相互作用更为有效，电子流应有适当的直径（通常电子流直径约等于信号波长的 $1/10$）。在行波管中，人们利用各种形式的磁场使电子流维持聚焦。

图 7-14 所示为几种主要的磁聚焦方法，分别为线包聚焦、永磁聚焦和周期永磁聚焦。线包聚焦系统的磁力线与电子运动方向平行，能够得到很高的电子流通过率。当平均功率

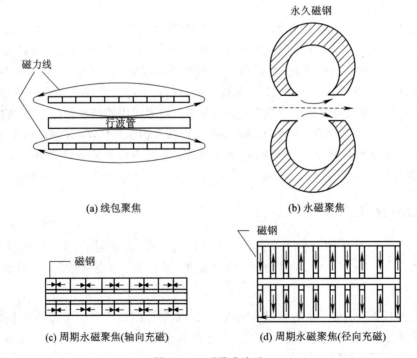

图 7-14　磁聚焦方法

较高而管子的尺寸和重量要求不高时，可采用线包聚焦方式。有时，为了减轻线包的体积、重量以及节省磁场电源的功率，人们直接把线包绕在管体上，称为整体式线包。当慢波结构比较短时，可以采用永磁聚焦方式。这种聚焦方式仅适用于低增益的小功率行波管。周期永磁聚焦特别是大功率行波管的周期永磁聚焦技术，是行波管在聚焦方面的重大进步。这种轻重量的聚焦方式特别适用于移动设备中的行波管以及空间行波管。

3. 慢波结构

螺旋线是最早使用的一种慢波结构，如图 7 - 15(a)所示。慢波结构的作用有二：一是用来传输高频信号，并使高频电磁波的轴向传播速度（相速）减慢，使它与电子流的速度同步以保证电子流和电磁波有足够长的相互作用时间；二是在慢波线附近的空间产生足够强的高频纵向电场，从而对电子流进行速度、密度调制和能量交换。实际螺旋线慢波结构中，螺旋线固定在管壳中，小功率行波管用玻璃管壳，大功率行波管用金属管壳，用三根支撑杆固定螺旋线，如图 7 - 15(c)所示。支撑杆可用氧化铝、氧化玻或氮化硼等制成。图 7 - 15(b)、(d)所示分别为环杆与耦合腔慢波结构。

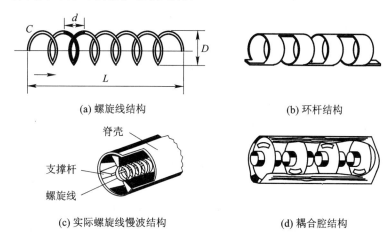

(a) 螺旋线结构　　　　　　　　　　　(b) 环杆结构

(c) 实际螺旋线慢波结构　　　　　　　(d) 耦合腔结构

图 7 - 15　几种慢波结构示意图

4. 输入/输出装置

输入/输出装置是被放大信号的入口和出口，可以采用同轴或波导结构。为了使行波管放大器具有宽带特性，必须保证行波管中的电磁场呈现行波状态，在输入/输出装置内有调节匹配的装置，从而能有效地传输高频能量。

5. 收集极

做成圆盘状的收集极用来收集在慢波螺旋线中完成能量交换后穿出螺旋线的电子流，构成电子流的回路。由于电子束以很高的速度打到收集极上，使其发热，因此收集极的散热对提高管子的寿命是相当重要的。除选用导热性能良好的无氧铜制作外，还应使收集极所加电压与阳极电压相等或采用降压收集极。试验表明，采用降压收集极特别是多级降压收集极是一个好办法，这样电子流进入收集极时遇到的是减速场，它使具有不同能量的电子流都能落到回收能量最多的那一级降压收集极上。但另一方面，它要求电源有较好的负载特性，增加了电源的复杂性。

7.3.3 行波管放大器的工作原理

行波管放大器的工作原理与一般晶体管放大器完全不同。当高频信号经输入装置到达慢波螺旋线输入端并沿管轴向前传播时，在螺旋线内部和外部都将产生电场和磁场；与此同时，由电子枪发射出来的电子流也沿着管轴向前运动。在电子流与高频信号的行波电场共同前进的过程中，电子流不断地把自己所具有的动能交给高频信号电场，等到信号传到管子末端时就被放大了。由此可见，电子流与信号行波电场之间的能量交换是行波管放大信号的基础。所以，行波管放大器工作原理的重点是：如何使输入信号变为缓慢的行波，如何形成轴向电场，电子流在慢波系统中的速度调制与群聚以及电子流与信号行波电场的能量交换等。

1. 螺旋线慢波原理

下面以螺旋线慢波系统为例说明螺旋线如何减慢电磁波传播的相速。众所周知，电磁波沿导线以光速传播。现在将导线绕成螺旋形，这就迫使电磁波不得不走许多"弯路"，沿着导线一圈又一圈地前进。结果，从轴向来看，电磁波传播的速度就减慢了。螺旋线中相速与光速的关系决定于螺旋线一圈的长度与其螺距之比，如图 7-16 所示，图中 D 表示螺旋线的平均直径，d 表示螺距，ψ 表示螺旋线升角。由图 7-16 可得

$$\frac{v_{\mathrm{p}}}{c} = \frac{d}{\sqrt{(\pi D)^2 + d^2}} \tag{7-7}$$

通常，$d \ll D$，所以式(7-7)可近似为

$$v_{\mathrm{p}} \approx c\,\frac{d}{\pi D} \tag{7-8}$$

式中，v_{p} 是行波相速，c 是光波。因为 $d \ll D$，所以 $v_p \ll c$。将 c/v_p 定义为慢波比，其值取决于慢波结构的尺寸与工作频率。式(7-8)表征了电磁波传输减慢的程度，乍看起来，螺旋线中波的相速似乎与频率无关，似乎它是个非色散系统，这是因为上面的分析是极为粗略的。严格的理论分析表明，螺旋线具有如图 7-17 所示的色散特性。在很宽的频率范围内，它的相速几乎与频率无关，但当频率较低时，它表现出强烈的色散特性。

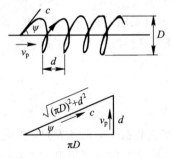

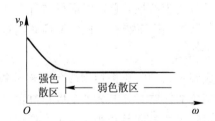

图 7-16　螺旋线中相速和光速的关系　　图 7-17　螺旋线的色散特性

由式(7-2)可知，加速极电压 U_0 一定后，电子流的速度 v_0 就确定了，只要改变螺旋线的直径与螺距之比，就可以使信号电场的轴向速度 v_{p} 符合与电子流同步的要求。

由此可见，行波沿螺旋线传播的结果，使其轴向速度减慢了，只有光速 c 的 $d/(\pi D)$，这就是螺旋线的"慢波"作用。

2. 螺旋线上行波电场的分布

行波沿螺旋线传播的过程中，螺旋线上的电压、电流是随时间变化的，在螺旋线周围会产生交变的电磁场。因交变磁场强度远小于聚焦磁场，它对电子流的作用很小，并且磁场与电子流之间没有能量交换，可以不考虑，所以我们只研究螺旋线上的交变电场对电子流的作用。图 7-18 所示为螺旋线周围的电场分布，由图 7-18 可见，螺旋线内的电场有切向分量、径向分量和轴向分量。由于电子沿轴线运动，因此，只有轴向电场能够对它起加速或减速作用，并进行能量交换，所以我们只研究轴向电场对电子流的相互作用，而螺旋线外部的交变电场可以不考虑。在对称的情况下，径向电场对电子流的作用是相互抵消的。同时，行波电场的轴向分量沿轴线按正弦规律分布，并以速度 v_p 向输出端传播，如图7-19 所示。

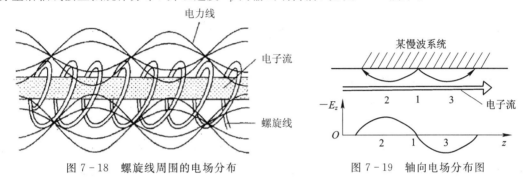

图 7-18　螺旋线周围的电场分布　　　　图 7-19　轴向电场分布图

3. 电子流的群聚和能量交换

从电子枪发射出来的均匀电子流在螺旋线的始端与输入微波信号相遇。根据相遇时高频信号电场的不同相位，信号电场对电子流可能是加速场、减速场或零电场，也就是说电子流受到电场的速度调制，均匀的电子流将变成密度受到调制的不均匀电子流，显然这是一种动态控制过程。下面分三种情况进行讨论。

假设慢波系统上行波电场的轴向分量分布如图 7-19 所示。电子进入慢波线的速度为 v_0，行波的相速为 v_p。以图 7-19 中 1、2、3 点的电子为例来说明。

（1）当 $v_0 = v_p$ 时，电子"1"在轴向电场强度大小为 0 时进入，由于它不受高频电场的影响，所以在运动过程中一直处在高频电场强度为 0 的位置上。电子"2"是在轴向电场为加速场时进入的，由于高频电场的加速作用，它在运动过程中要趋近电子"1"。电子"3"是在轴向电场为减速场时进入的，因而受到高频电场的减速作用，在运动过程中逐渐落后，它会被电子"1"赶上。这就是说，电子在与行波电场一同行进过程中发生群聚现象。如果在速度等于 v_p 的移动坐标 z' 中观察这一现象，则有图 7-20 所示的情况，电子流以电子"1"为中心发生群聚。但是，这时电子流与行波电场之间交换能量的总效果为 0，因为群聚中心恰好位于高频电场强度大小为零的相位上，由加速场和减速场来的电子数相等。

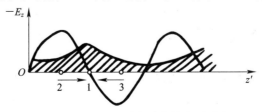

图 7-20　$v_0 = v_p$ 时行波管的电子群聚

（2）当 $v_0 > v_p$ 时，这里是指电子速度略大于行波相速。这时在运动坐标里观察，除上述群聚过程外，还将增加一个相对运动，就是全部电子将以 $v_0 - v_p$ 的相对速度在 z' 方向上移动，使得群聚中心移入高频减速场区域，如图 7-21 所示。这样就使较多的电子集中于减速场而有净能量交换。电子流把从直流电源获得的能量转换给高频电场，这正是行波管工作的基本原理。

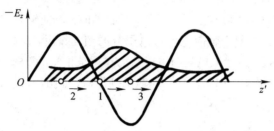

图 7-21　$v_0 > v_p$ 时行波管的电子群聚

随着电子流的不断前进，行波电场的振幅也逐渐增大，增长的行波又进一步使电子流群聚，从而更有利于能量的交换，因此高频电场的振幅沿慢波线按指数规律增长，这就是微波信号的放大过程。

（3）当 $v_0 < v_p$ 时，与上述情况相反，电子流将群聚在加速场区域，从高频电场摄取能量，使高频电场强度衰减。电子流从高频电场获得能量，使得电子的行进速度愈来愈快，这与（2）的情况恰好相反，但这正是行波型直线加速器的基础。

综合以上三种情况可得，在行波管中要使电子流和高频电场有效地相互作用，必须使电子流的直流速度 v_0 略大于行波相速 v_p。而电子流能够交出的能量只是 $(v_0 - v_p)$ 所对应的这一部分动能。通常 $(v_0 - v_p) \ll v_0$，故行波管的效率不高。

综上所述，在慢波系统内，电子流与行波一起前进的过程中将受到行波轴向电场的速度调制并逐渐群聚起来。电子流的初速不同，群聚区域也不同。要使行波管具有放大作用，必须使电子流的初速略大于行波轴向电场的相速度，使群聚中心电子处于行波电场的减速区内，从而有效地进行能量交换，使行波电场得到加强。

4. 行波管放大器放大信号的过程

如图 7-21 所示，在 v_0 略大于 v_p 的情况下，行波管中电子流与高频信号的轴向电场之间的作用是相互的：轴向电场对电子流发生作用使电子流受到速度调制并逐渐群聚起来；反过来，群聚电子流对轴向电场也发生作用，即它不断地把自己的动能交给轴向电场，促使电场进一步增强；这种群聚电子流密度的加大和行波轴向电场的增强是相互促进，并越来越快地迅速积累。行波轴向电场幅度和电子流分布密度沿行波管轴向的变化趋势如图 7-22 所示，在螺旋线的输入端，行波电场很弱，电子流的群聚程度不大，电子流比较均匀地分布在轴向电场的加速区和减速区内，故电子流与轴向电场之间交换的能量很少；当电子流与行波轴向电场同步前进时，由于行波电场持续地对电子流起到加速或减速作用，使更多的电子流逐渐地在减速区内群聚起来，这样电子流交给轴向电场的能量就逐渐增多，行波电场也随之增强；增强了的行波电场进一步对电子流进行速度调制，电子流群聚程度更大，从而又把更多的能量交给行波电场，使得行波轴向电场不断地得到增强。这样电子流和行波电场一边前进一边相互作用，虽然每次净能量交换不多，但它们通过长时间的持续作用，以积少成多的办法，最终使高频信号得到很大的放大。行波管放大器的增益一般为 30～50 dB，高的可达到 70 dB。

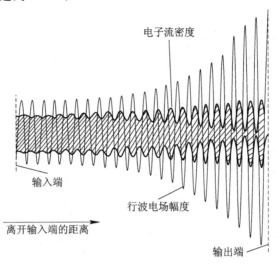

图 7-22　行波轴向电场幅度与电子流分布密度沿行波管轴向变化趋势示意图

总之，行波管中电子流和高频电场的相互作用与速调管相似，也包括速度调制、密度调制和能量交换三个过程。所不同的是，速调管中三个过程是分开的，且局限在某个特定的空间内；而行波管中的三个过程不是分开的，而是同时发生并连续地分布在整个慢波线上的。

7.3.4　行波管放大器的主要特性

1. 同步特性

加速极电压 U_0 决定着飞入螺旋线的电子的运动速度。通过调整加速极电压 U_0，可以使电子流的速度 v_0 稍快于行波的相速度 v_p，以使电子流能与高频电场进行充分的能量转换，使高频信号具有最大的功率输出。在一定的条件下，能够使行波管产生最大输出功率 P_{out} 的加速极电压 U_0 称为同步电压。如果偏离了同步电压，则输出功率便会迅速减少，如图 7-23 所示。通常把输出功率或增益与加速极电压之间的关系称为同步特性。

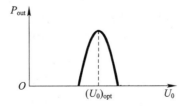

图 7-23　行波管的同步特性

2. 输出功率与增益

行波管是一个宽频带器件，在其输出功率中必然会包含一部分谐波功率，而国家标准中规定的输出功率是指基波输出功率。

增益 G 的定义为输出功率与输入功率之比，即 $G = 10\lg(P_{out}/P_{in})$。行波管的功率增益分小信号增益、额定功率增益、饱和增益，因此在讲行波管的增益时必须首先说明是指哪一种增益。

图 7 - 24 所示为行波管的输出功率、功率增益与输入功率 P_{in} 的关系曲线。由图 7 - 24 可知，当 P_{in} 较小时，P_{out} 随 P_{in} 的增加而线性增加，此时增益保持恒定（称为小信号增益，图中 A 区）；当 P_{in} 较大时，P_{out} 增加到某一最大值（图中 B 点，对应的增益称饱和功率增益）后反而有所下降，增益也有所降低（图中 C 区）。

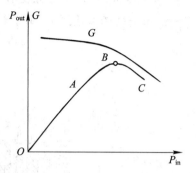

图 7 - 24　行波管放大器的输出功率、
功率增益与输入功率关系曲线

3. 工作频带

行波管是一个宽频带器件。可用最高工作频率和最低工作频率之比来说明行波管的带宽，例如 6～18 GHz 行波管的带宽为 3∶1。在螺旋线行波管中也常用几个倍频程（一个 n 倍频程的最高与最低工作频率之比为 2^n∶1）来说明行波管的带宽。例如工作频率为 4～8 GHz 的行波管，其带宽为一个倍频程；而 4～16 GHz 行波管的带宽则为两个倍频程。对于工作带宽较窄的耦合腔行波管，常用行波管的最高与最低工作频率之差和其中心频率比值的百分数来表示它的带宽，例如工作在 9.5～10.5 GHz 的行波管的带宽就是 10%。

行波管放大器的工作频率主要受输入/输出耦合装置及其慢波系统的性能所限制。因为输入/输出耦合装置只能在一定的频率范围内实现良好的匹配，若频带太宽，则在慢波系统中除有前向波外，还有反射波，从而引起增益降低或引起行波管自激。对于慢波系统，当螺旋线尺寸一定后，只有当频率合适时，形成的轴向高频电场才有利于电子流的群聚。如果频率太高，一个周长的螺旋线相当于几个波长，那么就不能形成轴向电场，也就不能放大信号；反之，频率太低时，会使沿轴向分布的电场的周期数目减少，电子流不能有效地群聚，也不能放大信号。除此之外，还有螺旋线色散特性的影响，因此使用中应选用具有弱色散特性的慢波结构。

4. 效率

行波管中常用的效率有两个：一个是电子效率，是指行波管输出功率与电子流功率之比；另一个是总效率，是指行波管输出功率与各电极的电压电流积的总和之比。

如前所述，只有在电子流的初速 v_0 略大于行波轴向电场的相速度 v_p 时，才能有效地进行能量交换，从而使信号得到放大。可见，电子流能够交出的能量只是对应于 $(v_0 - v_p)$ 速度差的那一小部分动能。电子流交出能量后其速度将下降，当它与行波轴向电场不能再同步（$v_0 \leqslant v_p$）时，就不能进一步交出能量，从而使电子效率无法进一步提高。因此，行波管的效率一般很低，大功率管的效率很少超过 30%。为提高电子效率，可以采用相速渐变技术，即采用不均匀的慢波结构（逐渐减小螺距）使行波的相速沿传播方向逐渐减慢，以利于和逐渐减慢的电子流继续保持同步。但是，相速降低又将导致耦合阻抗下降，使电子流无法和行波充分交换能量；同时电子流速度下降将使空间电荷的排斥力大大增加，使聚焦困难。

在行波管中，完成能量交换的电子仍以很高的速度打在收集极上，使收集极发热。为了提高行波管的总效率，可以采用降压收集极，使电子流在降压收集极中减速以把能量交还给电源。

5. 稳定性

行波管放大器受到各种因素的影响会产生自激，其中最常见的是由于输入/输出耦合装置与慢波线之间匹配不良所致，比如输出端失配产生的反射功率沿慢波线传输至输入端，因输入端不匹配便产生二次反射变成正向传输功率。如果二次波功率大于输入信号功率，且相位合适，放大器就产生自激振荡。为了消除这种自激振荡，在制造行波管时可在螺旋线的介质支撑杆的适当位置上，喷涂渐变石墨层形成集中衰减器，用以吸收反射功率。在大功率行波管中，甚至将慢波线在适当位置切断，并在切断点附近涂石墨层。虽然这样做使高频电场受到很大的衰减，但电子流并不受影响，因此不会使行波管的增益下降很多。

6. 噪声系数

当行波管作为低噪声放大器时，噪声系数是一项重要指标。行波管的噪声源包括两个方面：一是由于电子发射不均匀产生的散弹噪声；二是由于电子打在其他电极(如加速极)或螺旋线上产生的电流分配噪声。

为了降低行波管的噪声，一方面应尽量设法改善电子流的聚焦；另一方面可以设计特殊的低噪声电子枪，降低散弹噪声。

以上介绍了行波管的几个主要性能参数。由于行波管的种类繁多，用途也不尽相同，表征它的性能参数也很多，视具体应用场合而定。比如接收机用低噪声行波管放大器，要求管子的噪声性能好；通信用行波管要求交调失真小；为保证通信质量，卫星通信用行波管要求增益波动和增益斜率小；多普勒雷达中的行波管要求相位灵敏度应尽可能低等。

表 7-1 列出了某卫星地面站发射机末前级行波管放大器的技术指标。

表 7-1　行波管放大器技术指标示例

频率范围	6～18 GHz
饱和输出功率	≥100 W
效率	40%
增益	25 dB
相位一致性	≤±25°
输入/输出端 VSWR	≤2：1
输入/输出端阻抗	50 Ω
RF 输入	SMA(F)
RF 输出	TNC(F)
冷却系统	导体散热
工作温度	−55～70 ℃
尺寸	185 mm×52 mm×28 mm
聚焦极电压	−50 V
重量	0.6 kg
收集极	三级降压收集极

图 7 - 25 为行波管实物示意图。

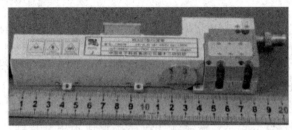

图 7 - 25　行波管实物示意图

7.3.5　行波管使用注意事项

1. 保持匹配良好

在使用行波管放大器时，应注意使输入端和输出端的匹配均保持良好状态。当匹配不良时会引起放大性能恶化，甚至造成放大器自激。所以，在行波管放大器的输入端和输出端通常都设置有匹配装置。在工作中应该将匹配装置调整到最佳状态，使行波管输入阻抗与输入信号源匹配，输出阻抗与负载匹配。对于输入/输出馈电系统的连接是否变形等易造成失配的原因，也应适时地进行检查。

2. 防止聚焦线圈电流中断

对于电磁聚焦的行波管，当行波管工作时，不应中断聚焦线圈的电流。否则，当聚焦磁场消失时，电子束散焦，螺旋线电流会急剧增大，从而导致螺旋线过热而使行波管损坏。

3. 保持螺旋线的中心轴与聚焦磁场的中心轴相重合

为了使行波管放大器工作良好，必须使螺旋线的中心轴与聚焦磁场的中心轴相重合。否则，会使通过慢波系统的电子聚焦不良，从而导致行波管放大器的固有噪声增大、输出功率下降等一系列不良后果。

7.3.6　微波功率模块

自从半导体固态电子器件诞生以来，固态电子器件及电真空器件两者即开始竞争。竞争的同时，器件之间、技术之间的相互融合导致了微波功率模块的诞生。20 世纪 80 年代末期，首次提出了微波功率模块(microwave power module，MPM)的概念，各国科研技术人员、工程技术人员投入了极大的热情开展相关研究，一方面固态电子器件发展中遇到了功率、效率无法进一步突破的问题，另一方面电真空器件体积以及配套电源尺寸难以进一步缩小，在此状态下，功率器件两大阵营——固态电子器件和电真空器件开始联合，各取所长，将两者的优点集合，形成了微波功率模块这一最佳形式。

微波功率模块 MPM 的标准结构如图 7 - 26 所示，由行波管放大器、微波固态放大器和集成电源三个部分组成。

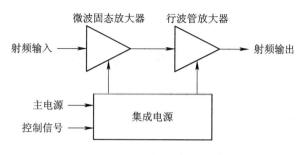

图 7 - 26　MPM 基本结构

微波固态放大器主要提供前级小信号增益，保证足够的输出功率驱动行波管放大器，同时对行波管的相位进行补偿。行波管放大器主要承担信号放大功能，是决定 MPM 射频性能的关键部分。集成电源提供 MPM 所需的各种电压等级的电源，包括用于驱动微波固态放大器和行波管放大器的电源，同时具有监控、保护功能。将行波管和与之配套的高压电源集成为一体，极大地方便了使用。

MPM 集合了电真空器件与固态器件的优点，其性能指标超过了单独的固态放大器和单独的行波管所能达到的性能指标。MPM 兼有固态器件的低噪声性能和行波管的高功率、高效率；相比行波管，它减少了对电源的要求，减轻了电源重量；与单独的行波管相比，MPM 改善了增益和相位匹配及控制。在毫米波频段，MPM 被称为毫米波功率模块，简称MMPM（millimeterwave power module）；继续延伸，可以到太赫兹功率模块，简称 TPM（terahertz power module）。MPM 的出现为电真空器件特别是行波管的应用插上了翅膀，目前两类器件间的竞争已经转化为纯固态器件与 MPM 之间的竞争，后续的电真空器件发展方向主要是 MPM 的研究。

MPM 解决了电真空的"难使用"问题，并且相对固态器件，MPM 在高频段具有高效率、高功率、小体积、高性价比等特点；在无人机等小型平台，利用 MPM 的特点，可实现雷达、干扰、通信一体化的发射机。

图 7 - 27(a)所示为 Ku 频段空间应用的 MPM，其带宽为 2 GHz，饱和输出功率为150 W，增益为 51 dB，效率为 61%～63%，尺寸为 330 mm×87 mm×120 mm，重量为1.85 kg。图 7 - 27(b)所示为工作于 4～18 GHz 的 50W MPM，尺寸为 140 mm×86 mm×20 mm，模块效率为 32%。其所用的小型化行波管重量仅 135 g，体积仅为 135 mm×25 mm×16 mm，图 7 - 27(c)为该行波管与签字笔的对比图。

(a) Ku频段空间应用MPM　　　　(b) 4～18 GHz 50 W MPM　　　　(c) 迷你行波管

图 7 - 27　MPM 实物

7.4 磁 控 管

7.4.1 磁控管概述

速调管和行波管都需要外加恒定磁场，外加恒定磁场的方向与加速电场相平行，其作用是使电子流保持聚焦。在这一节中，我们讨论另一类器件——正交场器件。

在正交场器件中，恒定磁场与直流电场是互相正交（垂直）的，这与前面介绍的 O 型器件大相径庭。而且，在所有正交场器件中，恒定磁场在相互作用过程中直接发挥作用。正交场微波管通常分为放大管和振荡管两大类，器件型号繁多，已被广泛用在军事和民用各个领域。振荡管中主要有磁控管和 M 型返波管。其中，特种脉冲磁控管和毫米波同轴磁控管主要用于雷达、电子对抗、导航及制导等领域；普通磁控管主要用于微波加热、医疗和家用微波炉等领域。本节仅以雷达装备中常用的多腔磁控管为例进行介绍。

7.4.2 磁控管的结构

多腔磁控管的典型结构如图 7 - 28 所示。图 7 - 28(a)所示为磁控管的 6 个主要组成部分，包括阴极、阳极（包括谐振腔）、能量输出装置、谐振腔隙缝、灯丝引线。图 7 - 28(b)所示为磁控管的另一个主要组成部分：永久磁铁以及散热卡、陶瓷等辅助组成部分。阴极和阳极的位置严格保持同轴关系，阴极的作用是发射电子流。为了输出足够大的功率，阴极的面积很大，其直径通常是阳极直径的二分之一。

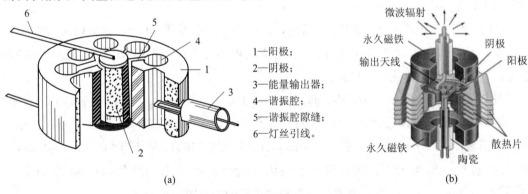

1—阳极；
2—阴极；
3—能量输出器；
4—谐振腔；
5—谐振腔隙缝；
6—灯丝引线。

(a)　　　　　　　　　　　　　　(b)

图 7 - 28　多腔磁控管的典型结构

阴极内部设置螺旋状加热灯丝，灯丝的引线穿过玻璃套管引出。一般要求脉冲磁控管的阴极有很高的脉冲发射功率，因此脉冲磁控管的阴极毫无例外地采用氧化物阴极。连续波磁控管要求阴极有低的逸出功、低的使用温度和较高的发射功率，所以一般采用钍钨阴极。

阳极由无氧铜做成，其内表面有许多小的谐振腔，腔的数目可以从 6 个到 40 个不等，一般取偶数，并且随着波长的缩短，所用谐振腔的数目增多，多腔磁控管的名称即由此而来。这种周期性结构和行波管中螺旋线的作用相同，即形成一种慢波系统。阳极和阴极表面构成高频电磁场的相互作用空间。阳极的外部一般都做成片状，以便散热。谐振腔的形式很多，除如图 7 - 28 所示孔槽形外，常见的还有槽形和扇形，如图 7 - 29 所示。它们为同腔系统，因为在这些系统中，每一个小腔的截面形状和尺寸都是相同的。还有所谓异腔系统，它们由尺寸或形状不同的谐振腔组成。

(a) 孔槽形　　　　　　(b) 槽形　　　　　　(c) 扇形

图 7 - 29　磁控管阳极谐振腔典型形式

输出装置是多腔磁控管的重要组成部分。它的作用是将磁控管中产生的高频能量耦合到负载上。为此，输出装置包括阻抗变换段、耦合系统、传输线。它们可以是同轴型，也可以是波导型。厘米波频段的磁控管常用同轴转换至波导输出结构；波长更短的磁控管往往用波导型输出结构。

磁控管的阳极通常接地，阴极带有负高压，因而阴极和阳极之间形成径向直流电场，磁控管通常夹在磁铁的两个极之间，形成与直流电场正交的轴向磁场。绝大多数情况都是采用永久磁铁获得磁场，只有在要求磁场变化范围大的情况下采用电磁铁。分米波频段磁控管的磁通密度一般要求为 $100 \sim 1500$ Gs(1 Gs $= 10^{-4}$ T)，10 cm 波长频段为 $2000 \sim 3000$ Gs；3 cm 波长频段则为 $5000 \sim 6000$ Gs。

为了更好地理解磁控管振荡器的工作原理，首先来分析电子在恒定电场、交变电场及正交电磁场中的运动规律。

7.4.3　电子流与电场的能量交换原理

首先分析电子流与恒定电场之间能量的交换，然后分析电子流与交变电场之间能量的交换。

1. 电子在加速电场中运动时从电源获得能量

平板电极构成的隙缝如图 7 - 30(a)、(b)所示。两个电极是网状结构，不会截获电子，但可以让电子穿过。

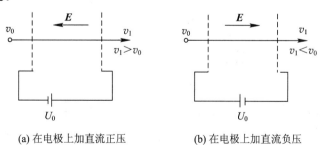

(a) 在电极上加直流正压　　　　　(b) 在电极上加直流负压

图 7 - 30　运动电子通过直流电场

如图 7 - 30(a)所示，外加直流电压 U_0 在隙缝内建立电场 $\boldsymbol{E}$，电子以 v_0 的速度进入隙缝，在隙缝内受电场力作用而加速。因此，电子飞出隙缝时，速度增加到 v_1，电子动能增加。电子动能的增加是电场对它做功的结果。电场做功消耗自身的电能，这部分电能来自外部直流电源 U_0。

2. 电子在减速场中运动时把动能转换为电能

如图 7-30(b)所示，若在电极上加直流负压，电子以 v_0 的速度进入隙缝，在隙缝内受电场力作用而减速。在负电压建立的减速场作用下，电子飞出隙缝时，速度降低到 v_1，且 $v_1 < v_0$，电子动能减少。这时外电路中的感应电流的方向与外加直流电源电压的方向相反，形成对电源的充电电流，于是电源能量增加，所增加的能量等于电子失去的动能。

由上述讨论可见，电子初速方向与电场方向相反时，电场为加速场，处于加速场中的运动电子从电场获得能量，电子动能增加；电子初速方向与电场方向相同时，电场为减速场，处于减速场中的运动电子把动能转换给电场。

可以设想，如果电场为交变电场，且交变电场正半周电场方向与电子运动方向相反，则正半周电场为加速场，电子动能增加，运动电子从交变电场中获得能量；若交变电场负半周电场方向与电子运动方向相同，则负半周电场为减速场，电子动能减小，运动电子把动能转换给交变电场。如果减速场和加速场的电子数目相同，则电子交出去的能量和获得的能量相同，没有净能量交换。如果减速场电子数目比加速场电子数目多，则电子动能转换给交变电场能量大于从交变电场获得的能量，交变电场增强。

7.4.4　电子在恒定电磁场中的运动

1. 电子在恒定磁场中的运动

电子以速度 v 在磁通密度为 $\boldsymbol{B}$ 的磁场中运动时，作用于电子的力 $\boldsymbol{F}_M$ 可表示为二者的矢量积，即 $\boldsymbol{F}_M = -e(v \times \boldsymbol{B})$，如图 7-31 所示。若 v 与 $\boldsymbol{B}$ 平行，则磁场对电子没有影响；若 v 与 $\boldsymbol{B}$ 垂直，则磁场作用于电子的力 $\boldsymbol{F}_M$ 方向与 v、$\boldsymbol{B}$ 垂直，只改变速度的方向而不影响其大小，电子运动的轨迹是一个圆；若 v 和 $\boldsymbol{B}$ 呈任意角度，此时可将 v 分解为与 $\boldsymbol{B}$ 平行和垂直的两个分量 v_1 和 v_2，按上述两种情况分别考虑，结果是电子既做圆周运动又沿轴向运动，其轨迹是一螺旋线，螺旋线的半径决定于 v_2 和 $\boldsymbol{B}$ 的值，而螺距则取决于 v_1 的值。由此可以看出：磁场对运动电子的作用只改变运动的方向而不影响其速度的大小，即磁场并不使运动电子的动能发生任何变化。

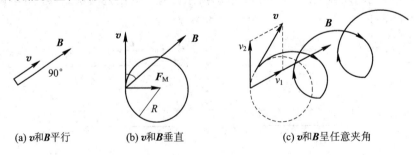

(a) v 和 $\boldsymbol{B}$ 平行　　(b) v 和 $\boldsymbol{B}$ 垂直　　(c) v 和 $\boldsymbol{B}$ 呈任意夹角

图 7-31　电子在恒定磁场中的运动轨迹

2. 电子在平行平面电极的恒定电磁场中的运动

下面再来看电子在平面电极正交电磁场中的运动轨迹(见图 7-32)。两平行平面电极如图 7-32 所示，上极板为阳极，下极板为阴极。阳极对阴极而言加正高电压 U_a，形成由阳极指向阴极的直流电场 **E**，同时在平面电极之间加有垂直指向纸内的恒定磁场 **B**。如果忽略电场的边缘效应，则可认为阳极与阴极之间的电场和磁场是均匀分布的，同时假定阴极附近没有空间电荷，并且电子离开阴极时的初速度为 0。

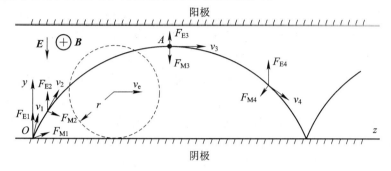

图 7-32　电子在平面电极正交电磁场中的运动轨迹

电子从阴极发射出来后将受到电场 **E** 的作用力 F_E($F_E = -e\mathbf{E}$)，使电子一直向阳极做加速运动；但由于磁场的存在，运动电子还要受到与电子速度 **v** 垂直的磁场力 F_M($F_M = -e(\mathbf{v}\times\mathbf{B})$) 的作用。下面来分析电子在这两个力同时作用下的运动轨迹。

在电子刚离开阴极时，电子受电场力作用不久，运动速度较慢，因而磁场力 F_M 也较小，可以认为电子主要是在电场力 F_E 的作用下沿 Oy 轴方向(径向)做直线运动。随后由于电子速度的逐渐增大，磁场作用力也随之加大，此力垂直于速度方向，它的作用是使电子运动方向发生改变，即由于磁场的作用，使电子有了 Oz 轴方向的速度分量，因而电子运动轨迹发生了弯曲。图 7-32 中画出了电子在某几个瞬间所受的电场力以及电子速度的方向。由图可见，在由 O 点到 A 点的运动过程中，因电场在这一段轨迹上有与电子速度方向重合的分量，所以电子的速度不断增加，磁场力 F_M 也同时增大。通过 A 点后，电子由阳极折回阴极，这时电场力 F_E 对电子已成为减速力，电子在向阴极运动的过程中速度将逐渐减小，最后回到阴极时速度变为 0。显然，在结束运动时，电子的动能与刚离开阴极时相等。由上述分析可见，电子在平面电极间电磁场中运动时有 y 轴和 z 轴方向的两个速度分量。电子在 z 方向的运动是它在 y 方向的速度与磁场 **B** 相互作用的结果；电子在 y 方向的运动是受到两个相反方向作用力的结果，即一个是电场力使电子向阳极前进，另一个是由于电子具有 z 方向的速度分量，因此在磁场的作用下产生了磁场力使电子返回阴极。由此可以写出在正交恒定电磁场作用下电子的运动轨迹方程式为

$$\begin{cases} z = r(\omega_c t - \sin\omega_c t) \\ y = r(1 - \cos\omega_c t) \end{cases} \qquad (7-9)$$

式中，$\omega_c = \dfrac{e}{m}B$，$r = \dfrac{m}{e}\dfrac{E}{B^2}$。

式(7-9)是一个"摆线"的参数方程，其轨迹是半径为 r 的圆，以角速度 ω_c 沿 z 方向(即阴极表面或称轴向)做无滑动的滚动时，圆周上某点的运动轨迹。这个滚动的圆称为轮摆圆。这就是说，在上述特定的初始条件下，电子运动轨迹是一条轮摆线，电子在 z 方向运动的平均速度与形成摆线的轮摆圆的圆心速度相等，即 $v_z = r\omega_c = E/B$。将式(7-9)对时间微分得

$$\begin{cases} v_z = r\omega_c(1 - \cos\omega_c t) = v_c(1 - \cos\omega_c t) \\ v_y = r\omega_c \sin\omega_c t = v_c \sin\omega_c t \end{cases} \qquad (7-10)$$

从式(7-10)可以看出，电子在 y 方向上的速度由 0 慢慢增加至最大值 v_c，然后又逐渐下降至 0；而在 z 方向上则是从 0 增至 $2v_c$，然后又减小到 0。最大的纵向速度发生在电子轨迹摆线的最高点 A 处，这时 $v_y=0$，$v_z=2v_c$。摆线完成一周，电子在阴极表面上移动的距离为 $2\pi r$。相对于滚动圆来说，电子在轨迹任一位置上的切向速度为 $v_c=r\omega_c=E/B$，它是一种回旋运动。因此，可以将电子的摆线运动看成是两种运动的合成：在 z 方向上以平均速度 $v_c=E/B$ 做直线运动；同时以角速度 ω_c 围轮摆圆心做回旋运动。

在电场强度一定的条件下，磁场强度愈大，轮摆圆的半径愈小，当磁场强度为零时，电子的回旋半径趋于无穷大，这就是电子在恒定电场中做直线运动的情况。当磁场强度由零逐渐增大时，回旋半径就由无穷大逐渐减小，直到某一磁场时，电子回旋直径 $2r$ 正好等于阳、阴极间的距离 d，此时电子刚好擦阳极表面而过，但并未打在阳极上。这是一种临界情况，把此时的磁场感应强度称为"临界磁场"，用 B_c 表示，其值为

$$B_c=\sqrt{\frac{2m}{e}\frac{E}{d}}=\frac{1}{d}\sqrt{\frac{2m}{e}U_a} \qquad (7-11)$$

如果将式(7-11)画成曲线，则它是关于磁场 B 与阳极电压 U_a 的一条抛物线，如图 7-33 所示，习惯上把它称为正交场二极管的"临界抛物线"或"截止抛物线"。

当继续增大磁场使 $B>B_c$ 时，则 $2r<d$，此时电子尚未到达阳极就已经折回阴极。由于电子未到达阳极，因此阳极电流 $I_a=0$，对应于图 7-33 中临界抛物线以下的区域。

当电场 E 一定时，改变磁通密度 B 的大小，电子运动轨迹如图 7-34 所示分四种情况：

图中"①"对应于磁场 $B=0$，此时电子在电场力的作用下沿直线飞向阳极。

图中"②"对应于磁场 $B<B_c$，电子受到的磁场偏转力较小，圆半径较大，$2r>d$，电子来不及完成整个摆线的运动就打到了阳极上。

图中"③"对应于磁场 $B=B_c$，电子刚好擦过阳极表面就返回阴极。

图中"④"对应于磁场 $B>B_c$，电子受到的磁场偏转力较大，圆半径较小，电子很快返回阴极。

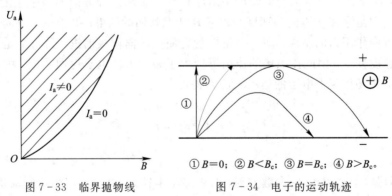

图 7-33　临界抛物线　　　　　图 7-34　电子的运动轨迹

3. 电子在圆筒形电极的恒定电磁场中运动

磁控管的阳极和阴极都是同轴的圆筒形结构，圆筒形电极中的电磁场如图 7-35 所示。图中 r_a 和 r_k 分别为阳极和阴极的半径，阳极电压 U_a 在阳极和阴极之间产生均匀的径向电场 E；磁通密度 B 与纸面垂直而指向纸面（与管轴平行），且为均匀分布。电子从阴极发出后，在正交恒定电磁场作用下，在垂直于轴的平面内运动，其轨迹和平板系统类似，也分四种

情况，如图 7-36 所示。在圆筒形电极中临界磁通密度 B_c 可表示为

$$B_c = \frac{2r_a}{r_a^2 - r_k^2}\sqrt{\frac{2m}{e}U_a} \tag{7-12}$$

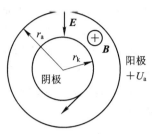

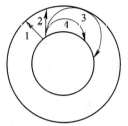

1—$B=0$；2—$B<B_c$；3—$B=B_c$；4—$B>B_c$。

图 7-35　圆筒形电极中的电磁场

图 7-36　圆筒形电极中，E 一定时，
不同 B 值的电子运动轨迹

以上讨论的临界磁通密度都是在阳极电压 U_a 为某一固定值下得到的，因此把式(7-12)中相应的阳极电压称为临界电压，用符号 U_c 表示，其值为

$$U_c = \frac{e}{2m}d^2B^2 \quad （平板系统） \tag{7-13}$$

$$U_c = \frac{e}{8m}r_a^2\left(1-\frac{r_k^2}{r_a^2}\right)B^2 \quad （圆筒系统） \tag{7-14}$$

由临界磁场或临界电压的表示式可以看出，临界抛物线的形状完全取决于电极系统的几何尺寸。

7.4.5　多腔磁控管的谐振模式

多腔磁控管的阳极是一个首尾相接的慢波结构，换句话说，它是一串封闭的谐振腔链。图 7-37 所示为一个八腔磁控管的 π 模式电场分布。为了产生振荡，电磁波沿着慢波结构的总相移(以弧度计)应该等于 2π 的整数倍，即 $n\times2\pi$。如果阳极包含 N 个谐振腔，那么相邻两个腔之间的相移就应该是 $2n\pi/N$。通常，磁控管工作于 π 模式，即相邻谐振腔的相移为 π 弧度，这样，沿封闭的谐振腔链的总相移就等于 $N\pi$。图 7-37 画出了 π 模式的电力线分布，图中可见谐振腔中 π 模式的激励是很强烈的，相邻两个腔中电力线的相位是相反的。相邻阳极-阴极的相互作用空间之间电场的连续上升和下降可认为是沿慢波结构表面传播的行波。为使能量从运动的电子转移到行波场，电子通过每一个阳极腔时必须受到减速场的减速。

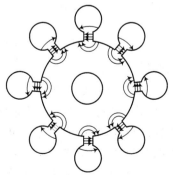

图 7-37　八腔磁控管的 π 模式电场分布

7.4.6 多腔磁控管的工作原理与同步条件

通常磁控管阳极接地，阴极外加直流负高压，因而在阳极和阴极之间的空间（称为互作用空间）产生了径向直流电场 E；磁控管通常夹在永久磁铁的两个磁极之间，从而产生了与电场 E 正交的均匀轴向磁场 B（假定 $B > B_c$）。电子从阴极发射出来进入互作用空间，受到"静态"的正交电磁场作用后做回旋运动，回旋运动的电子流又激励耦合腔链谐振，在阳极谐振系统中激励起高频交变电磁场。高频磁场主要分布在慢波系统内部，在互作用空间内的高频磁场较弱，对电子的作用力可以忽略不计。这样，在下面的分析中只考虑三个物理量即直流电场、恒定磁场以及交变的高频电场对电子的作用。

1. 工作原理

多腔磁控管的截面如图 7-38 所示。为了说明电子与高频电场的能量交换作用，假定在阳极和阴极之间有恒定的径向直流电场 E，均匀的轴向磁场 B（图示垂直纸面向外），而且磁通密度大于临界值。同时，假定腔内已经存在 π 模式振荡，在某一瞬时磁控管内互作用空间的高频电场分布及电子运动轨迹如图 7-38 所示。经过高频振荡的半个周期后，图 7-38 中所有电力线都要反向；再隔半个周期后电力线又如图 7-38 所示。图 7-38 中分别画出了两类电子即电子 a 和电子 b 在没有高频电场和有高频电场时的运动轨迹。在没有高频电场时，电子 a 和电子 b 将按虚线轨迹运动。当有高频电场时，它们将按实线轨迹运动。同时电子和高频电场之间会产生能量交换。如果这种能量交换作用使高频电场得以加强，则高频振荡就可以维持下去。下面就来分析在高频电场作用下电子的运动情况。

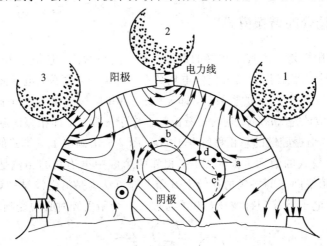

图 7-38　π模式振荡时多腔磁控管内高频电场分布及电子运动轨迹

1）高频电场切向分量的能量交换作用

（1）a 类电子的运动轨迹。a 类电子从阴极出发进入相互作用空间，受到图 7-38 所示腔体 1 高频电场切向分量的减速作用，将能量交给高频电场。若切向速度减小，则电子受到的磁场向心力亦减小，因而加速向阳极移动，这又使得电子受到加大的磁场作用力的作用而增加它的切向速度。由于不断受到这些力的作用，a 类电子不再沿虚线折回阴极，而是循着曲率半径逐渐加大的实线轨迹运动到阳极。径向速度的增加又使得电子受到的切向磁场偏转力增加，使电子飞入腔体 2 所对应的高频电场作用空间。如果适当选取阳极电压 U_a

和磁通密度 **B**，控制电子旋转的角速度，使电子由腔体 1 飞到腔体 2 所需要的时间等于高频振荡的半个周期，那么，当电子到达腔体 2 的位置时，高频电场的方向已与图 7-38 所示的方向相反，因而电子仍然受到高频电场切向分量的减速作用，再次向高频电场交出能量。由于切向速度分量减小，电子所受的径向磁场力也减小，电子又不可能返回阴极，只能在直流加速场作用下向更靠近阳极的方向飞去，但由于切向磁场力的作用又使它不能立刻打到阳极上，因而进入腔体 3 所对应的高频电场区。不断重复上述过程，直至电子打到阳极上为止。在这过程中，a 类电子一面从直流电场中取得能量，一面向高频电场交出能量（被高频切向电场减速），每一次交出能量，其位置就更靠近阳极，即位能降低。因此电子是通过损失自己的位能将直流电场能变换为高频电场能的。这种能量交换的效率是很高的，最后电子仅以很低的速度打在阳极上。

（2）b 类电子的运动情况。b 类电子和 a 类电子在相同的时刻从阴极发出，但它进入互作用空间即受到腔体 2 高频电场切向分量的加速作用，因而切向速度分量增加，由此决定的径向磁场力也增加，因此 b 类电子以比没有受到高频电场作用时更快的速度返回阴极，其运动轨迹变成曲率半径更小的实线，如图 7-38 所示。由于 b 类电子从高频电场吸取能量，以一定的速度打到阴极，使阴极发热，所以在磁控管的实际运用中，当阳极电流达到正常值后，必须降低甚至切断灯丝电压，这样既可以节省灯丝功率，又可避免损坏阴极。

由于高频电场切向分量对电子的挑选作用，使 a 类电子在作用空间的时间很长，不断给出能量，直到打上阳极为止，对 b 类电子，虽然它从高频电场吸取能量，但很快被推回阴极，不能继续吸取能量，因此，a 类电子交给高频电场的能量要比 b 类电子从高频电场吸取的能量大得多，从而使高频振荡得以维持。

那么在 a 类电子和 b 类电子位置之间从阴极飞出的电子情况又怎样呢？下面讨论高频电场径向分量的群聚作用。

2）高频电场径向分量的群聚作用

为了说明高频电场径向分量对电子的群聚作用，我们考察 a、c、d 三类电子的运动情况。

由于 a 类电子正处于高频电场切向分量最大的相位上，因此受到最大切向电场的减速作用，交出最多的能量。这是处于最佳相位的电子。

由于 c 类电子从阴极飞出的相位稍微滞后，它不能在高频减速场最强时通过腔体 1 的中心，因此不能交出最多的能量。但它进入互作用空间时受到较大的高频电场径向分量的作用，这个电场分量的作用方向与直流电场的方向相同，因此加大了电子向阳极运动的速度，而切向磁场力使电子以更快的切向速度向 a 类电子靠拢。

对 d 类电子来说，情况则相反。它从阴极飞出的相位稍微超前，它在高频减速场达到最大值以前，通过腔体 1 的中心，因而也不能对高频电场给出最多的能量。它处于径向电场较大的位置上。不过这里的高频径向电场与直流电场的方向相反，使它的运动速度减小，电子径向速度的减小使其受的切向磁场力也相应地减小，因而 d 类电子以减慢的切向速度向 a 类电子靠拢。

由此可见，电场径向分量的作用是使电子运动速度的径向分量发生变化，从而达到电子群聚的目的。可以推想，同一时刻在 a 类电子附近位置，从阴极发射的电子将如 c 类电子和 d 类电子那样以 a 类电子为中心群聚起来。

根据上述可知，磁控管工作在 π 模式振荡状态下，其互作用空间存在 $N/2$ 个高频电场减速区，同时也有 $N/2$ 个高频电场加速区。从阴极发出的无数电子在高频径向电场的作用下形成 $N/2$ 个群聚中心。它们在高频切向减速区域中以回旋运动方式逐步向阳极移动，在磁控管内每两个阳极瓣形成一条轮辐状的电子云，如图 7-39 所示。这些电子云与高频电场同步旋转。在 π 模式振荡时，电子云的旋转角速度相当于在每个高频振荡周期通过两个阳极瓣。至于切向加速电场区域中的电子则很快地被推回阴极。

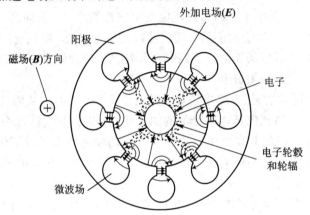

图 7-39 磁控管内电子轮辐的形式和运动情况（$N=8$，$n=4$）

3）多腔磁控管中最初的高频振荡

多腔磁控管中高频振荡激发过程，起源于电子发射的不均匀性。由于这种不均匀性在谐振腔系统内感应噪声电流，从而在互作用空间激起微弱的各种模式的高频振荡。如果恰当选择阳极电压和磁通密度，使电子运动与 π 模式的高频电场同步，在电子和高频电场之间就会产生能量交换，就有可能建立起 π 模式的振荡。

2. 同步条件

所谓"同步"是指高频电场与电子以同一角速度环绕阳、阴空间旋转。

若任一模式、任一瞬间相邻的谐振腔孔的相位差为 ψ_n，则随着时间的推移，相位将沿着谐振腔孔依次递变。对 π 模式来说，相位差 $\psi=\pi$，所以电场的等相位面由一个腔孔转移到下一个相邻的腔孔的时间为高频振荡的半个周期。设两腔孔之间的距离为 d_L，则 π 模式的相速表达式为

$$(v_\mathrm{p})_\pi = \frac{d_\mathrm{L}}{\frac{T}{2}} = 2f_\pi d_\mathrm{L} = \frac{\omega_\pi}{\pi} d_\mathrm{L} \tag{7-15}$$

式中，T 为高频振荡的周期，f_π、ω_π 是 π 模式振荡的频率和角频率，$d_\mathrm{L} = \frac{2\pi r_\mathrm{a}}{N}$，$r_\mathrm{a}$ 是阳极半径。于是

$$(v_\mathrm{p})_\pi = 2\left(\frac{\omega_\pi}{\pi}\right) r_\mathrm{a} \tag{7-16}$$

若电子在阳极表面附近的切向速度与此值相等，就达到了同步条件。

应用同样的概念，不难求得其他模式的行波相速 $(v_\mathrm{p})_n$ 为

$$(v_\mathrm{p})_n = \frac{\omega_n}{\psi} d_\mathrm{L} = \left(\frac{\omega_n}{n}\right) r_\mathrm{a} \tag{7-17}$$

式中，$\varphi = \dfrac{2\pi n}{N}$，与此相应，行波的旋转角速度为

$$\Omega_n = \frac{(v_\mathrm{p})_n}{r_\mathrm{a}} d_\mathrm{L} = \frac{\omega_n}{n} \tag{7-18}$$

由此可见，n 愈大，行波相速和角速度就愈小。将 $n = \dfrac{N}{2}$ 代入式(7-17)，即得 π 模式的行波相速。

3. 磁控管的同步电压、门槛电压和工作电压

为了保证在阳极内表面 r_a 处的电子与行波同步，电子的切向速度 v_t 和行波的相速应该相等。由式(7-17)可得

$$v_\mathrm{t} = (v_\mathrm{p})_n = \left(\frac{\omega_n}{n}\right) r_\mathrm{a} \tag{7-19}$$

电子达到这一速度时的动能是 $\dfrac{1}{2} m v_\mathrm{t}^2$，相应的直流电位为

$$U_0 = \frac{1}{2} \frac{m}{e} v_\mathrm{t}^2 = \frac{1}{2} \frac{m}{e} \left(\frac{\omega_n}{n} R_\mathrm{a}\right)^2 \tag{7-20}$$

式中 R_a 为静态电阻，电压 U_0 称为同步电压。如果磁控管的阳极电压 U_a 小于同步电压，即 $U_\mathrm{a} < U_0$，那么磁控管就不能工作。因为这时即使电子的直流位能全部转变成为电子的动能，也不足以使电子达到同步条件所要求的切向速度，所以 U_0 是能使电子与行波同步的最低阳极电压。有时也称这个电压为特征电压。

当 $U_\mathrm{a} = U_0$ 时，电子恰好能够到达阳极表面，这正是正交场二极管中的临界状态。这时的工作磁场 B_0 与电压 U_0 应该符合截止抛物线关系式，即

$$B_0 = \frac{2 r_\mathrm{a}}{r_\mathrm{a}^2 - r_1^2} \sqrt{\frac{2m}{e} U_0} \tag{7-21}$$

此时磁场 B_0 称为特征磁场。式中 r_1 表示阳极半径。

如果磁控管在特征电压 U_0 和特征磁场 B_0 下工作，那么电子效率将为 0。因此，磁控管的实际工作磁场 B 要比特征磁场 B_0 大得多。

磁控管工作时，如果固定磁场不变，逐步提高阳极电压，那么一旦电子的切向速度达到某一模式的行波相速时，电子与微弱的初始激励场就会发生换能作用，从而发生相位挑选与群聚，就有一部分电子摆上阳极，出现阳极电流，并在某一模式上产生自激振荡。如果继续提高阳极电压，则阳极电流和振荡功率将随之急剧上升。在这一过程中，开始出现自激振荡的阳极电压称为门槛电压或门限电压。分析表明，对于任何一个模式，任何一次空间谐波的普遍情况，门槛电压的计算公式为

$$U_\mathrm{t} = \frac{r_\mathrm{a}^2 - r_1^2}{2} \frac{\omega_n}{n + PN} B - \frac{m}{2e} r_\mathrm{a}^2 \left(\frac{\omega_n}{n + PN}\right) \tag{7-22}$$

式中，P 是空间谐波次数。

由式(7-22)可见，U_t 与 B 有线性关系。在 U_a-B 坐标中表现为一根与临界抛物线相切的直线，如图 7-40 所示。在图 7-40 中，以 a、b、c 三点分别画出了在 $B = B_1$ 时，不同阳极电压 U_a 下，磁控管内电子运动的示意图。a 点的 U_a 较低，电子虽有轮摆，但切向速度还不能与微弱的高频行波场同步并发生有效的作用，因此电子没有摆上阳极；b 点的 U_a 达到门槛电压值，开始自激；c 点的 U_a 大于临界电压，电子在一次轮摆时就打到阳极上，也不能与

高频行波场有效地交换能量。切点 U_{a0} 即为同步电压，它表明接近阳极并平行于阳极表面运动的电子正好与行波场同步。由式(7-22)决定的直线也叫哈垂(Hartree)线。

图 7-41 所示为一个八腔磁控管 4 个振荡模式的门槛电压线。就基波模式而言，模式号数越高，门槛电压越低。因此 π 模式具有最低的门槛电压。这意味着当磁通密度一定时，随着阳极电压的升高，π 模式首先被激发，这一点对于保证磁控管工作在 π 模式极为有利。由于在相同的工作磁场下，π 模式要求的工作电压最低，是非简并模式，工作稳定，电子效率最高，故通常人们都选择 π 模式作为磁控管的工作模式。

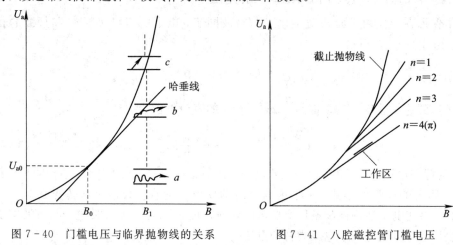

图 7-40　门槛电压与临界抛物线的关系　　图 7-41　八腔磁控管门槛电压

原则上，自门槛电压至截止抛物线之间的区域都是磁控管正常工作的区域，与之相应的阳极电压即为工作电压。但是为防止磁控管工作在其他模式上，对 π 模式而言，阳极电压应高于 π 模式的门槛电压而低于 $\left(\dfrac{N}{2}-1\right)$ 模式的门槛电压。即使这样，如果阳极电压过高，当由于某种原因使阳极电压发生变化时，仍可能从一种模式跳到另一种模式。为了防止此现象发生，磁控管的正常工作电压总是选择在略高于门槛电压 15%～20% 范围内。

4. 多腔磁控管振荡器的工作特性和负载特性

前面定性地说明了磁控管的工作原理，只要适当选择阳极电压 U_a 和磁通密度 B 的数值，就能使电子与 π 模式行波同步旋转，产生高频振荡。假定外接负载也一定，那么磁控管的工作频率、输出功率和效率等就能相应确定。这就是说磁控管的工作状态可由阳极电压 U_a、磁通密度 B 和负载三者来确定。磁控管的工作特性是在高频负载匹配的情况下，改变阳极电压 U_a、磁通密度 B，测出相应的阳极电流 I_a、输出功率 P、效率 η 及频率 f 的数据，绘制而成的伏安特性曲线。磁控管的负载特性，是指在磁通密度和阳极电流一定时，磁控管的输出功率和振荡频率与外接负载的关系。研究工作特性的目的在于选取最佳工作点。研究负载特性的目的在于了解负载变化对磁控管工作的影响。

1) 磁控管的工作特性

图 7-42 所示为一个 10 cm 波长频段磁控管的工作特性。图中以阳极电流 I_a 为横轴，阳极电压 U_a 为纵轴，画出了等磁通线、等功率线、等效率线和等频率线。下面对这些曲线进行定性的解释。

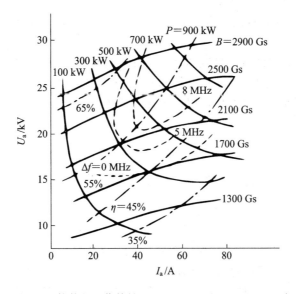

图 7 - 42　磁控管的工作特性($f_0 = 2800$ MHz，1 GS $= 10^{-4}$T)

（1）等磁通线。为了清楚起见，在图 7 - 43 中单独画出了等磁通线。由于同步条件的限制，当磁通密度一定时，电压 U_a 的数值只能在一个较小的范围内变化，所以等磁通线表现为一条接近水平的直线。当阳极电压 U_a 减小到一定程度时，阳极电流急剧下降，这表示同步条件遭到破坏，磁控管要停振了。通常把这个电压叫作磁控管的门槛电压。由于这里的阳极电流变化急剧，且振荡也不稳定，故很少测量曲线的这一部分。习惯上把等磁通线延长，它和纵轴交点处的电压即认为是门槛电压，其值大约是工作电压的 70%～80%。另外，当磁通密度等量增加时，曲线几乎将等距离平行上移。

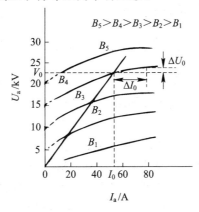

图 7 - 43　磁控管的等磁通线

实际工作中，因为磁控管总是在固定磁场中工作，所以可以通过等磁通线确定它对调制器呈现的负载电阻。它的静态电阻 R_a 为等磁通线上工作点的阳极电压 U_a 和阳极电流 I_0 之比，即

$$R_a = \frac{U_0}{I_0} \tag{7 - 23}$$

而它的动态电阻 r_a 为等磁通线在工作点的斜率，即

$$r_a = \frac{\Delta U_0}{\Delta I_0} \tag{7 - 24}$$

通常磁控管的静态电阻约为几百欧姆到几千欧姆，动态电阻约为几十欧姆到几百欧姆。

严格说来，磁控管对调制器呈现的是一个非线性电阻，因为当阳极电压小于门槛电压时，阳极电流为零。所以用一个偏压二极管来表现磁控管对调制器呈现的负载更为恰当。偏压值即为门槛电压值，二极管的内阻即为磁控管的动态电阻，磁控管对调制器呈现的等效电路如图 7-44 所示。

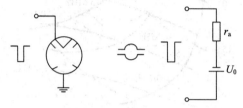

图 7-44　磁控管对调制器呈现的等效电路

（2）等功率线。磁控管的等功率线如图 7-45 所示。由图可知，随着阳极电压 U_a 和阳极电流 I_a 的增加，输出功率 P 也增大。因为 U_a 的增大（磁通密度必须同时增大以保持同步条件）表示参加能量交换的电子的位能增大，而 I_a 的增大表示参加能量交换的电子数目增多，故两者均引起输出功率的增大。

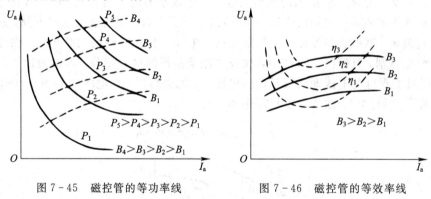

图 7-45　磁控管的等功率线　　　　图 7-46　磁控管的等效率线

（3）等效率线。磁控管的等效率线如图 7-46 所示。由图可见，磁控管的效率随磁通密度的增加而增加，其原因见图 7-47 所示。其中，图 7-47(a) 表示弱磁场作用下的电子运动轨迹，图 7-47(b) 表示强磁场作用下的电子运动轨迹。电子在摆线运动轨迹每拱内最高点上的径向速度等于零，这表明在这点它从直流电场取得的能量全部交给了高频电场。这个能量正比于这个最高点和阴极之间的电位差，在电场均匀分布的情况下，这个电位差又直接正比于该点到阴极的距离。如图 7-47 所示，磁场越强，摆线的最后一拱的最高点离阴极也越远（$d_2 > d_1$），这意味着电子交出的能量就越多，因此效率也就越高。

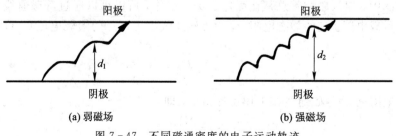

(a) 弱磁场　　　　　　　　　(b) 强磁场

图 7-47　不同磁通密度的电子运动轨迹

另一方面，当磁通密度保持不变而阳极电流增大时，效率开始增加，达到最大值后，又开始下降。这一现象和电子群聚情况有关。当电流 I_a 较小时，磁控管的高频振荡较弱，高频电场径向分量也较小，故电子群聚不完善，因此效率较低。随着 I_a 的增大，振荡增强，高频电场径向分量也增大，电子的群聚得到改善，表现出能量交换的效率提高。I_a 进一步加大时，空间电荷密度增大，电子间的排斥力产生反群聚作用，结果效率反而下降。但这时的输出功率往往还是增加的，这是因为效率的下降不如 I_a 的增长快。

当 I_a 一定而 U_a 增大（B 相应增大）时，效率升高，这是因为振荡增强、电子群聚改善。

（4）等频率线。磁控管的等频率线一般具有比较复杂的形状，即使对同一类型的具体磁控管，这些曲线的形状也不可能相同，这是由于磁控管内电子导纳的复杂性所造成的。因为在互作用空间内同步旋转的电子轮辐中心与谐振腔隙缝中高频电场出现负的最大值处并不重合，或者说两者之间存在一定的相位差。如果这个相位差为零，则电子轮辐中心转至隙缝中心平面时正好遇上最大的切向减速场，因此，电子流就呈现出一个纯电子电导 G_e，在这种情况下，电子流对谐振系统的频率没有影响。实际上，这个相位差一般不为零，电子流除呈现一定电导外，还呈现一定大小的电子电纳 jB_e，使得谐振系统的频率受到一定的影响。这是由于经过密度调制的电子流以一定的速度经过谐振腔时，在腔中将产生相应的感应电流，这个电流流经外负载，就会产生一定的功率耗散。从能量平衡的观点出发，可以认为电子流作为一个负的功率耗散者（亦即功率供给者）跨接在谐振腔两端。这时，如果从谐振腔口向互作用空间内看，电子流相当于一个等效的电子导纳 $Y_e = G_e + jB_e$。当感应电流的基波分量超前于高频电场 $\pi/2$ 时，电子流呈现一个纯电纳（容性电纳），即 $B_e > 0$。当电子轮辐中心与谐振腔中心平面间相差一个任意角 φ 时，感应电流的基波分量与高频电场之间的相位差也是任意角度，这时，电子流不仅出现了电纳分量，同时还出现了电导分量。这个电导为负值，这是能量交换的前提。如果没有这个电子电导的存在，振荡是难以维持的。当 $\varphi = 0$ 时，$|G_e| = |G_e|_{\max}$，$B_e = 0$。由此可见，电子导纳是 φ 的函数，而且 φ 越大，无功分量 jB_e 的作用就越显著。阳极电压和电流的变化会引起电纳的变化，最后导致振荡频率的变化。

图 7-48 所示为磁控管的等频率线，由图 7-48 可见，在小电流区域内曲线变化很陡，在正常工作状态范围内，曲线几乎和等磁通线平行。如果沿等磁通线向右移动，则振荡频率起初增加很快，然后逐渐减慢。当电流很大时，频率略有下降。开始时频率的升高可以解释为由于 E/B 增加，使电子旋转角速度增加，从而使振荡频率增高。电流很大时，频率的降低可能是由于阳极发热膨胀的缘故。

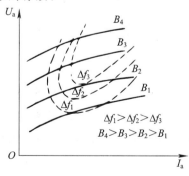

图 7-48　磁控管的等频率线

在磁通密度不变的情况下，阳极电流变化引起的频率变化虽然不大，但是会造成不利的后果，即对磁控管调幅的同时会产生调频。例如，当磁控管工作于脉冲状态时，脉冲顶部的下降或波动会引起振荡频率的变化，使脉冲频谱展宽。这样，部分频谱的能量就可能落在接收机通频带之外，使雷达作用距离减小。

振荡频率随阳极电流变化的程度可以用电子频移（或叫电子推移）来量度。它表示阳极电流变化 1 A 振荡频率变化多少兆赫兹，单位为 MHz/A。在实际使用中希望电子频移越小越好。通常 X 频段磁控管的电子频移约为 0.5 MHz/A。电子频移越大，对脉冲顶部要求越高，一般要求脉冲顶部的波动不超过 5%。

综上所述，可以根据工作特性图选择磁控管的最佳工作点。显然在阳极电压 U_a 和阳极电流 I_a 太大或太小的区域都是不好的。U_a 太大，容易击穿，对调制器和电源的要求也高；I_a 太大，阴极负担重，容易引起阴极打火，缩短阴极寿命。U_a 和 I_a 太小，振荡不稳定，效率也低。所以工作点往往选在工作特性的中部偏右，具体位置要根据实际情况全面衡量。

2）*磁控管的负载特性*

任何一种自激振荡器，当其负载变化时，必然会影响管子的振荡功率和频率，磁控管也不例外。这种表征输出功率和振荡频率随负载变化而改变的特性称为磁控管的负载特性。

图 7-49 所示为 3 cm 波长频段脉冲磁控管的负载特性，通常画在传输线的导纳圆图上，以馈线上反射系数的模为极坐标的轴，以反射系数的相角为极坐标的辐角。在磁场 B 和阳极电流 I_a 一定的条件下，通过改变负载而直接测量磁控管的输出功率和振荡频率，在圆图上转换成一簇等功率线和一簇等频率线，这就构成了磁控管的负载特性曲线。画有负载特性曲线的圆图称为负载特性图。一旦知道负载的反射系数，就可以从负载特性图上直接查得磁控管的输出功率和振荡频率。

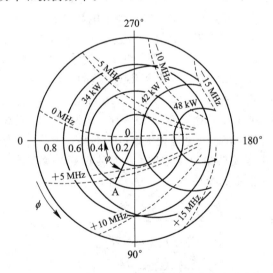

图 7-49 3 cm 波长频段脉冲磁控管的负载特性

由图 7-49 可见，当要求磁控管输出大功率时，最好使磁控管工作在负载反射系数相角 $\varphi=180°$ 附近，但这里的等频率线较密，负载稍有变化，振荡频率就变化很多。在 $\varphi=0°$ 附近的区域内，情况恰好相反，振荡频率随负载变化很小，但输出功率也小。这表明，如果磁控管负载不匹配，不管反射系数相角如何，输出功率和振荡频率的稳定性之间总存在一定的矛盾，而且两者都随反射系数的相角变化而改变。为了兼顾这两方面的要求，从工作稳定考虑，工作点应选在原点附近，即应力求磁控管在负载匹配的情况下工作。

磁控管的负载若偏离匹配状态，则其振荡频率偏离中心频率。偏离的大小和反射系数的模值有关，而且随反射系数的相角呈周期性的变化，这种现象称为磁控管的频率牵引效应。通常把反射系数的模为 0.2（相当于驻波比为 1.5）而相角变化 2π 时引起的振荡频率最大变化值叫作磁控管的频率牵引系数。负载与磁控管耦合越紧，Q_L 越低，频率牵引系数就越大。频率牵引系数是磁控管的重要技术指标之一，这个值可从磁控管的说明书中找到，10 cm 波长频段磁控管的频率牵引系数约为 $1 \sim 15$ MHz；3 cm 磁控管的频率牵引系数约为 $15 \sim 20$ MHz。

目前磁控管输出端多接高功率的铁氧体隔离器，可以大大降低负载对振荡频率和功率的影响。

3）磁控管的频率稳定问题

磁控管的频率稳定度是一个重要指标。频率不稳定会使雷达作用距离减小，严重时甚至破坏雷达的正常工作。磁控管的频率不稳定有快变化和慢变化两种。属于慢变化的有阳极块的温度引起的变化、电源电压的缓慢变化、高频负载的变化等。为了减小慢变化的影响，可采用温度补偿的结构来保持恒温，改善电源的波纹和调整率，在磁控管输出端加入隔离器等措施。磁控管频率的快变化主要是由于调制脉冲波形不好而引起的电子频移。因此要减小快变化的影响，主要是改善调制脉冲的波形。此外，采用近年来发展起来的同轴磁控管也可以减小频率的快变化，当要求更高的频率稳定度时，还可以对磁控管采用自动频率微调，或者用稳定的外信号来同步磁控管等。

5. 其他类型磁控管介绍

1）同轴磁控管

前面介绍的普通多腔磁控管，其谐振腔既能储存高频能量，又不断损耗高频能量。频率越高，腔体尺寸越小，不仅加工困难，更主要的是使腔体品质因数下降，功耗增大；另外，为了增强振荡的稳定性，常采用隔模带，这又使高频损耗增加，电子效率降低。于是人们在普通磁控管谐振腔的外面增加一个有稳频作用的同轴外腔，内腔不需用隔模带，而采用新的模式抑制原理制成了同轴磁控管。图 7 - 50 所示为同轴磁控管的结构示意图。阳极块由扇形腔组成，这些腔的圆柱形后壁与半径更大的同轴金属圆筒组成一个同轴外腔，而阳、阴极之间的腔体则为内腔。阳极块是同轴腔的内导体，磁控管的外壁是同轴腔的外导体。

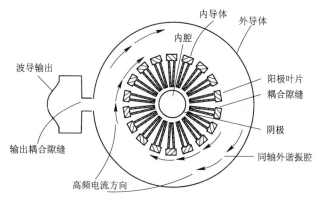

图 7 - 50 同轴磁控管结构示意图

在同频段、同功率的情况下，同轴磁控管的内腔腔数比普通磁控管多，阳极和阴极的半径大，从而增加了功率容量，减小了阴极发射电流密度，提高了磁控管的寿命；同轴磁控管的电子频移、频率牵引和频率温度系数比普通磁控管小得多，频率稳定度比普通磁控管高一个数量级；因为同轴磁控管的调谐是在无高频能量区进行的，所以调谐方便、结构简单、频带宽、工作稳定。

同轴磁控管适用于频率稳定度要求较高的动目标显示雷达、机动性强的机载雷达及舰载雷达；波长较短、功率较大的器件，宜选用同轴磁控管，尤其是毫米波大功率器件的优选管型。

2) 捷变频磁控管

早期的磁控管主要设计和应用在固定的振荡频率上，后因雷达反干扰的需要，促进了振荡频率可变的磁控管的迅速发展。近年来，由于电子对抗技术的蓬勃发展，频率可调磁控管占有极为重要的地位。在实际应用中，对磁控管不仅提出了频率可调的要求，而且还提出调谐范围大、调谐速度快等一系列新的要求，以满足近代电子战的需要。

磁控管的频率调谐一般有以下几种：

（1）机械调谐：用机械的方法改变磁控管谐振系统的等效电容或电感，以达到频率调谐的目的。

（2）电气调谐：用电气的方法改变谐振系统中填充介质的参量，从而达到调谐的目的。

（3）电子调谐：用改变磁控管或附加电极上的工作电压或电流的方法来达到调谐的目的。

在上述三类调谐方法中，机械调谐磁控管发展得较早，应用得也较普遍。电气调谐磁控管近年来发展得较快，应用也逐渐增多。电子调谐磁控管除电压调谐磁控管外，其他类型的结构目前较少应用。

捷变频磁控管主要用于非相参频率捷变雷达中作为发射机的频率源，其发射频率可以在很宽的频率范围内，以很高的速度跳变。捷变频磁控管除调谐机构外，与普通磁控管类似。其机械调谐带宽一般可达 $5\%\sim10\%$，宽带捷变频磁控管大多采用旋转圆柱筒来实现调谐，如图 7-51 所示。此调谐方法是在磁控管谐振腔的根部挖一条环形的调谐槽，槽的深度约为阳极高度的 1/2，将圆柱筒调谐器插入调谐槽内，插入部分的侧壁上开有一系列径向排列的小孔（称调谐孔），孔的数目等于谐振腔数。

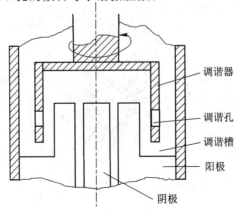

图 7-51 旋转圆柱筒调谐磁控管原理图

当圆柱筒调谐器相对于阳极谐振腔高速旋转时，小孔改变了相邻两谐振腔磁力线的路径，从而改变了谐振腔的等效电感，引起振荡频率的快速变化。通过控制伺服电机的转速，就可得到脉间频率不同且不相关的发射频率，从而实现脉间变频。如果利用脉冲编码信号或噪声源来控制电机转速，就可得到随机的发射频率。也可以在磁控管阳极谐振腔的顶端，安装一个齿状调谐圆盘，当调谐圆盘旋转时，覆盖在空腔上的齿部面积不断变化，相当于改变了谐振腔的等效电容，使振荡频率快速变化。

电调谐的带宽一般只有 $1\% \sim 2\%$，但它调谐灵活，调谐速度快，可以实现脉内变频。

7.4.7　磁控管的使用和维护

磁控管在使用维护中经常遇到的问题有磁控管的打火与老练、预防阳极与阴极短路、磁铁的保护以及磁控管的工作环境等问题，下面分别加以讨论。

1. 磁控管的打火与老练

在测量磁控管阳极电流时，如果发现指针猛烈摆动，则说明管内"跳火"。跳火产生的原因有：

（1）初次使用磁控管时，由于管内残余气体过多造成气体电离打火。

（2）磁控管老化，阴极发射能力减弱，阴极表面电子云变薄使电场直接作用到阴极表面造成打火。

（3）阴极氧化物脱落，分解的气体电离造成打火。

（4）阳极、阴极接近短路时，阴极一侧放射电流过大，造成局部过热，氧化物分解造成电离打火。

所谓"老练"，就是将新的磁控管或很久没有通过电的磁控管进行通电，使磁控管内逸出的气体分子重新回到金属壁内。其方法是先加灯丝电压而不加阳极电压，以增加气体的活动，使气体分子在撞击金属壁时被金属壁吸附进去；然后在加温过程中，逐渐增加脉冲阳极电压、脉冲宽度和重复频率，每增加一次，观察有无跳火现象，如能保持 5 分钟内不打火，则可继续增加；如跳火严重，则应退回重新老练。老练通常要进行数小时之久。必须使用专门的调制器来逐渐增加阳极电压、重复频率和脉冲宽度，如没有此设备，可先通灯丝电压，加温 30 分钟后，再加高压。在加高压时，先将高压调整插头放在电压最低的位置，然后逐渐转到正常位置。

2. 预防阳、阴极短路

正常情况下磁控管的阴极应位于磁场的中心，阴极的上、下端距周围磁极的距离是相等的，因而所受磁场力平衡。如果阴极支架稍有偏移，那么磁场力的不均衡会加剧阴极的偏移。造成阴极微量偏移的原因有很多：若磁控管横放保存，则由于重力作用使阴极偏移；有的磁控管出厂时没有调好，常有微量的偏移等。如果磁控管阴极偏移，那么工作时间一长，就会造成阳极、阴极短路。因此，在日常工作中应注意以下几个方面：

（1）应尽量避免磁控管受震。主要是在拆装过程中防止碰撞，在运输过程中减少剧烈的震动。

（2）在存放和使用安装过程中，应使磁控管的阴极与水平面垂直放置或放入特制的纸箱内，避免横放。

(3) 在使用中要注意散热，特别是在通电时间较长时，应加大通风量，做好散热。通常在磁控管散热片处测得的温度不能超过 100 ℃，这不仅考虑到玻璃的局部软化问题，同时也考虑到阴极的寿命问题，防止过热造成阴极氧化物的蒸发。

3. 磁铁的保护

磁通的变化将引起输出功率和振荡频率的变化。因此，在实际使用中应注意保护磁铁的磁性，在拆装时要用铝合金的防磁解刀，并防止磁铁碰撞、敲击、受震等。存放时不要与铁磁物质放在一起，以免降低磁感应强度。

4. 磁控管的工作环境

磁控管的工作温度对于它的正常工作和使用寿命有着很大的影响。各种不同形式的磁控管都有它们的额定工作温度，温度过高或过低都是不适宜的。一般磁控管都要有一定的通风量，只要冷却设备正常，它的工作温度就能自动满足要求。应该注意的是，在一般情况下(例如普通的气温和气压)正常工作的冷却设备，在其他情况下(例如气压降低了)其冷却效率可能会降低，从而导致磁控管内部零件过热。

磁控管不应放置在潮湿的地方。此外，还应防止磁控管受到撞击和震动，以免其阴极由于受到震动而损坏。

不要使磁控管的灯丝和阴极引线受到各种应力，管子的输出窗也不要受到应力，并力求与负载匹配。

在线路中应设置过流、过压、过热保护以及防波导打火等安全装置，特别是功率较大的管子更应该注意。

小　结

(1) 微波电真空器件是通过电子在真空中的运动将电子所携带的直流电能转换成微波能量的器件。

(2) 速调管、行波管及磁控管各具特色：速调管——微波管中的大力士；行波管——宽频带的冠军；磁控管——登上效率的巅峰。

(3) 双腔速调管放大器由电子枪、输入谐振腔(简称输入腔)和输出谐振腔(简称输出腔)、漂移空间以及收集极等几个部分组成。

(4) 行波管主要由电子枪(包括阴极、灯丝、聚束极和加速极)、磁聚焦系统、慢波系统、高频输入/输出装置、收集极及真空密封壳组成。

(5) 相比单注速调管，多注速调管可以工作在较低的电子流电压下，具有较小的体积和重量。

(6) 多腔磁控管主要由阴极、阳极(包括谐振腔)、能量输出装置、谐振腔隙缝、灯丝引线和永久磁铁组成。

(7) 微波功率模块集合了电真空器件与固态电子器件的优点，其性能超过了单独的固态放大器和单独的行波管所能达到的性能指标。

关键词：

速调管　　行波管　　磁控管　　双腔速调管　　多腔速调管　　多注速调管

行波管　　慢波线　　磁聚焦系统　　微波功率模块

习　　题

1. 微波电真空器件相比半导体器件有何优势？
2. 双腔速调管放大器由哪几部分构成？
3. 简述双腔速调管放大器的工作过程。
4. 行波管有哪些特点？
5. 行波管由哪几部分组成？
6. 简述行波管放大器的工作原理。
7. 行波管的使用与维护注意事项有哪些？
8. 磁控管由哪几部分组成？
9. 磁控管的使用与维护注意事项有哪些？

第8章　微波集成电路

随着机载雷达、相控阵雷达以及宇航和卫星通信技术的发展，迫切需要减小整机的体积和重量，提高可靠性及加宽频带等性能，这就促进了微波集成电路的发展。目前，微波电路已经从第一代的波导立体电路发展到第四代的以系统/整机为主的微波集成电路。本章首先介绍微波电路的发展历程，然后介绍微波集成电路在固态有源相控阵雷达收/发组件中的应用。

8.1　微波电路的发展历程

微波电路的发展历程如图 8-1 所示。

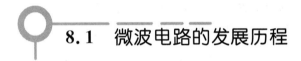

图 8-1　微波电路的发展历程

1. 第一代微波电路——波导立体电路

第一代微波电路始于 20 世纪 40 年代应用的波导立体电路。它由波导传输线、波导元件、谐振腔和微波电子管组成。其优点是品质因数高、损耗低、机械结构牢固、功率容量高；缺点是体积大、笨重，加工工艺调试过程复杂，环境适应性差，相应成本高和难以集成。波导立体电路常用的传输线形式是矩形波导、圆波导。

2. 第二代微波电路——微波混合集成电路(HMIC)

随着微波固态器件的发展及分布型传输线的出现，20 世纪 60 年代初出现了由微带线、微带元件或集总元件、微波固态器件组成的微波混合集成电路(hybrid microwave integrated circuit，HMIC)，它属于第二代微波电路，简称为微波集成电路(microwave integrated circuit，MIC)。MIC 中，微波半导体器件是单独封装之后再焊接到集成传输线中的。微波混合集成传输线以微带线为代表，还有带状线、槽线、共面线和鳍线等。相比波导、同轴线等立体结构的传输线，微波混合集成传输线具有体积小、重量轻、易于批量生产、可靠性好、一致性与重复性好、成品率高和成本低等优点，也是第三、四代微波电路和系统的基础；其缺点是损耗较大、功率容量小，目前仅限于中、小功率应用。在品种、性能、规格繁多的微波部件中，生产批量往往不可能很大。而 MIC 具有的少量生产时成本低、设计周期短、机动灵活等特点，使其适于多品种微波部件，因此 MIC 仍将在很长的时期占据重要地位。

3. 第三代微波电路——微波单片集成电路(MMIC)

20 世纪 70 年代后期出现了以微波单片集成电路(monolithic microwave integrated circuit，MMIC)和多芯片组件(multi-chip module，MCM)技术为代表的第三代微波电路。

MMIC 是在半绝缘半导体衬底上用半导体工艺方法制造出无源元件、有源元器件、传输线和互连线，构成具有完整功能的电路。MMIC 的集成度高、尺寸小、重量轻、可靠性高、生产重复性好，而且分布效应可控制到很小。MMIC 与 HMIC 相比，具有体积、重量减少两三个数量级，工作频带宽，可靠性高，有源和无源部分都制作在同一衬底上等优势。

多芯片组件(MCM)技术是微波集成电路技术与微组装技术相结合的一种技术。它把多块裸露的 MMIC 组装在同一块多层高密度互连基板上，层间金属导带采用导通孔连接，形成功能组件。这种组装方式允许芯片与芯片靠得很近，可以降低互连和布线中所产生的信号延迟、噪声串扰、电感/电容耦合等问题。形式上，MCM 像把混合集成电路折叠起来，提高了组装密度，缩短了互连长度，减少了信号延迟时间，减小了体积，减轻了重量，提高了可靠性，实现了真正意义上器件和电路的三维集成；电路连接上，MCM 突破了 HMIC 的级联形式，实现了空间混联，便于研发新型电路。MCM 分为三类：叠层型多芯片组件(multi-chip module-laminate，MCM-L)、共烧陶瓷型多芯片组件(multi-chip module-ceramic，MCM-C)、淀积薄膜型多芯片组件(multi-chip module-deposited thin film，MCM-D)。图 8-2 所示为 MCM 的典型结构图。

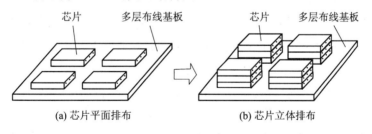

(a) 芯片平面排布　　　　　　　(b) 芯片立体排布

图 8-2　MCM 的典型结构图

低温共烧陶瓷(low temperature co-fired ceramic，LTCC)是 MCM-C 中的一种，其在高频表现出优异的性能，已经成为微波、毫米波高密度集成技术研究的主要方向。LTCC 多层电路的工艺流程主要包括配料，流延，打孔，通孔填充，印刷导体浆料，叠层热压，切片和共烧等。LTCC 多层电路结构主要包括埋置于内部介质层中的无源元件(如电感、电容和电阻)、无源电路(如滤波器、功分器)、各种传输过渡结构(如带状线、基片集成波导)以及封装在 LTCC 多层结构表面的有源器件(如放大器)。LTCC 具有多层高密度封装、可埋置无源器件、采用并行加工工艺、批量生产成本低等特点。图 8-3 所示为 LTCC 多层基板的基本构造。

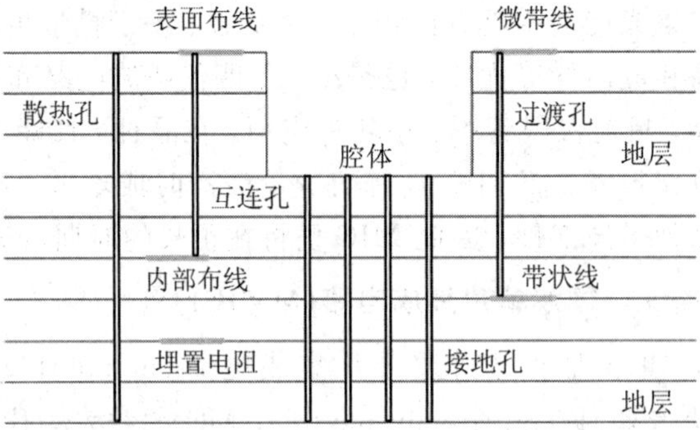

图 8-3　LTCC 多层基板的基本构造

多功能芯片，即在同一块半导体基底上包含两个或两个以上不同功能电路的 MMIC 芯片，它是第三代微波电路向第四代微波电路发展的过渡阶段。其优势有：成本和面积进一步减少；互连长度缩短，电路性能提高；片外互连减少，可靠性提高。多功能芯片的工艺有 CMOS 工艺、化合物半导体工艺等。

微机电系统(micro-electro-mechanical system，MEMS)是随着半导体集成电路微细加工技术和超精密机械加工技术的发展而发展起来的由电气和机械元件组合而成的集成电路器件与系统。MEMS 在微波频段有许多应用，包括微波开关、滤波器、集成时钟等。MEMS 开关最大的特点是插入损耗小、频带宽，但其速度慢、寿命有限；我国开发了微型 MEMS 硅腔滤波器，体积是传统腔体滤波器的几百分之一，重量是其几千分之一，特别适合毫米波高频段。MEMS 集成时钟可使庞大的铷原子钟、晶振等时钟元器件得以集成，体积、重量大幅度减小，而基本指标基本不变甚至更好。利用 MEMS 来制造微型散热装置，将功放等功率器件放置在上面，可以大大提高 SIP 的散热能力，降低其热阻，扩大 SIP 的适用范围。

MEMS 既可以作为器件又可以作为一个封装，在芯片多维架构中作为支撑和架构；可以实现微电子、光电子和 MEMS 器件芯片结构的异构集成化，显著提高 SIP 性能，并提升装配效率，提高其可靠性。MEMS 可有效地减小微系统的体积，提高器件的功能密度和性价比。

4. 第四代微波电路——片上系统(SoC)、系统级封装(SiP)、封装级系统(SoP)

21 世纪出现了以系统/整机为主的第四代微波电路，SoC、SiP、SoP 成为当前国内外电子领域的研究热点。以前，微系统封装起两个作用：一是提供集成电路或晶圆级封装与 I/O 的连接；二是在系统级板上相互连接有源与无源器件。现在，IC 器件不仅可以集成越来越多的晶体管，而且可以将有源和无源元件集成在单个芯片上。至此，微波集成电路的发展进入第四代。

(1) 片上系统 SoC(system on chip，SoC)：以电子系统的系统功能为出发点，把系统模型、处理机制、芯片结构、各层次电路直至器件的设计紧密结合起来，在单芯片上完成整个系统的功能。SoC 技术是一种高度集成化、固件化的系统集成技术。使用 SoC 技术设计系统的核心思想，就是要把整个应用电子系统全部集成在一个芯片中。使用 SoC 技术设计应用系统时，除那些无法集成的外部电路或机械部分以外，其他所有的系统电路全部集成在一起。

(2) 系统级封装(system in package，SiP)：采用任何组合将多个具有不同功能的有源和无源电子元器件以及诸如 MEMS、光学甚至生物芯片等其他器件组装在单一封装中，形成一个具有多种功能的系统或子系统。SiP 兼容不同制造技术生产的 IC 芯片和无源元件

（包括 Si、GaAs、InP 和模拟、射频、数字 IC 芯片，以及阻容元件、光器件、MES 等），在一个封装中密封，从而使封装由芯片级进入系统集成级。SiP 在商用领域有着广泛应用，适用于低成本、小面积、高频高速以及生产周期短的电子产品，比如全球定位系统、手机蓝牙模块、影像传感器模块、记忆卡等可携式产品。在军用领域中，SiP 主要用于提供武器装备中的小型化电子系统。军用 RF SiP 具备完整的系统功能，具有更高的电气性能和可靠性，它集成了微波、驱动、控制等功能（目前的发展趋势将天线也集成在内），能够实现完整的系统功能，典型的产品包括 T/R 组件、多路接收系统等。

（3）封装级系统（system on package，SoP）：利用多层薄膜元件和封装技术，将微波与射频前端、数字与模拟处理电路、存储器、光器件与微米级薄膜形式的分立元件等多个功能模块集成在一个封装内，完成某一独立的功能。封装就是系统，而不再是笨重的印制板。SoP 容易实现电子系统的小型化、轻量化、高性能和高可靠性，特别适应于航天、航空领域的便携电子系统等对体积、重量和环境要求苛刻的场合。

8.2　微波集成电路的应用——T/R 组件

本节简要介绍微波集成电路在固态有源相控阵雷达收/发组件中的应用。

8.2.1　T/R 组件概述

收/发组件（即 T/R 组件）是构成固态有源相控阵雷达天线的基础，是有源相控阵雷达的核心部件。有源电扫阵面包含成千上万个宽带、小型化、高效的 T/R 组件，其成本占整个系统的 50% 以上。T/R 组件由固态功率放大器、低噪声放大器、T/R 开关、移相器、限幅器和波控驱动器等电路组成，具有完整的接收、发射和控制功能。T/R 组件的体积、重量、性能、质量、成本、可靠性等指标直接影响雷达相应的整机指标。

图 8-4 所示为典型有源相控阵雷达天线的结构，其中每个阵元后都接一个固态 T/R 组件，每个 T/R 组件内包括独立的发射通道、接收通道以及公用的移相器，T/R 组件后分别接发射、接收馈电网络。

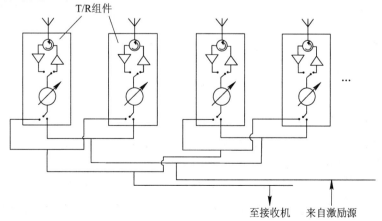

图 8-4　典型有源相控阵雷达天线结构

一般而言，T/R 组件包括发射通道、接收通道、供电部分、波束控制部分等。T/R 组件独立的发射通道包括单级或多级功率放大电路，独立的接收通道包括单级或多级低噪声放大电路以及功率限幅保护电路，收、发通道公用的部分主要包括环行器、收/发开关、移相器；供电部分包括电源变换、集/分线器；波束控制部分包括指令接收、运算、逻辑输出、驱动、检测回传等。很多场合，出于有源相控阵天线性能调整的需要，还在 T/R 组件内加入发射功率增益调节器、接收通道电调衰减器、收/发通道带通滤波器以及多状态收/发开关等。

相控阵雷达 T/R 组件的典型框图如图 8-5 所示。

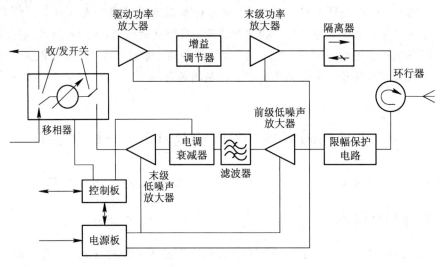

图 8-5　相控阵雷达 T/R 组件的典型框图

由图 8-5 可以看出，T/R 组件具有发射功率放大、接收信号放大、收/发转换、阵面幅度修正和波束扫描等功能。在电源开启、激励信号输入后，T/R 组件的工作状态由控制板接入的雷达指令和时序脉冲来控制和同步。图 8-6 所示的是相控阵雷达 T/R 组件的收/发时序。使用过程中，T/R 组件分别工作在发射状态、接收状态和收/发切换的中间过渡状态。

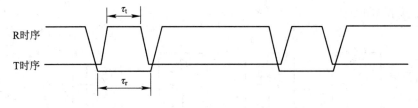

图 8-6　相控阵雷达 T/R 组件的收发时序

发射状态下，T/R 组件的收/发开关、移相器处于固定状态，信号经过收/发开关、移相器，驱动前级放大器，推动末级放大器，再经环行器至阵元辐射出去。图 8-7 所示的是相控阵雷达 T/R 组件的发射路径和时序。

接收状态下，接收前段时间里，T/R 组件的收/发开关、移相器、电调衰减器处于固定状态。阵元接收的信号经过环行器、限幅保护电路、前级低噪声放大器、滤波器、电调衰减器、末级低噪声放大器、收/发开关、移相器，输出至下一级波束合成网络。接收后段时间

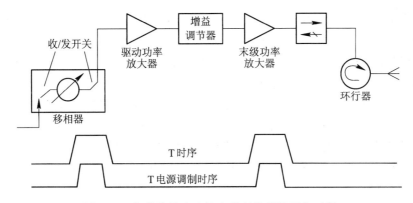

图 8-7　相控阵雷达 T/R 组件的发射路径和时序

里，雷达波束控制系统开始计算下一个脉冲波束指向的相位和波束赋形幅度以及对应频率的幅相补偿，相应的 T/R 组件将进行移相器和电调衰减器的置位响应。图 8-8 所示的是相控阵雷达 T/R 组件的接收路径和时序。

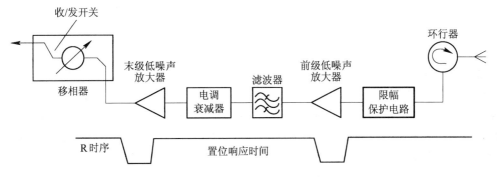

图 8-8　相控阵雷达 T/R 组件的接收路径和时序

8.2.2　T/R 组件主要部件的作用

如图 8-5 所示，相控阵雷达 T/R 组件的主要部件有功率放大器、低噪声放大器、移相器、收/发开关、环行器、隔离器、限幅保护电路(限幅器)、滤波器、电调衰减器以及电源板和控制板等。从集成使用方面考虑，相控阵雷达 T/R 组件的主要部件多采用便于表面安装的平面电路。下面重点介绍相控阵雷达 T/R 组件主要部件的作用。

驱动功率放大器、末级功率放大器以及隔离器构成相控阵雷达 T/R 组件的功率放大链路。功率放大链路一方面将直流功率转换为微波功率输出，即将输入激励信号放大输出；另一方面保持输出信号幅度、相位有较好的一致性。有源相控阵雷达 T/R 组件的功率放大链路输出信号的幅度、相位一致性相当重要。

低噪声放大器(LNA)和限幅器是构成相控阵雷达 T/R 组件接收放大链路的主要器件。限幅器用于防止 T/R 组件中接收通路功率敏感器件(主要是 LNA)被大信号烧毁。大信号主要来自 T/R 组件功率放大链路的泄漏功率和空间注入信号。来自 T/R 组件功率放大链路的泄漏功率是同步于雷达发射时间的，可以用有源或无源限幅器限制；而空间注入信号则只能用无源限幅器限制。有源限幅器类似于电调衰减器，而无源限幅器则是功率自导通的衰减器。低噪声放大器、环行器和限幅器的损耗都直接成为 T/R 组件和有源天线的噪声来源，需要严格控制。接收放大链路通常是由两级低噪声放大器组成的，第一级根据最小噪声系数和较大线性工作动态范围来选取最佳的工作电流，第二级从最佳增益条件考虑，同时兼顾噪声。低噪声放大器的电路稳定性也要重点关注。

移相器、收/发开关、环行器构成相控阵雷达 T/R 组件的收、发公共部分。选用环行器作为阵元和收、发支路的单向选通，既适用于雷达收、发分时工作，也满足承受较大微波功率的要求。在移相器前后采用收/发开关，不仅可以使移相器在收、发两状态公用，而且便于电路集成。微波多位数字式移相器是现代相控阵雷达中 T/R 组件的核心元件，天线波束的空间扫描是依靠移相器对雷达收/发电路中的信号相位调整来实现的，可有效地实现雷达波束空间电控扫描。

相控阵雷达 T/R 组件中时常加入滤波器和电调衰减器。若滤波器加在 T/R 组件的接收通道，则主要用来抑制接收机工作频带以外信号的干扰；若滤波器加在 T/R 组件的发射通道，则主要用来抑制辐射谐波干扰。电调衰减器一般加在 T/R 组件的接收通道中，作为接收通道幅度修调和接收阵面幅度加权的手段，有时也用作接收通道信号饱和的动态调整。电调衰减器一般采用 Π 形或 T 形匹配网络，要求插入损耗小、控制精度高、控制简单和附加调相变化小等。

相控阵雷达 T/R 组件中，波控系统是一个重要部件。图 8 - 9 所示是一种相控阵雷达波控系统构成框图，整个雷达由雷控系统统一控制，雷控系统通过波控主机控制阵面。可以看出，波控系统除完成正常波控功能外，还兼有许多其他功能。幅相监测系统直接通过波控系统完成阵面监测所需的控制，阵面控制中的多组矩阵开关控制就是专为其设计的。子阵控制中的子阵延时控制用来完成宽带扫描。组件控制中的过温过压保护用来控制组件电源。多路温度监测、驱动功率监测、T/R 组件监测等是阵面监测所需的内容。

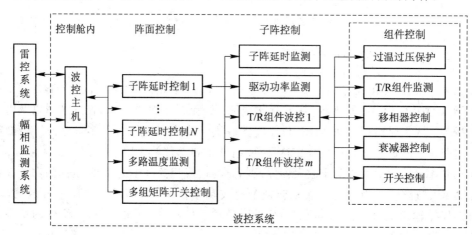

图 8 - 9　相控阵雷达波控系统构成框图

当前，波控系统的电路选择趋向高集成度和专用集成电路。波控电路的进一步发展趋势是波控 SoC（system on chip）。SoC 是专用集成电路（application specific integrated circuit，ASIC）设计方法学中的技术，是以嵌入式系统为核心，以 IP 复用技术为基础，集软、硬件于一体，追求产品系统最大包容的集成芯片。SoC 技术以功能全、体积小、功耗低等特点很好地满足了阵面波控的需求。

小　　结

（1）微波混合集成电路（HMIC）是在介质基片上由微带线、微带元件或集总元件、微波固态器件组成的集成电路。

（2）微波单片集成电路（MMIC）是在半绝缘半导体衬底上用半导体工艺方法制造出无源元件、有源元器件、传输线和互连线，构成具有完整功能的电路。

（3）收/发组件（即 T/R 组件）是构成固态有源相控阵雷达天线的基础，是有源相控阵雷达的核心部件。其主要部件有功率放大器、低噪声放大器、移相器、收/发开关、环行器、隔离器、限幅保护电路（限幅器）、滤波器、电调衰减器以及波控系统等。

关键词：

微波混合集成电路（HMIC）　　　微波单片集成电路（MMIC）

低温共烧陶瓷（LTCC）　　　收/发组件（T/R 组件）

习　　题

1. 波导立体电路的优点和缺点是什么？
2. 什么是微波混合集成电路？它有什么特点？
3. 什么是微波单片集成电路？它有什么特点？
4. 什么是低温共烧陶瓷？它有什么特点？

参 考 文 献

[1]　黄香馥. 微波电子线路[M]. 北京：国防工业出版社，1980.

[2]　王新稳，李延平，李萍. 微波技术与天线[M]. 4 版. 北京：电子工业出版社，2016.

[3]　廖承恩. 微波技术基础[M]. 西安：西安电子科技大学出版社，2021.

[4]　徐宝强. 微波电子线路[M]. 北京：国防工业出版社，2006.

[5]　雷振亚，李磊，谢拥军，等. 微波电子线路[M]. 西安：西安电子科技大学出版社，2009.

[6]　武国机. 微波器件与电路[M]. 北京：国防工业出版社，1985.

[7]　王文祥. 真空电子器件[M]. 北京：国防工业出版社，2012.

[8]　谢鹏. 电子在真空中飞行[M]. 北京：科学出版社，1984.

[9]　熊继衮. 防空导弹制导雷达天馈系统与微波器件[M]. 北京：宇航出版社，1994.

[10]　GOLIO M. 射频与微波手册[M]. 孙龙翔，赵玉洁，张坚，等译. 北京：国防科技大学出版社，2006.

[11]　郝崇骏，韩永宁，袁乃昌，等. 微波电路[M]. 北京：国防科技大学出版社，1999.

[12]　言华. 微波固态电路[M]. 北京：北京理工大学出版社，1995.

[13]　清华大学《微带电路》编写组. 微带电路[M]. 北京：清华大学出版社，2017.

[14]　《中国集成电路大全》编委会. 微波集成电路[M]. 北京：国防工业出版社，1995.

[15]　黄志洵，王晓金. 微波传输线理论与实用技术[M]. 北京：科学出版社，1996.

[16]　殷连生. 相控阵雷达馈线技术[M]. 北京：国防工业出版社，2008.

[17]　胡明春，周志鹏，严伟. 相控阵雷达收发组件技术[M]. 北京：国防工业出版社，2010.

[18]　陈邦媛. 射频通信电路[M]. 北京：科学出版社，2004.

[19]　彭沛夫，张桂芳. 微波与射频技术[M]. 北京：清华大学出版社，2013.